KB215827

과학사 산책

과학사 산책

지은이 이문규 · 정원 · 강미화 · 김재상 · 김화선 · 선유정 · 신미영
펴낸이 양오봉
펴낸곳 소리내

초판 1쇄 발행 2015. 8. 31
초판 5쇄 발행 2024. 2. 29

소리내 전라북도 전주시 완산구 어진길 32 (풍남동2가)
전화 (063) 219-5319~5322
FAX (063) 219-5323
출판등록 2012년 8월 20일 제 465-2012-000021호

값 18,000원

ISBN 978-89-98534-61-5 03400

THE HISTORY OF SCIENCE

과학사
산책

이문규 · 정원 · 강미화 · 김재상

김화선 · 선유정 · 신미영

솔래

머리말

　과학사가 우리나라에서 자리를 잡기 시작한 후 적지 않은 세월이
흘렀다. 1960년에 한국과학사학회가 창립되었으니, 머지않아 회갑
을 맞이할 것이다. 그 동안 과학사 분야는 양적으로나 질적으로 많이
성장했다. 전국 대부분의 대학에는 과학사 관련 강의가 개설되어 활
발하게 운영되고 있다. 과학사를 전공할 수 있는 대학원 과정도 여럿
있으며, 과학사 학계에서 활동하고 있는 전문 연구자의 수도 꾸준히
늘고 있다. 과학사에 관한 전문 연구서와 교양서적도 크게 늘어났다.
과학사 강의에서 사용할 만한 과학사 개론서도 이미 여러 권 출판된
적이 있다. 『과학사 산책』역시 과학사 전체를 조망하고자 한 개론서
이다. 하지만 『과학사 산책』은 앞서 출판된 책과 다른 점도 있다.
　『과학사 산책』은 한 명의 과학사학자가 쓴 책이 아니다. 여러 연구
자들의 협동 작업을 통해 만들어진 결과물이다. 이에 따라 이 천년이
넘는 과학사를 일관된 시각으로 바라보지 못하는 한계를 지니고 있
다. 대신 과학사의 여러 주제에 관한 다양한 시각을 담을 수 있게 되
었다. 주제에 따라 과학의 역사를 정리하여 소개하기도 했고, 역사
속에서 중요한 의미를 지닌 과학의 내용과 과학자의 활동을 찾아서

보여주기도 했다.

이 책의 체제와 구성 또한 다른 책에서는 쉽게 찾아보기 힘든 모습이다. 『과학사 산책』에서 고른 열여덟 개의 주제가 과학사 전체를 아우르는 것은 아니지만 이를 통해 과학사의 흐름과 특성을 드러내고자 하였다. 특히 서양 과학사를 중심으로 삼되 제4부를 우리나라를 포함한 동아시아 과학사로 꾸밈으로써 서양 과학사에 지나치게 편향되어 서술되었던 관행에서 다소나마 벗어나고자 했다. 그리고 별도로 '산책하며 생각하기'를 제시하여 해당 주제에 대한 생각의 깊이를 더하고자 했다. 여기에서 제시된 질문에 대한 답을 찾고 싶은 독자를 포함하여 과학사를 더 넓게 또는 더 깊이 이해하고자 하는 독자들을 위해 이 책의 집필 과정에서 큰 도움이 되었던 책과 해당 주제에서 더 읽어 보면 좋을 책을 중심으로 '참고 자료'를 각 부별로 나누어 제시했다.

이 책을 펴내면서 감사의 말씀을 전하고 싶은 분들이 많다. 먼저, 수십 년 동안 과학사 강의를 통해 전북대에서 과학사를 뿌리 내리게 한 오진곤 교수에게 감사드린다. 오진곤 교수는 또한 과학학과 탄생에도 크게 기여하여 학부 과정부터 과학사를 전공할 수 있는 길을 마련했다. 이 책의 저자들 역시 과학학과를 졸업했거나 현재 과학학과에 소속되어 있다. 이런 점에서 이 책은 전북대학교 과학학과의 공동 저작이라고 할 수도 있겠다. 실제 이 책을 만드는 데 참여한 공동 저자에게도 감사의 말씀을 표한다. 이 책의 기획부터 마무리까지 전체 과정은 대표 저자인 이문규와 정원이 주관했다. 하지만 강미화, 김재상, 김화선, 선유정, 신미영(가나다순) 등 다른 공동 저자도 이 책의 일부씩 맡아서 초고를 작성했으며 원고를 수정하고 보완하는 작업에도 힘을 보탰다. 또한 이들이 이 책을 통해 앞으로 발생할 모든 이익을 과학학과에 기증하려는 결정에 흔쾌히 동의해 준 것에도 깊이 감사한다. 이 책의 주된 독자가 될 것으로 예상되는, 과학사 강의를 수강했거나 앞으로 수강할 분들께도 감사하다는 말을 전하고 싶다. 저자들이 지금까지 담당했던 과학사 강의가 이 책을 쓰는 데 매우 중요한 경험이었으며 그들이 없었다면 이 책은 나오지 않았을 것이기 때문이다.

국내외 여러 과학사 연구자들께는 감사의 말씀을 드리면서 동시에 깊은 양해를 구해야겠다. 이 책에 담긴 대부분의 내용이 선행 연구자들의 성과에 크게 빚을 지고 있음에도 불구하고 책의 성격상 그 출처를 일일이 밝히기 어려워 '참고 자료'로 대신할 수밖에 없었다. 더구나 '참고 자료'를 비교적 최근에 우리말로 출판된 문헌들로 한정하면서 꼭 언급할 필요가 있는 연구 논문이나 책을 모두 밝히지 못했다. 널리 양해하여 주시길 바란다. 독자들은 제시된 참고 자료뿐 아니라 그곳에서 언급한 여러 성과가 이 책의 밑거름이 되었다는 사실을 알아주길 바란다. 또한 이 책에 실린 여러 미디어 자료를 특별한 대가 없이 사용할 수 있도록 배려한 위키피디아(Wikipedia)와 문화재청 그리고 그 콘텐츠를 만들고 제공해 주신 분들께도 감사의 마음을 전한다. 마지막으로 이 책의 출판을 지원하고 직접 제작해 준 전북대학교와 부속 출판문화원의 발전을 기원한다.

2015년 초여름에 저자를 대표하여 이문규 씀.

목차

THE HISTORY OF SCIENCE

CONTENTS

과학사 산책
THE HISTORY OF SCIENCE

과학사 산책

제1부

서양 고대와 중세의
과학 산책

01
고대 그리스의 과학

과학의 시작

호메로스(Homeros)의 위대한 서사시 『일리아드』(*Iliad*)와 『오디세이』(*Odyssey*), 헤시오도스(Hesiodos)의 『신통기』(*Theogony*)는 고대 그리스인들의 관념을 보여줄 수 있는 작품들이다. 『오디세이』에서는 신들이 인간사에 개입하는 다양한 사례가 등장하고 『신통기』에서는 태초의 혼돈으로부터 제우스가 다스리는 질서 있는 통치가 이루어지는 짧막한 역사를 읽을 수 있다. 이처럼 호메로스와 헤시오도스가 보여주는 당시 고대 그리스는 신들이 사람의 모습으로 인간사에 개입하거나 자신들의 계획과 음모에 인간을 이용하는 세계였으며, 이때 자연세계와 그 안에서 일어나는 자연현상은 모두 인격화 또는 신격화 되어 설명되었다. 과학사에서는 이 시대를 흔히 신화적 자연관의 시대라고 부른다.

하지만 기원전 6세기 초 그리스의 동쪽 이오니아의 밀레토스를 중심으로 새로운 지적 탐구 분위기가 나타났다. 서양 과학이 시작된 것이다. 자연세계는 더 이상 의인화 되지 않았으며, 자연현상에 대한 설명에서도 신들은 점차 사라졌다. 이제 자연세계는 정해진 규칙에 따라 움직이는, 질서 있고 예측 가능한 세계로 바뀌기 시작했다. 이런 변화를 주도한 그리스의 밀레토스 학파에 속하는 사람으로 탈레스(Thales, 624-546 BCE), 아낙시만드로스(Anaximandros, 610-546 BCE), 아낙시메네스(Anaximenes, 585-528 BCE) 등이 있다. 밀레토스 학파의 주된 관심은 다음과 같은 두 가지 자연철학의 문제였다. 하나는 우주를 구성하는 근본 물질이 무엇인가라는 문제이다. 다른 하나는 이러한 근본 물질로부터 다양한 현상이 어떻게 만들어지는지, 곧 변화의 문제였다.

　그리스 최초의 자연철학자로 일컬어지는 탈레스는 처음으로 근본 물질과 변화에 대한 관심을 보였다. 모든 물질의 근본은 물이라고 보았으며, 우주를 물로부터 발산된 살아 있는 유기체로 보았다. 자연에 대한 신화적인 설명을 배제하고 자연현상의 원인을 자연 안에서 찾아서 제시했다. 탈레스의 제자로 알려져 있는 아낙시만드로스는 만물의 근본을 무한자(apeiron)로 보았다. 그에 따르면 무한자가 자체 분할하여 뜨거운 것과 차가운 것이 되고, 여기서 각각 불과 공기, 흙이 나온다는 것이다. 아낙시메네스는 만물의 근원은 공기(pneuma)라고 주장했다. 그는 공기가 흩어지고 응집되는 원리에 따라 불, 구름, 물, 흙, 돌 등의 만물이 형성된다고 보았다. 이처럼 탈레스, 아낙시만드로스, 아낙시메네스 등의 밀레토스 자연철학자들은 신화적 자연관에서는 찾아볼 수 없는 새로운 종류의 질문을 제기하고, 그에 대한 자연적인 대답을 제시했다는 점에서 과학의 시작을 알렸다.

기원전 5세기경에는 근본 물질에 관한 문제와 함께 만물의 생성과 소멸 그리고 변화에 대한 관심이 깊어지기 시작했다. 예컨대 헤라클레이토스는 자연에 영원한 것은 하나도 없고, 만물은 끊임없이 변한다고 보았다. 그는 불을 만물의 근원이자 동시에 변화 속에서 질서를 가져오는 본질이라고 여겼다. 이에 반해 파르메니데스(Parmenides, 515-460 BCE)는 헤라클레이토스의 생각을 전면적으로 부정했다. 그에 따르면 하나의 존재가 본질적으로 다른 것으로 변하는 것은 불가능하다고 보았다.

엠페도클레스(Empedokles, 490-430 BCE)는 만물을 구성하는 물질로서 물, 불, 공기, 흙의 4원소를 제시했다. 그 자체로 생성되거나 소멸되지 않는 4개의 원소는 결합과 분리에 의해 변화를 만들어 낸다. 그는 변화의 과정을 사랑(philia)과 미움(neikos)의 작용으로 보았다. 사랑은 원소들을 결합시키고 미움은 물질을 분해하여 원소로 돌아가게 한다.

4원소설과 달리 레우키포스(Leucippos, 5세기경 BCE)와 데모크리토스(Democritus, 460-370 BCE) 등은 원자론을 제기하였다. 고대의 원자론자들은 우주는 더 이상 나누어지지 않는 무한히 많은 원자(atoma)로 이루어져 있다고 보았다. 여러 크기와 모양으로 오래 전부터 존재했던 원자들은 모양이나 배열, 위치에 따라 서로 다른 성질의 물질을 만들어 낸다는 것이다. 이들은 물질세계의 변화를 원자들의 결합과 분해의 결과로 설명하였으며 감각까지도 원자의 운동으로 이해하였다. 원자 배열이 비슷하면 감각도 유사하며, 배열이 달라지면 감각도 변한다. 특히 데모크리토스는 인간의 영혼이 가장 섬세하고 완전한 공 모양의 원자로 되어 있으며, 신 또는 악마들조차 원자의 복합체라고 주장하였다. 하지만 원자론은 플라톤과 아리스토텔레스와 같은 후대의 자연철학자들에 의해 비판을 받아 철저히 비주류 철학으로 밀려났고, 근대에 부활할 때까지 거의 잊혀졌다.

밀레토스의 탈레스를 비롯하여 소크라테스 이전에 활동했던 그리스 자연철학자들이 과학사에서 중요한 이유는 신화적 자연관에서 탈피하여 자연현상을 설명하기 시작했다는 점이다. 밀레토스 학파는 신화적 자연관 시대의 사람들과는 달리 물질의 본성과 변화의 문제에 대해 관심을 가졌고, 구체적인 사물로부터 일반적인 성질들을 추출해 내었다. 또한 엠페도클레스를 제외한 대부분의 초기 자연철학자들은 대체적으로 감각보다는 이성을 중시하는 경향을 보임으로써 그리스 자연철학의 기초를 마련했다.

고대 그리스에서 이와 같은 새로운 지적 탐구, 즉 자연철학이 출현할 수 있었던 이유로 여러 요인을 꼽을 수 있다. 먼저 그리스의 지리적 상황을 살펴보면, 그리스는 이집트와 메소포타미아 인근에 위치했고 중앙 집권국가가 아닌 분산된 도시국가의 형태를 이루고 있었다. 지역적인 한계로 인해 식량 자급이 어려워 해상 무역 활동에 크게 의지했다. 이에 따라 다양한 문화가 서로 교차하면서 새로운 유형의 지식이 창출될 수 있는 분위기가 형성되었다. 또한 기원전 6세기경까지 그리스는 왕정, 귀족정, 민주정 등 다양한 정치 제도에 대해 고민했고, 자신들의 사회에 바람직한 정치적 구조를 물색하기 위해 공개적으로 토론을 진행했다. 이러한 분위기는 고대 그리스 자연철

1-1. 〈좌〉아테네 학당 라파엘(Sanzio Raffaello, 1483-1520)이 그린 아테네 학당(School of Athens, 1509-11). 로마 바티칸 소장. 플라톤, 아리스토텔레스, 엠페도클레스, 피타고라스, 유클리드 등 고대에 활동했던 자연철학자들이 시대와 무관하게 한 곳에 모여 있다. 〈우〉플라톤과 아리스토텔레스 아테네 학당 속 플라톤(왼쪽)과 아리스토텔레스(오른쪽)의 모습.

학자들이 초보적 수준의 철학 공동체를 만들고 활발한 대화와 토론의 전통을 발전시키는 데 중요한 역할을 하였다. 그리고 기원전 12세기경 페니키아인에 의해 발명된 알파벳이 기원전 8세기경 그리스로 유입되어 그리스 문화 융성에 밑거름이 되었다. 그리스어의 산문형 문장은 그리스 자연철학자들이 추상적 개념을 창안하는 데 용이하게 작용할 수 있었다.

플라톤의 자연철학

아테네의 유력 가문에서 태어난 플라톤(Platon, 약 427-347 BCE)은 20세 때에 소크라테스의 제자가 되어 그의 사상을 받아들였다. 기원전 399년 소크라테스가 죽자, 그는 이탈리아와 시칠리아 등을 여행하고 아테네로 돌아와 자신의 학원인 아카데미아(Academia)를 설립했다. 플라톤은 아카데미아에서 윤리학, 신학, 정치학과 함께 자연철학을 가르쳤는데, 그의 아카데미아는 자연철학을 교육한 최초의 학교로서 그리스에서 자연철학의 전통이 자리 잡는 데 중요한 역할을 담당했다.

플라톤 철학의 핵심은 이데아(idea) 이론이다. 플라톤에 따르면 세상은 형상 또는 관념의 영역인 이데아의 세계와 현실의 물질세계로 나누어져 있다. 이데아의 세계는 완전한 관념의 세계이며 물질세계는 이데아에 대한 불완전한 복제로 구성된 영역이다. 이데아의 세계는 형체가 없으며 비물질적이어서 만질 수도 없고 감각에 의해 느낄 수도 없는 영역으로 이성의 세계이다. 또한 영원히 존재하고 절대적으로 불변하기 때문에 완전한 이데아의 세계에만 진정한 실재가 자리 잡을 수 있다. 반면 물질세계는 가시적 세계이고 감각경험의 세계이며 변화의 영역에 속하는 세계이다. 감각할 수 있는 유형의 사물은 이데아의 복제물로서 불완전하고 일시적일 뿐이다. 이처럼 이데아를 중시하는 플라톤의 철학은 기본적으로 수학적, 이론적, 형이상학적이며, 추상과 이성을 중시한다. 플라톤의 자연철학 역시 수학과 이성을 중시하는 모습을 띠고 있다.

플라톤의 자연철학이 잘 드러나는 저서는 그가 만년에 쓴 『티마이오스』(*Timaios*)이다. 『티마이오스』에서 플라톤은 천문학, 우주론, 빛과 색, 원소 등에 대한 자신의 생각을 잘 보여주었다. 그 중 플라톤의 우주론을 보면 세상의 중심에는 움직이지 않는 지구가 있고, 다른 천체들은 지구를 중심으로 회전하고 있다. 그에 따르면 세상을 만든 조물주 데미우르고스(Demiurgos)는 태초의 무질서한 상태에서 지적인 설계에 의해 조화와 질서를 갖춘 세계를 계획적으로 만들어냈다. 다시 말해 형상 없이 질료로만 채워져 있었던 혼돈의 상태(chaos)에서 아름답고 선하고 지적으로 만족스러운 조화로운 우주(cosmos)를 만들어냈다. 기독교의 전지전능한 창조주는 무(無)에서 세상을 창조해 낸 것인 데 반해 플라톤의 데미우르고스는 있던 재료로부터 세상을 만들어낸 조물주였다는 점에서 차이가 있었다. 하지만 그리스도교의 창조신화와 부분적으로 합쳐질 가능성이 있어서 중세에 기독교에서는 플라톤의 우주론을 차용하기도 했다.

수학 특히 기하학을 중시하는 플라톤 자연철학의 특성은 그의 물질 이론에서도 드러난다. 엠페도클레스의 4원소설을 받아들인 플라톤은 물, 불, 공기, 흙의 4원소를 정다면체와 연결 지어 설명했다. 아래의 그림을 보면 정사면체는 불 원소, 정육면체는 흙 원소, 정팔면체는 공기 원소, 정이십면체는 물 원소에 대응되어 있다. 이렇게 대응시킨 이유를 몇 가지만 살펴보자면 흙 원소는 정사각형으로 이루어져 가장 안정적인 모양을 하고 있는 정육면체에 대응되었다. 불 원소는 불이 손에 닿았을 때 통점을 자극하기 때문에 가장 뾰족하고 날카롭게 생긴 정사면체에 대응시켰다. 정다면체는 구 다음으로 가장 완벽하다고 여겨졌던 기하학적 대상이었으므로 수학적으로 구성된 세상을 설명하기 위해 플라톤은 이러한 완벽한 도형들을 채택했던 것이다.

정사면체	정육면체	정팔면체	정십이면체	정이십면체
Tetrahedron	Cube	Octahedron	Dodecahedron	lcosahedron
불	흙	공기	우주	물

1-2. 플라톤의 기하학적 원소 모형 플라톤은 5개의 정다면체에 4원소와 우주 원소를 각각 대응시켰다.

   하지만 위의 그림에서 볼 수 있듯이 원소의 개수는 4개이지만 정다면체의 수는 5개이다. 5가지 정다면체의 존재는 플라톤 이전부터 알려져 있던 사실이었다. 5개의 정다면체 중에서 4개는 4원소와 하나씩 대응되지만, 정십이면체는 대응되는 원소가 없는데, 플라톤은 정십이면체가 바로 우주를 구성하는 원소에 해당한다고 보았다. 플라톤이 정십이면체를 이와 같이 생각한 이유는 일단 12라는 숫자가 12개의 구역으로 나누어져 있었던 황도대와 일치했다는 점이다. 그리고 정십이면체를 구성하는 정오각형은 황금비율을 이용하여 그릴 수 있는 도형이라는 점 때문이었다. 플라톤은 정십이면체에 대응하는 원소를 제5원소라 불렀다.

   한편, 플라톤은 우주에서는 오직 원운동만이 가능하다고 보았다. 그는 원을 가장 완벽한 도형이라고 보았기 때문에 완전한 세계인 우주의 모양이나 천체의 운동을 모두 원으로 설명했던 것이다. 또한 플라톤은 천체가 항상 일정하게 운동한다고 보았으므로 천체의 움직임은 곧 등속 원운동을 의미했다.

　플라톤 철학의 핵심은 이데아 이론이다. 이 이론에 따르면 세상은 완전불변의 이성의 세계인 이데아와 이데아를 모방한 불완전한 물질의 세계인 현실이다. 플라톤은 이데아에만 진정한 실재가 존재한다고 보았고 이를 이해하기 위해서는 수학과 이성이 필요하다고 여겼다. 이 같은 플라톤의 자연철학은 근대과학에서 수학적 방법론이 자리 잡는 데 중요한 사상적 배경이 되었다.

아리스토텔레스의 자연철학

　아리스토텔레스(Aristoteles, 384-322 BCE)는 북부 그리스의 마케도니아 지역에서 대대로 명의를 배출한 집안에서 태어났다. 그의 아버지는 마케도니아 왕의 주치의였다. 이와 같은 집안 분위기에 따라 아리스토텔레스는 어려서부터 의학 교육을 받았고, 당시 의사가 되기 위한 필수 교육 중 하나가 철학이었기 때문에 플라톤이 세운 아카데미아에서 17세부터 공부하기 시작했다. 아리스토텔레스는 기원전 347년 플라톤이 죽을 때까지 20년 동안 아테네에 머물렀으며, 이후에는 소아시아 지역의 해안 지방을 여행하면서 생물학, 특히 해양 동물학 분야에서 많은 경험적 자료를 얻었다. 그리고 그는 기원전 335년 아테네가 마케도니아의 지배를 받게 되자 다시 아테네로 돌아와 리케이온(Lykeion)이라는 학교를 세워 많은 제자를 배출하였다.

　아리스토텔레스는 150편이 넘는 논고와 다수의 강의 노트 등을 남겼는데, 이를 통해 그의 자연철학을 물질론, 우주론, 운동론, 생물학 전반 등으로 나누어 살펴보면 다음과 같다. 아리스토텔레스의 물질론은 기본적으로 엠페도클레스가 제시하고 플라톤이 계승한 4원소설이다. 하지만 아리스토텔레스의 4원소설은 플라톤의 기하학적인 설명과는 다르게 감각을 통한 경험으로 확인할 수 있는 성질들을 이용하여 재구성되었다. 그가 이용한 성질은 뜨거움(hot), 차가움(cold), 건조함(dry), 습함(wet)이었다. 예컨대 불은 뜨거움과 건조함의 성질을 가진 원소이고, 물은 차가움과 습함, 흙은 차가움과 건조함, 공기는 뜨거움과 습함을 가진 원소이다. 그는 4원소의 상태 변화 역시 물질의 성질을 이용하여 설명했다. 물은 차가움과 습한 성질을 가진 원소이므로 물을 가열하면 뜨거운 성질이 차가운 성질을 대체하여 상태 변화가 일어나게 된다는 식이었다.

한편, 4원소는 뜨거움, 차가움, 건조함, 습함의 성질과 함께 무거움과 가벼움이라는 성질도 갖고 있다. 물과 흙은 무거운 원소이고 불과 공기는 가벼운 원소에 속하는 것으로 구분되었다. 4원소는 무겁고 가벼움에 따라 각각이 속하는 위치가 정해지고, 그 위치로 움직이려는 자연적인 본성을 가지고 있는 것으로 이해되었다. 예컨대 가장 무거운 원소인 흙의 위치는 가장 아래에 속하고, 그 위에는 두 번째로 무거운 물이 자리 잡는다. 같은 방식으로 물 위에는 공기가, 공기 위에는 가장 가벼운 불이 위치한다. 그렇기 때문에 흙과 물은 자연적인 본성에 의해 아래쪽으로 하강하는 성질을, 불과 공기는 위쪽으로 상승하는 성질을 지니게 된다. 이 부분에서 아리스토텔레스는 자신의 물질론과 우주론을 연결시켰다. 우주 전체로 볼 때 가장 아래에 해당하는 부분은 바로 우주의 중심이다. 따라서 가장 무거운 원소인 흙 원소는 시간이 흐르면 자연스럽게 우주의 중심 부분에 모여들게 된다. 이렇게 해서 우주의 중심에는 흙으로 만들어진 지구가 위치하게 된다.

아리스토텔레스는 우주를 거대한 공 모양인 천구라고 생각하고, 달이 위치한 곳을 기점으로 달 위쪽 영역인 천상계와 달 아래쪽 영역인 지상계로 나누었다. 달은 천상계와 지상계의 특징을 동시에 지녔기 때문에 두 영역을 나누는 분기점이 되었다. 지상계는 4원소로 구성되어 있으며 온갖 종류의 변화가 일어나는 세계이다. 반면 천상계에는 4원소가 관여하지 않는다. 영원하고 불변하는 천상계는 플라톤이 말한 제5원소로 구성되어 있다. 아리스토텔레스는 천상계를 구성하는 제5원소를 에테르(aether)라고 하였다.

1-3. 아리스토텔레스의 우주 체계 아리스토텔레스 우주론에 따라 이루어진 프톨레마이오스의 지구 중심 우주 체계

였다. 영원하고 변하지 않는다는 뜻의 에테르가 빈틈없이 가득 차 있는 천상계는 완전하고 신성한 세계였다.

아리스토텔레스의 우주 구조는 지상계와 천상계를 구성하고 있는 원소의 배열에 따라 형성된다. 우주의 중심은 가장 무거운 원소인 흙이 모여 있는 지구이며 흙, 물, 공기, 불의 배열로 지상계가 구성되고 천상계는 에테르가 존재한다. 천상계에 존재하는 행성들은 지구를 중심으로 원운동을 하였다. 아리스토텔레스의 우주 구조는 여러 행성의 천구들로 구성된 양파 껍질과 같은 모양으로 설명되었다. 그리고 우주의 가장 바깥에는 항성천구가 존재하며, 그것이 하루에 한 바퀴 돌기 때문에 낮과 밤의 변화가 일어난다고 보았다.

아리스토텔레스의 운동론에서 핵심적인 개념은 자연스러운 운동과 강제된 운동이다. 자연스러운 운동과 강제된 운동으로 구분하는 기준은 운동을 일으키는 원인(cause)이 운동하는 물체 자체에 있는가, 그렇지 않은가에 있다. 자연스러운 운동은 운동하는 물체 자체가 가진 자연적인 본성에 따라 운동이 일어나므로 운동의 원인이 별도로 필요하지 않다. 자연스러운 운동에는 4원소 각각이 고유의 성질에 따라 위로 올라가거나 아래로 내려가는 운동과 에테르의 본성에 따라 천체들이 하는 원운동 두 가지가 있다.

자연스러운 운동을 제외한 나머지 운동은 모두 강제운동이다. 강제된 운동은 운동의 원인이 반드시 있어야 하고 동시에 운동 원인은 반드시 그 물체와 직접 접촉을 해야 한다. 강제된 운동의 원인은 외부의 힘이며, 외부의 힘이 물체에 작용함에 따라 운동이 일어나게 되고 그 힘이 사라지면 운동을 멈춘다. 한편, 아리스토텔레스는 강제된 운동을 설명할 때 위치의 변화뿐 아니라 상태의 변화까지도 포함하였다. 만물의 생성과 소멸, 물체의 양의 증가와 감소, 성질의 변화 등도 모두 강제된 운동의 하나로 이해되었다.

아리스토텔레스는 세심한 관찰과 경험을 바탕으로 생물학 분야에서도 주목할 만한 많은 업적을 남겼다. 특히 아리스토텔레스의 동물 분류는 뛰어난 성과로 평가받고 있다. 그는 500종이 넘는 동물을

분류하였는데, 그가 소아
시아 연안의 레스보스 섬
에 머물렀던 기간 동안 했
던 해양 동물에 대한 분류
는 매우 뛰어났던 것으로
평가받는다. 그의 분류 체
계는 18세기의 자연사학
자 린네(Carl von Linne,
1707-1778)가 분류 체계를
새롭게 정립할 때까지 거
의 그대로 유지되었다.

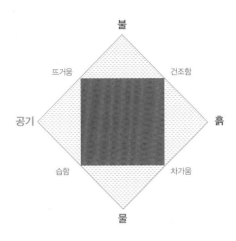

1-4. **아리스토텔레스 물질론** 아리스토텔레스는
모든 물질을 물, 불, 흙, 공기의 4원소와 그것이
가진 뜨거움, 차가움, 건조함, 습함의 성질로
설명했다.

아리스토텔레스는 자연
탐구에 있어 다른 어떤 것보다 감각경험과 관찰을 중시했다. 이 같은
방법론은 많은 저서들에 담겨 무려 2000년 이상 유지되었고, 특히 생
물학 분야에서는 18세기까지도 그의 영향이 이어졌다. 그리고 그의
자연철학은 근대 이전 수많은 논의를 불러일으키면서 자연에 대한
관심을 지속시키는 원동력이 되었다.

고대 그리스의 수학과 의학

플라톤과 아리스토텔레스 자연철학 이외에 후대 학자들이 주목한
그리스의 학문 전통으로는 수학과 의학이 있었다. 먼저 수를 통해 세
상을 이해한다는 전통은 피타고라스(Pythagoras, 570-495 BCE)로부

터 시작되었다. 피타고라스는 만물의 근본을 수(數)라고 상정했다. 사모스 섬에서 태어난 그는 이집트와 메소포타미아 지방 등을 여행한 뒤 이탈리아에 정착하여 자신의 추종자들을 모아 종교 집단을 형성했다. 수비주의(number mysticism)적 색채를 강하게 띠고 있던 그들은 영혼 불멸을 믿었으며, 영혼 정화를 위해 수학을 사용했다. 피타고라스주의자들은 음악, 천문, 기하학, 정수론 등에서 중요한 업적을 남겼다. 악기의 현의 길이와 음의 진동수를 연구하여 오늘날 잘 알려진 피타고라스 음계를 만들었고 우주의 수학적 질서에 대한 깊은 통찰력도 얻어냈다. 수학적 조화를 강조했던 이들은 모든 수는 자연수의 비율로 이상적으로 표현된다고 생각했다. 또한 정사각형을 분할하는 방법을 통해 피타고라스의 정리를 증명하였고, 황금 비율을 이용해 정오각형을 작도하는 방법 등 도형에 관한 많은 연구 성과를 남겼다.

이후 플라톤은 피타고라스학파의 수학적 전통을 수용하여 자신의 자연철학 체계를 설명했으며, 고대 그리스의 수학적 전통을 확립했다. 플라톤의 아카데미아에서는 수학을 연구한 학자들이 잇따라 배출되었다. 에우독서스(Eudoxus, 408-355 BCE)는 원의 넓이를 구하는 방식을 제안했으며, 수학적인 기법을 통해 천문학을 연구하는 방안을 제시했다. 피타고라스와 플라톤으로 대표되는 고대 그리스의 수학적 전통은 근대 초에 재평가 받으며 과학혁명의 진전에 큰 기여를 했다.

고대 그리스 의학을 대표하는 인물은 히포크라테스(Hippocrates, 460-370 BCE)이다. 히포크라테스 의학체계의 기본은 4체액설이다.

히포크라테스는 신체를 구성하는 4개의 체액으로 피, 점액, 황담즙, 흑담즙을 제시했으며, 이들 4체액의 불균형으로 질병이 발생한다고 보았다. 히포크라테스 및 그의 추종자들은 특정 질병과 기후 및 계절 변화의 관계까지도 관심을 가지며 세심한 치료 기록을 남겼다. 그의 추종자들에 의해 집대성 된 것으로 여겨지는 『히포크라테스 전집』 (*Corpus Hippocraticum*)은 이러한 내용을 담고 있다. 이후 이 책은 갈레노스가 인체 이론을 정립하는 데 중요한 영향을 주었다.

02
헬레니즘과 로마의 과학

무세이온과 알렉산드리아 도서관

헬레니즘은 마케도니아의 알렉산드로스 대왕(Alexandros, 356-323 BCE)이 제국을 건설한 이후 고대 그리스의 뒤를 이어 나타난 문명으로, 그리스, 이집트, 바빌로니아, 인도 및 기타 동방문화가 결합된 것이 특징이다. 알렉산드로스는 기원전 334년 페르시아, 소아시아, 지중해 연안, 이집트, 중앙아시아, 인도의 북서부 지역까지 정복했다. 이러한 그의 동방정복 활동은 그리스 문화가 다른 문화의 영향을 받는 계기를 마련함과 동시에 고대 그리스 문화를 넓은 지역에 퍼뜨리는 데 영향을 주었다. 한때 아리스토텔레스의 가르침을 받았던 알렉산드로스는 정복한 지역 곳곳에 '알렉산드리아(Alexandria)'라는 동일한 이름의 도시를 세워 그리스 문화를 전파하는 중심지로 삼았다. 그리스 문화가 세계화되는 헬레니즘 시대가 시작된 것이다. 그러나 기원전 323년 알렉산드로스는 열병에 걸려 서른세 살의 젊은 나

2-1. 알렉산드로스가 건설한 제국의 영토 알렉산드로스 사후 기원전 336년 마케도니아 영역 지도.

이에 갑자기 죽었고, 제국은 이집트, 시리아, 마케도니아로 분열되었다.

헬레니즘 시대는 고대 그리스 과학의 전통을 바탕으로 동방의 새로운 문화적 특성이 결합된 형태로 발전하여 고대 과학의 황금기를 이루었다. 헬레니즘 시대의 과학은 동서양의 과학적 전통을 융합해냈고, 국가로부터 지원과 보호를 받았다. 이러한 특징이 두드러지는 곳이 프톨레마이오스 왕조가 차지한 이집트 알렉산드리아에 설립된 무세이온(Museion)이었다. 이집트 북부 지중해 연안의 항구도시인 알렉산드리아는 동양과 서양의 문화가 만나는 곳으로 헬레니즘 과학의 중심지였다.

헬레니즘 시기 이집트의 첫 번째 왕인 프톨레마이오스 1세(Ptole-maios I , 367-283 BCE)는 과학과 교육을 국가 차원에서 지원하는 전통을 세웠다. 그의 후계자인 프톨레마이오스 2세(Ptolemaios II,

2-2. 알렉산드리아의 도서관 알렉산드리아의 무세이온 소속의 도서관. 그림 안쪽에는 오늘날 책과 같은 파피루스 뭉치가 서가에 쌓여 있는 모습이 보인다.

308-246 BCE)는 기원전 280년경 알렉산드리아에 학문 기관인 무세이온을 설립했다. 무세이온은 다양한 형태의 공식적인 지원과 보호 속에서 5세기까지 약 700년 동안 유지되었다.

무세이온은 국가가 세운 최초의 종합 연구기관이었다. 이곳에는 문학, 수학, 천문학, 의학의 각 분과가 있었고, 도서관, 강의실, 강당, 해부실, 정원, 동물원, 천문대 등의 연구 시설이 있었다. 또한 100여 명의 학자들이 국가적 지원을 받으며 자율적으로 연구를 수행했다. 무세이온 출신의 대표적인 학자로는 에우클레이데스, 아폴로니우스, 아리스타르코스, 에라토스테네스, 아르키메데스, 헤론, 헤로필로스 등이 있다.

무세이온은 알렉산드리아 도서관에 의해 더욱 활성화되었다. 프톨레마이오스 왕가는 모든 방법을 동원하여 도서를 수집하는 데 노력을 기울였다. 알렉산드리아 항구에 들어오는 선박들은 국적을 불문하고 일일이 수색하였고, 배에서 발견된 도서는 바로 도서관으로 옮겨졌다. 그 결과 무세이온의 부속기관이었던 알렉산드리아의 도서관(Library of Alexandria)은 50만 개 이상의 파피루스 두루마리를 소장하게 되었고, 빠른 속도로 역사상 가장 위대한 도서관으로 발전했다. 무세이온의 학자들은 도서관의 자료를 자유롭게 열람하며 연구에 활용할 수 있었다. 도서관은 지식의 보존만이 아니라 새로운 지식의 창출에도 기여하며, 무세이온과 함께 헬레니즘 시대의 학문 발전을 이끌었다.

헬레니즘 시대의 수학

헬레니즘 시대에 주목할 만한 수학자로는 『원론』(Stoicheia)을 쓴 에우클레이데스(Eukleides, 4세기 중반-3세기 중반 무렵 BCE)를 들 수 있다. 유클리드라는 이름으로 우리에게 친숙한 에우클레이데스는 당대 큰 명성과 최고의 영향력을 가진 수학자 중 한 사람이었다. 그는 아카데미아에서 공부한 후 알렉산드리아로 이주하여 프톨레마이오스 왕조의 후원을 받으며 무세이온에서 활동했다. '기하학의 아버지'로 알려진 에우클레이데스의 대표적인 업적으로는 고대 그리스 기하학의 성과들을 논리적인 체계로 정리한 『원론』이 있다.

13권으로 이루어진 『원론』은 이후 수학을 공부하려는 사람이 처음 배우게 되는 교과서적인 역할을 하였고 성서 다음으로 많이 읽히게 되었다고 한다. 이 책에는 평면 기하학, 입체 기하학 등의 기하학 내용과 완전수의 성질, 정수론 등의 산수 내용, 그리고 복잡한 무리수와 비율 이론 등 수학의 다양한 분야에 대한 논의가 담겨 있다. 에우클레이데스는 이러한 고대의 수학 지식을 정리하는 과정에서 후대에 표준적인 수학 저술 방식이 될 형식을 사용했다. 그는 공리, 정의, 정리, 증명의 과정을 통해 수학적 명제를 논증하는 방식을 채택했으며, 이러한 논증 방식을 채용함으로써 수학이 가장 확실한 지식이라는 인정을 받을 수 있게 만들었다.

『원론』외에 현재 전해지는 에우클레이데스의 저서는 94개의 정리를 담고 있는『자료』(*Data*), 구면기하학을 다룬『현상』(*Phenomena*), 그리고『광학』(*Optics*)과『음악의 원리』(*Elements of Music*) 등이 있다. 이보다 더 많은 저서가 있었다고 하지만 대부분 전해지지 않는다.『원론』역시 에우클레이데스가 쓴 원본은 유실되었다. 오늘날 전해지는『원론』은 후세에 수정과 주석을 통해 새로 정리된 것이다.

한편, 에우클레이데스에 관한 유명한 일화가 있다. 어느 날『원론』을 가지고 기하학을 공부하던 프톨레마이오스 1세가 에우클레이데스에게『원론』외에 기하학을 배울 수 있는 지름길이 있느냐고 물었다. 이에 에우클레이데스는 "기하학에는 국왕만을 위해 만들어 놓은 길이 없습니다"라고 답했다. 이 말이 훗날 계속 인용되면서 "기하학에는 왕도가 없다" 나아가 "배움에는 왕도가 없다"는 말로 바뀌어 널리 사용되게 되었다.

아르키메데스(Archimedes, 287-212 BCE)는 헬레니즘 시대의 수학자 중 일반인들에게 가장 잘 알려진 인물이다. 그는 잠시 알렉산드리아에 머무른 적이 있었고 그곳의 학자들과 교류하기도 했으나 일생의 대부분을 이탈리아 시라쿠사에서 보냈다. 아르키메데스는 지렛대의 원리와 부력의 원리를 발견했으며, 보다 정확한 원주율의 값을 구하기도 했다. 또한 수학적 이론을 기술에 응용하여 투석기와 기중기, 나선식 펌프 등을 발명하여 전쟁과 농사에 활용하였다.

아르키메데스에 대해서는 다음의 두 가지 일화가 널리 알려져 있다. 하나는 아르키메데스가 발견한 부력의 원리에 관한 이야기이고, 다른 하나는 그의 죽음에 관한 이야기이다. 당시 히에론 왕은 아르키메데스에게 왕관을 만들면서 금 대신 은을 섞었다고 의심이 가는 금세공인을 조사하기 위해 왕관에 함유된 금의 무게를 계산해 달라는 부탁을 했다. 이에 아르키메데스는 같은 무게의 금과 은 왕관을 물에 가득 채운 그릇에 차례로 담가, 흘러넘친 물의 양을 재어서 금과 은 각각의 밀도를 비교하여 알아냈다고 한다. 이 이야기가 후대에 전해지는 과정에서 아르키메데스가 목욕을 하기 위해 몸을 욕조에 담갔을 때 물이 넘쳐흐르는 것을 보고 부력의 원리를 깨달았으며, 이에 너무 기뻐 알몸으로 뛰쳐나와 알았다는 뜻의 유레카(eureka)를 외치며 거리를 질주했다는 이야기로 바뀌었다. 아르키메데스가 죽은 후 로마의 건축가 비트루비우스가 『건축에 관하여』에 이 이야기를 처음 언급하면서 널리 퍼지게 되었다고 한다.

두 번째 일화는 시라쿠사가 로마에게 함락되던 날의 이야기이다. 당시 아르키메데스는 평소처럼 모래 위에 도형을 그리며 기하학의 연구에 몰두하고 있었다. 이때 한 사람이 다가오는 그림자를 보고, 그림자의 주인이 로마 병사인 줄도 모르고 "내 도형을 밟지 말라"고 소리쳤고, 이에 화가 난 로마병사가 아르키메데스를 몰라보고 그를 죽였다는 것이다.

프톨레마이오스의 천문학

프톨레마이오스(Claudius Ptolemaios, 90-168)는 당시까지 이루어진 모든 천문학 지식을 종합하여 자신만의 천문학 체계를 확립시킨 천문학자이다. 프톨레마이오스는 이집트의 알렉산드리아에서 평생을 살았으며 무세이온에서 연구를 진행했다. 하지만 그의 자세한 생애에 대해서는 알려진 바가 거의 없다. 중세의 화가들이 그린 프톨레마이오스의 모습을 보면 왕관을 쓰고 있는 경우가 있는데, 이는 그를 프톨레마이오스 왕과 혼동했기 때문이다. 천문학자 프톨레마이오스와 오랫동안 이집트를 통치했던 프톨레마이오스 왕은 전혀 관련이 없는 별개의 인물이다.

프톨레마이오스는 아리스토텔레스와 마찬가지로 태양계 중심에 고정된 지구를 두는 전통적인 관념을 따랐으며 지구의 자전은 고려하지 않았다. 하지만 행성의 역행 운동과 밝기의 변화 같은 행성들의 불규칙성을 설명할 수 없었던 아리스토텔레스 천문학 체계를 보완하기 위해 주전원(周轉圓, epicycle)이라는 개념을 도입한 새로운 모델을 제시했다. 역행 운동이란 화성, 목성, 토성 등 외행성의 운행 궤도를 관측했을 때 드러나는 모습이다. 앞으로 진행하던 행성이 어느 순간 운행 속도가 줄면서 멈추는 것처럼 보인다. 이후 일정 기간 동안 뒤로 후퇴하는 것처럼 운행하다가 다시 앞으로 진행하는 현상을 말한다. 아리스토텔레스의 우주 구조에 따르면 천상계에서는 일정한 속도의 원운동만 가능하므로 역행 운동은 아리스토텔레스 체계를 위협하는 사례로 간주되었다. 프톨레마이오스는 이 역행 운동을 주전원에 도입하여 해결한 것이다.

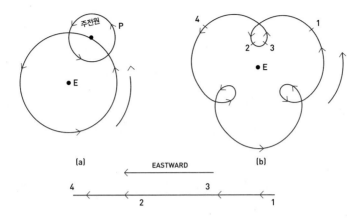

2-3. 프톨레마이오스의 주전원 프톨레마이오스가 행성의 역행 운동을 설명하기 위해 도입한 주전원(epicycle). 맨 아래 화살표에 표시된 숫자는 행성 위치의 겉보기 순서이다.

　그림 (a)와 같이 주전원은 원래의 행성 궤도에 덧붙여진 또 하나의 원 궤도이다. 프톨레마이오스는 행성이 원래의 궤도에서 원운동을 하면서 동시에 주전원 위에서도 원운동을 한다고 설명했다. 따라서 행성의 최종 궤도는 그림 (b)와 같이 전진과 후퇴 방향을 오가는 것처럼 보인다. 프톨레마이오스는 우주에서는 원운동만이 일어난다는 아리스토텔레스의 기본 원칙을 거스르지 않으면서도 전진과 후퇴를 반복하는 역행 운동을 성공적으로 설명해 낸 것이다.

　프톨레마이오스는 이와 같은 자신의 새로운 천문학 체계를 『수학 집대성』(*Syntaxis Mathematica*)이란 이름으로 펴냈다. 전체 13권으로 구성된 『수학 집대성』에서는 자신의 새로운 천체 구조뿐 아니라 태양, 달, 행성의 운행 궤도 그리고 일식과 월식의 계산 방법 등을 다루고 있다. 또한 1,000개가 넘는 항성의 목록과 일곱 행성들의 움직임에 관한 계산표가 수록되어 있었다. 이로써 지구중심의 우주 구조가 완성되었다. 한편, 『수학 집대성』은 이슬람 세계로 전해지면서 아랍어로 '최고로 위대한'이란 뜻을 가진 『알마게스트』(Almagest)로 번역되었을 정도로 높은 평가를 받았으며, 다시 유럽으로 전해져 코페르니쿠스가 등장할 때까지 서양 천문학을 지배했다.

갈레노스의 의학

헬레니즘 시대의 권위 있는 의사였던 갈레노스(Galenos, 129-216)는 고대 그리스 의학을 집대성한 의학자였다. 그는 아리스토텔레스와 히포크라테스의 의학을 계승하고 자신이 직접 관찰하고 경험한 해부학적 지식에 기초하여 새로운 인체 이론을 구축했다. 그 뿐만 아니라 생물학 분야에서도 많은 업적을 남겼다.

갈레노스는 소아시아의 페르가몬(Pergamum)에서 태어나 알렉산드리아에서 의학을 공부한 후 로마에서 활동했다. 그는 마르쿠스 아우렐리우스(Marcus Aurelius) 황제와 왕족 그리고 검투사와 군인들을 치료하면서, 해부학과 외과 실습에 도움을 얻었다. 또한 당시에는 시체 해부가 허용되지 않았기 때문에 갈레노스는 해부학적 지식을 얻기 위해 주로 살아 있는 돼지나 원숭이와 같은 동물 해부에 의존했다. 그는 원숭이의 뛰고 있는 심장 내부를 바늘로 휘젓기도 하고, 방광과 신장이 어떻게 작동하는지 관찰하기 위해 요도를 묶기도 했으며, 척수를 절단하여 어느 부분이 마비되는지 관찰하기도 했다. 한편, 동물 해부에 의존할 수밖에 없었던 갈레노스는 동물에게만 발견되는 특징을 인체에도 적용하는 등의 해부학적 오류를 범하기도 했다. 갈레노스는 『해부 절차』(*On Anatomical Procedures*)를 비롯한 많은 저서를 집필했으며 여기에 인체해부학과 생리학에 관한 많은 발견들을 기록했다. 그는 심장의 작용을 고찰하고 뇌와 척수에 대해 연구를 진행하면서 신경이 척수에서 시작된다는 점을 알아냈다. 그는 이러한 발견들과 과거의 이론들을 종합하여 인체의 구조를 설명하는 종합적인 체계를 제시했다.

갈레노스는 인체를 크게 세 영역으로 나누어 설명했다. 세 영역은 소화계, 호흡계, 신경계이다. 갈레노스는 간, 심장, 뇌에서 만들어진 특정한 '영(spirit)'들이 각 영역을 관장한다고 주장했다. 인간이 음식을 섭취하여 얻어진 영양분은 '자연의 영(natural spirit)'이 되어 소화계를 관장하는 기능을 하며, 호흡을 통해 얻은 생명력은 '생명의 영(vital spirit)'이 되어 호흡계를 관장하는 기능을 하고, 마지막으로 정신활동을 지배하는 신경계는 '동물의 영(animal spirit)'에 의해 기능하게 된다고 설명하였다.

갈레노스는 인간의 몸이 네 가지 특별한 체액, 즉 혈액, 황담즙, 점액, 흑담즙에 의해 조절된다고 생각했다. 이 이론을 4체액설이라 부른다. 각 체액은 나름의 기능을 가지는데 혈액은 생명의 근원이며, 황담즙은 소화를 돕고, 점액은 냉각수의 역할, 흑담즙은 몸의 다른 분비물과 혈액을 진하게 만든다고 보았다. 갈레노스는 네 가지 체액이 사람의 신체적 특징뿐만 아니라 정신 활동에도 영향을 준다고 생각했으며, 체액의 조화에 따라 사람들의 고유한 성격이 정해진다고 주장했다. 예를 들어, 황담즙이 많은 사람은 마르고 안색이 누렇고 성격은 이기적이고 까다로우며, 점액이 많은 사람은 뚱뚱하고 창백하며 게으르다. 또한 흑담즙이 많은 사람은 얼굴색이 어둡고 우울하다.

이와 같은 갈레노스 의학의 특징은 음식물의 소화 과정을 비롯하여 신경 및 정신 활동이 모두 유기적으로 연결되어 있다는 것이다. 따라서 어느 한 부분에서 문제가 생기게 되면 다른 부분에도 영향을 미치게 되어 결국 건강하지 않은 상태로 빠지게 된다. 또한 갈레노스 의학에서 세 가지 영이 제대로 작동하기 위해서는 적절한 음식물과 좋은 공기의 흡수가 필수적이라는 점도 특징적인 모습이다. 모든 영은 결국 음식물의 소화와 호흡의 결과로 만들어지므로 적절한 음식과 공기가 흡수될 경우에는 조화롭게 작동하고 그렇지 않으면 인체에 문제가 생기게 된다. 따라서 치료의 기본은 조화로운 상태를 복구하는 데 있었다. 무엇인가가 부족할 경우에는 채워 주어야 하고 과할 경우에는 몸 밖으로 배출시켜야 했다.

이와 같은 갈레노스의 체계는 고대 의학의 완성으로 평가되며, 그의 의학은 중세 유럽은 물론 이슬람까지 영향을 미쳤으며, 이후 르네상스 시기의 의학에서도 인체를 이해하는 기본적인 이론이 되었다.

로마의 과학과 기술

로마는 강력한 군사력을 바탕으로 지중해의 새로운 세력으로 부상했다. 포에니 전쟁을 통해 카르타고, 마케도니아, 그리스 일대를 정복하고 기원전 30년경에는 헬레니즘 과학을 발전시킨 프톨레마이오스 왕조의 이집트까지 점령했다. 이렇게 지중해 지역을 통일한 로마는 기본적으로 헬레니즘 시대의 과학 전통을 계승하려 했지만 로마인들은 과학의 발전에 크게 기여하지는 못한 것으로 평가되고 있다. 토목, 건축과 같은 기술적인 발전이 두드러진 반면 과학은 개괄적으로 소개하는 백과사전적인 지식에 만족했던 것이다.

로마인들은 고대 세계 최고의 기술자였다. 로마는 뛰어난 군사 기술과 항해 기술을 통해 강력한 육군과 해군을 보유하게 되었다. 당시 최대 규모의 도시 로마와 방대한 제국을 효율적으로 유지하고 관리하기 위한 도로망과 수로망에서도 로마의 기술력은 잘 드러나고 있다. 법에 관한 전문성과 발전된 지식도 로마의 경영에 적지 않은 힘을 실어준 사회적 기술의 하나로 볼 수 있다. 또한 로마인들은 오늘날 시멘트로 알려진 접합제를 발명했다. 당시 첨단 기술이라고 할 수 있는 시멘트 덕분에 석조 건물을 훨씬 더 저렴하고 쉽게 만들 수 있었다. 비트루비우스(Vitruvius, 약 80-15 BCE)가 아우구스투스 (Augustus) 황제에게 『건축에 관하여』(De architectura)라는 유명한 저술을 바쳤다는 데에서 당시 로마에서 기술의 중요성을 짐작할 수 있다.

로마인들이 과학과 관련해서 남긴 가장 큰 업적은 그리스의 과학을 개괄적으로 소개하는 백과사전의 편찬이었다. 이를 통해 그리스 과학의 일부가 보존될 수 있었다. 기원전 1세기 바로(Marcus Terrentius Varro, 116-27 BCE)에 의해 시작된 백과사전의 전통에서 가장 유명한 인물은 플리니우스(Gaius Plinius Secundes, 23-79)였다. 이탈리아 북부 노붐 코문(Novum Comum)의 유복한 가정에서 태어난 플리니우스는 어릴 때 로마로 건너가 문학, 변론술, 법률을 공부했다. 박학다식한 그는 글을 쓰는 일을 게을리하지 않았으며 수많은 자연과학 지식을 수집했다. 이를 통해 플리니우스는 『자연사』(*Natural History*)를 완성했다. 37권으로 이루어진 『자연사』는 로마와 그리스에서 만들어진 2,000권의 책을 검토하여 집필한 것이라고 한다.

『자연사』에서는 우주론, 천문학, 지리학, 인류학, 생물학, 식물학, 광물학 등 다양한 분야를 포괄적으로 다루고 있다. 예를 들어 천문학 분야에서는 천구와 지구를 그리는 데 사용되는 다양한 원을 비롯하여 행성의 역행 운동, 달의 운동과 변화, 월식 등에 대해 기술하였다. 또한 기도와 제례에 의해 불러내는 천둥번개, 아시아에서 12개 도시를 파괴한 사상 최대의 지진 등 신비로운 자연 현상이나 산 사람을 제물로 바치는 풍습을 가진 종족, 돌고래를 타고 매일 학교를 오간다는 소년 등 여러 신기한 이야기들도 소개하였다. 『자연사』가 이처럼 여러 분야의 풍부한 정보를 담고 있다. 하지만 수학적 천문학의 전통, 천문학 전문가, 천문학의 복잡한 관측과 수학적 계산과 같은 전문적인 내용에 대해서는 다루지 않아 다소 피상적이며 가벼운 내용만을 다루었다는 한계도 지닌다. 그럼에도 불구하고 『자연사』는 자연세계 전체를 포괄한 최초의 책으로 평가되며, 16세기까지 자연을 대상으로 하는 연구의 출발점이 되었다.

로마의 몰락과 고대 과학의 쇠퇴

로마 제국 초기에는 그리스 문화권과의 학문적 교류가 비교적 자유롭게 이루어졌다. 그리스어와 라틴어가 공용어로 퍼져 있었고 여행이나 유학의 기회도 많았다. 로마의 식자층은 그리스 출신의 선생들로부터 그리스 시적 전통을 배울 수도 있었다. 그리고 그리스어를 모르는 독자들을 위한 그리스 문헌의 라틴어 번역본도 있었다.

그러나 학문과 연구에 있어 자유롭고 우호적이었던 분위기는 기원후 2세기 말부터 점차 약해지기 시작했다. 정치적 혼란, 내란, 이민족의 침입 등으로 로마 제국은 점차 몰락해 갔으며, 로마인의 생활수준도 더욱 열악해 졌다. 특히 식자층인 상류 계급의 생활이 어려워지면서 과학의 발전에 필요한 환경도 붕괴되었다. 결국 로마 제국은 4세기 말에 서로마와 동로마로 분열되었다. 이에 따라 서로마의 라틴 세계는 더 이상 동로마의 그리스 세계와 지적 교류를 할 수 없게 되었다. 몇몇 학자들은 두 지역의 단절 상황으로 인한 위기를 극복하고자 그리스 문헌을 라틴어로 번역하여 소개하기도 했다. 하지만 그 성과는 미미했으며, 그나마 남아 있는 소수의 문헌들조차 제대로 유통되지 못했다. 고대 과학이 쇠퇴하게 된 것이다.

고대 과학이 쇠퇴하게 된 이유의 하나로 흔히 로마 제국 말기에 득세한 기독교의 영향을 꼽는다. 기독교가 승리하면서 기독교 교리를 합리화하는 데 일부 과학이 제한적으로 이용되기도 했지만, 그 교리에 위배되는 과학은 배척당하고 과학자들은 종교적인 이유에서 다른 지역으로 이주할 수밖에 없었기 때문이다. 그리고 실용적인 탐구에 치중한 나머지 아리스토텔레스 체계와 같은 지적 탐구 작업에는 소홀했던 로마의 학문적 분위기도 고대 과학이 쇠퇴하는 데 영향을 주었다고 보고 있다.

03 *
이슬람과 중세의 과학

번역의 시대

로마 제국의 멸망 이후 서유럽에서 그리스 과학의 전통은 거의 사라졌다. 실제 중세 초 라틴 유럽에는 그리스 과학의 전통이 대부분 끊어지고 플라톤의 우주론 일부와 아리스토텔레스 논리학의 일부만이 겨우 명맥을 유지할 뿐이었다. 하지만 수백 년이 지난 후, 서유럽은 플라톤과 아리스토텔레스의 자연철학 전통을 완전히 회복하게 되었다. 이 과정에서 이슬람 세계는 매우 중요한 역할을 담당했다.

초기 이슬람 과학에서 주목할 만한 활동은 번역이다. 그리스어로 되어 있는 문헌을 아랍어로 번역함으로써 그리스 과학이 이슬람 사회에 자리할 수 있었다. 이슬람의 7대 칼리프인 알 마문(Al-Ma'mun, 786-833)이 세운 '지혜의 집'(Bayt al-Hikmah, House of Wisdom)은 그 번역 작업의 중심이었다. 후나인 이븐 이스하크(Hunayn ibn Ishaq, 808-873)가 번역 작업의 총책임을 맡았고, 그의 아들 이스하

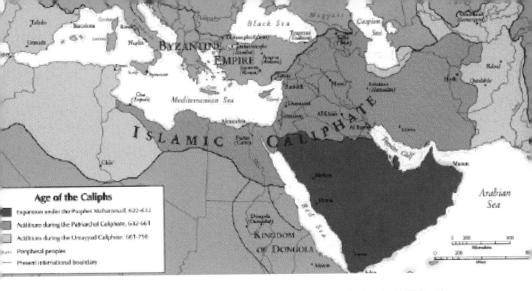

3-1. 7–8세기의 이슬람 영토 칼리파 시대의 이슬람 영토. 이슬람 제국이 강성했을 때는 서쪽으로 이베리아 반도까지 동쪽으로 인도의 서쪽지역까지 지배했다.

크 이븐 후나인(Ishaq ibn Hunayn)과 조카 후바이쉬(Hubaysh) 등도 여기에 참여했다. 이들의 번역 작업은 협력을 통해 체계적으로 진행되었다. 이를 테면 후나인이 그리스어 문헌을 시리아어로 번역하면 조카가 시리아어를 아랍어로 옮기는 방식이었다. 아들 이스하크는 그리스어와 시리아어를 아랍어로 옮기거나 이미 번역된 것을 수정하는 작업을 담당했다. 또한 어떤 단어를 다른 언어의 말로 정확히 바꿀 수 없을 경우가 발생하면 그리스어 원전의 의미를 먼저 파악한 후 이를 적절한 아랍어나 시리아어로 표현하고자 했다.

지혜의 집에서는 먼저 의학, 천문학, 산술, 연금술 등 지배자에게 직접적으로 유용하다고 여겨졌던 실용서들을 번역했다. 하지만 번역 과정에서 실용서를 제대로 이해하기 위해서는 그리스 자연철학 전반 특히 플라톤과 아리스토텔레스의 문헌이 중요하다는 점을 인식하여 이것들도 번역하기 시작했다.

이슬람 과학의 성취

번역을 통해 알려진 그리스 과학은 아랍인들이 자신들이 가지고 있었던 지적 체계와 함께 아랍인들이 정복 과정을 통해 흡수한 페르시아, 인도 등의 전통과 만나면서 이슬람 사회에서 더욱 발전하게 되었다. 이슬람의 의학은 이러한 모습을 잘 보여주는 분야이다. 그리스 과학이 들어오기 전 아랍인들은 코란(Koran)에 바탕을 둔 독자적인 의술을 가지고 있었다. 코란에는 식생활이나 위생, 다양한 질병과 그 치료법에 대한 언급이 담겨 있었다. 이슬람의 의사들은 번역 사업을 통해 갈레노스와 히포크라테스의 의학을 접하게 되었다. 그리고 페르시아의 의학교를 흡수하고, 인도와의 직접 교류를 통해 다양한 약물과 향료를 얻게 되었다. 이로써 여러 문화권의 의학을 종합하는 이슬람의 독특한 의학 체계가 형성되었다. 병원은 특히 이슬람 의학 체계에서 주목할 만하다. 의료진과 전문 간병인 그리고 강의실과 도서관 등을 갖춘 이슬람의 병원은 단순한 의료시술의 공간을 넘어 교육과 연구의 중심지로서 기능했기 때문이다.

이슬람 의학에서 중요한 인물로는 알 라지(Al-Razi, 854-925)와 이븐 시나(Ibn Sina, 980-1037)가 있다. 알 라지는 훌륭한 임상의학자이면서 활발한 저술활동을 펼치기도 했다. 예컨대 그가 저술한 『천연두와 홍역에 관한 고찰』(al-Judari wa al-hasbah, On Smallpox and Measles)은 라틴어와 영어 및 여러 서양 언어로 번역되었고 19세기까지도 사용될 정도로 영향력 있었다. 그리고 그리스, 시리아, 인도, 아랍의 의학 지식을 백과사전식으로 정리하여 『총서』(Kitab al-hawi, Comprehensive Book on Medicine)를 편찬하기도 했다. 그는 『총서』에서 외과 수술, 임상의학, 피부병, 위생학 등과 같은 다양한 주제를 다루면서 기존 의학 지식을 소개한 후 자신의 소견을 덧붙였다.

유럽에서는 아비케나(Avicenna)라는 이름으로 더 잘 알려졌던 이븐시나는 이슬람 의학에서 절대적인 역할을 했다. 그가 저술한 『의학정전』(al-Qanun fi at-tibb, The Canon of Medicine) 역시 백과사전식으로 구성되어 있는데, 갈레노스를 비롯한 그리스의 거의 모든 의학적 지식이 아랍어 주석과 함께 들어 있었다. 해부학, 질병, 위생학, 팔다리의 이상, 미용 문제, 의료기구, 합성 제조된 의약품 등 다양한 내용을 다루고 있는 『의학정전』은 아리스토텔레스 철학의 영향으로 상당히 철학적이었지만 건강과 질병 문제에 대한 실제적인 문제들을 다루고 있다. 16세기까지 대학 교재로 사용되면서 중세 유럽 사회에 가장 영향력 있는 의학책으로 평가받았다.

이슬람의 천문학은 종교와 결합하면서 발전하였다. 이슬람 교도들은 의무적으로 성지인 메카를 향해 예배를 해야 했다. 이를 위해서 정확한 시간이나 방위를 결정할 수 있는 천문학의 지식이 필요했다. 따라서 공식적인 기도 시간을 알리는 시간 계시원과 그것을 다루는 시간 기록학이라는 분야가 중시되었다. 시간 계시원의 임무는 정확한 시간을 알려야 하는 것이었으므로 천문학 지식을 갖춘 전문가만이 담당할 수 있었다. 이들은 기존 관찰 자료와 스스로 관측한 내용에 기초하여 새로운 자료들을 생산해냈다. 이를 테면 축적된 자료와 태양 그림자 길이를 관찰한 결과를 토대로 예배 시간을 정했고, 그 시간 간격을 알리는 표를 만들기도 했다. 또한 메카 지역의 방위를 알리기 위한 기구들도 개발했다.

이슬람의 천문학자들은 프톨레마이오스의 『수학 집대성』을 받아들여 그것에 아랍어로 '최고로 위대한'이란 뜻의 『알마게스트』라는 이름을 붙였다. 이처럼 그리스 천문학은 이슬람 천문학의 기초가 되었다. 하지만 이슬람 천문학자들이 그리스 천문학을 그대로 받아들인 것은 아니었다. 이슬람 천문학자들은 그들이 실제 관측한 결과가 그리스 천문학 체계와 맞지 않을 경우에는 반복적인 계산을 통해 그 문제를 해결하고자 하였다. 예를 들어 많은 관측을 수행한 대표적인 천문학자 알 바타니(Al-Battani, 858-929)는 프톨레마이오스 천문학 체계를 개량하고 보완하는 데 큰 역할을 하였다.

이슬람에서는 기하학을 중심으로 하는 그리스 수학과 십진법, 자릿수 등의 계산법에 뛰어난 인도 수학이 결합되면서 수학이 발전하였다. 세금이나 구호금, 유산 분배 등 실용적인 목적으로 이용하기 위해서는 고차 방정식 풀이가 필요했고, 이러한 성과가 축적되어 대수학이 발전하였다. 대표적인 수학자 알 콰리즈미(Al-Khwarizmi, 780-850)는 방정식 풀이를 설명한 『더하기와 빼기의 방법』(*Kitab al-jabr wa al-muqabalah*)을 출판했는데, 이 책 제목에 포함되어 있는 'al-jabr'란 말은 나중에 대수학을 뜻하는 algebra가 되었다. 이 책에서 알 콰리즈미는 이항을 의미하는 al-jabr법과 등식 양변에서 같은 항을 소거하는 muqabalah법을 이용해 다양한 형태의 방정식을 풀이하는 방법을 소개했다. 또한 알 콰리즈미는 인도로부터 들여온 숫자와 영(0)의 개념을 수정하여 현재에 사용되고 있는 '십진 자릿수 아라비아 숫자 체계'를 정립했다.

연금술도 이슬람 사회에서 크게 발전한 분야였다. 이집트에서 기

Ancien Caractères Arithmétiques.

3-2. 아라비아 숫자의 변천

원한 연금술은 헬레니즘 시대에 알렉산드리아를 중심으로 퍼져나갔다. 신비주의적 전통을 가지고 있었던 연금술은 이슬람의 신비주의인 수피즘(Sufism)과 결합하면서 획기적인 발전을 이루었다. 오늘날 사용하고 있는 알칼리(alkali), 알코올(alcohol) 등의 단어는 이슬람 연금술의 발전 과정에서 얻어진 것이다. 연금술 연구자 중 대표적인 인물로는 자비르 이븐 하이얀(Jabir ibn Hayyan, Geber, 721-815)을 들 수 있다. 그는 아리스토텔레스의 물질 이론을 발전시켜 황-수은설을 제창했고, 이 이론은 이슬람뿐 아니라 유럽 연금술의 기본 원리가 되었다.

연금술의 목적은 값싼 금속을 금으로 바꾸고 불로불사할 수 있는 영약을 만드는 것이었다. 이러한 목표를 달성하기 위해 연금술사들은 끊임없이 실험을 거듭했고, 그 과정에서 각종 실험 기구나 방법이 발전했다. 이러한 점에서 연금술은 신비적인 모습을 보임에도 과학

에 공헌한 것으로 평가된다. 예를
들면 연금술은 정량적 측정을 위
해 정밀 측정 기구인 천칭을 개발
하고, 여러 가지 화학적 조작을 통
해 새로운 물질을 발견하는 등의
기여를 했다.

마지막으로 광학은 가장 독창적
이고 중요한 과학적 발견이 이루
어진 분야이다. 광학의 발전에는
사막이라는 이슬람 지역의 기후
적, 지리적 요인이 중요한 배경이
되었다. 강한 모래바람이 자주 불
고, 신기루 현상이 빈번하게 일어
나는 사막의 특징으로 인해 이슬
람 사람들은 눈의 해부학을 포함
한 안과학에 대해 큰 관심을 가졌

3-3. 이슬람 연금술의 실험 기구 이슬람
연금술의 대표적인 연구자 자비르 이븐
하이얀이 사용했던 각종 실험 기구들.

다. 그리고 이러한 관심은 광학의 발전으로 이어졌다.

광학 분야에서도 에우클레이데스나 프톨레마이오스의 저서들이
주로 이용되었다. 그리스의 광학 연구를 토대로 이슬람 광학자들은
반사, 굴절, 구멍을 통한 이미지 투사, 무지개 등을 포함한 다양한 현
상을 연구했다. 예컨대, 이븐 알 하이탐(Ibn al-Haytham, Al-Hazen,
965-1040)은 그리스의 광학 연구에 기초하여 빛과 인간의 시각에 대
한 새로운 설명을 제시했다. 이븐 알 하이탐은 물이나 공기, 거울에

의한 빛의 굴절과 반사 현상에 관심을 가졌다. 그는 태양이 지평선 아래에 있는데도 여전히 태양을 볼 수 있는 이유에 대해서는 대기에 의한 굴절로 설명하였고, 착시 현상 때문에 태양과 달의 지름이 지평선에서 확대되어 보인다고 설명하였다. 이븐 알 하이탐은 눈의 구조와 입체적 시각에 대해서도 분석을 시도하였다. 그리스 인들은 빛이 눈에서 물체 방향으로 방출되어 우리가 그 물체를 볼 수 있다고 설명했으나, 이븐 알 하이탐은 이와는 반대로 빛이 물체에서 튀어나와 눈을 자극하기 때문에 우리가 물체를 볼 수 있게 된다고 주장하였다. 즉 시각이란 물체에서 나오는 빛이 눈동자에 들어와 뇌로 전달되어 지각함으로써 발생한다는 설명이었다. 이븐 알 하이탐의 연구는 이후 중세 유럽의 학자들에 의해 지속적으로 인용되었고, 그는 광학의 아버지라 불릴 정도로 높은 평가를 받았다.

이슬람 과학의 쇠퇴

이슬람 과학은 1000년 전후로 황금기를 이루었다가 점차 활기를 잃어 갔다. 이슬람 과학의 쇠퇴 원인에 대해서는 여러 가지 주장이 있다. 그 중 하나는 종교적 보수주의자들이 승리하게 되면서 이슬람 과학이 쇠퇴하기 시작했다고 보는 입장이다. 종교를 중심으로 했던 이슬람 사회의 특성상 세속적 철학과 학문은 사회 안에서 많은 관심을 받기 어려웠다. 이슬람의 종교 지도자나 법률가들은 세속적 학문에 지나치게 빠진 사람들을 불경죄로 처벌할 수 있었다. 따라서 종교적 보수주의자들이 득세하면서 이슬람 과학의 발전은 지속될 수 없었다는 것이다. 하지만 이러한 입장은 이슬람 사회에서 과학이 왜 번창했는지에 대해서는 설명하지 못하는 한계가 있다.

이슬람 문명이 처음에는 다원적이었지만 점차 균일화되면서 과학이 쇠퇴했다는 주장도 있다. 이슬람 초기에는 여러 문화와 종교가 혼합된 다원적인 사회였기 때문에 창조적인 사고가 가능해서 과학 발전을 이끌었지만, 시간이 흐르면서 이러한 다원성을 잃어감에 따라 과학자들이 창조적으로 활동하기 어려워졌다는 설명이다. 그러나 이 주장 역시 이슬람 문화와 종교의 중심지인 바그다드에서 과학 활동이 가장 활발하게 진행되었다는 점에서 설득력이 떨어진다.

전쟁으로 인한 경제적 파탄과 과학 후원 체계의 붕괴가 이슬람 과학의 쇠퇴 원인이 되었다고 보는 것이 가장 유력한 설명이다. 이슬람 제국은 11세기부터 십자군 전쟁으로 인해 유럽으로부터 압박을 받기 시작했고, 12세기에는 제국 영토의 일부였던 스페인 지역에서도 유럽 세력의 침공이 시작되었다. 동쪽에서는 몽골군의 침입으로 1258년에는 바그다드가 함락되는 곤경에 처했다. 또한 1497년 유럽 상선들이 인도양을 횡단한 이후 이슬람 세계는 동아시아 교역의 독점권을 잃었다. 이렇게 전쟁이 계속되고, 경제적으로 어려움을 겪게 되면서 그동안 과학을 후원하던 지배세력이 힘을 잃게 되었고, 이에 따라 이슬람 과학도 발전이 지속되지 못했다는 것이다.

과학의 역사에서 이슬람 과학은 그리스 과학의 냉장고 역할을 한 것으로 평가받기도 했다. 이슬람 과학은 자칫 세상에서 사라져 버릴 수도 있었던 그리스의 과학 전통을 잘 수용해 보존했고, 결국 이를 온전한 형태로 유럽으로 다시 전해주었다는 점에서 기여를 했다는 평가이다. 하지만 이러한 평가는 이슬람 과학이 거둔 수많은 성과를 간과한 것으로써 이슬람 과학을 제대로 이해하지 못한 결과이다. 이슬람은 그리스 과학을 계승했을 뿐 아니라 다른 여러 문화권의 과학도 받아들여 그것들을 자신들의 틀 속에서 종합하고 변형함으로써 과학의 발전에 크게 기여했다.

중세 대학의 아리스토텔레스주의와 신학

중세 초기 유럽 사회는 전반적으로 매우 낙후되어 있었다. 수도원 학교나 비전문적인 학자에 의해 진행되었던 교육의 수준 역시 그다지 높지 않았다. 500년 이후 유럽 전역에 퍼진 수도원 학교는 가톨릭 사제들에게 최소한의 교육만을 제공할 뿐이었다. 이곳에서 지식의 역할은 미미한 정도였고 교육 내용 역시 기초적인 라틴어와 신학에 국한되었다. 이처럼 중세 초기의 지식은 별로 주목할 만한 내용이 없었지만, 12세기를 전후한 무렵부터 시작된 번역 활동을 통해 변화의 조짐이 나타나기 시작했다.

이슬람의 지배를 받고 있었던 스페인의 톨레도(Toledo)가 1085년 기독교도에게 점령되면서 이 지역을 중심으로 번역 활동이 본격적으로 이루어지기 시작했다. 아랍어로 된 서적들은 번역 활동을 통해 라틴어로 옮겨지면서 과거 그리스의 성과를 포함하는 이슬람 과학의 성과들이 유럽에 전해지게 되었다. 이러한 번역 활동에서 크레모나의 제라르드(Gerard of Cremona, 1114-1178)는 중요한 역할을 했던 인물이다. 1145년경 프톨레마이오스의 『알마게스트』를 찾아 톨레도를 방문했다가 그곳에 정착한 제라르드는 아리스토텔레스의『물리학』,『천체에 관하여』,『발생과 부패에 관하여』를 비롯하여 에우클레이데스의『원론』, 아비케나의『의학정전』등 그리스와 이슬람의 과학적 성과 70-80종을 라틴어로 번역했다.

하지만 개인적 차원에서 진행된 당시의 번역 활동에서 다음의 두 가지 점은 주의할 필요가 있다. 하나는 반드시 번역할 만한 중요한 문헌 가운데 일부가 전혀 번역되지 않았거나 또는 번역이 되었다 하

3-4. 중세 대학 분포 지도 중세 초기에 만들어진 대표적인 대학으로는 이탈리아의 볼로냐 대학과 파도바 대학, 프랑스의 파리 대학, 영국의 옥스퍼드 대학과 캐임브리지 대학 등이 있다.

더라도 제대로 주목받지 못했다는 점이다. 예컨대 아폴로니우스의 저서는 이때 번역조차 되지 않았고, 아르키메데스의 저서는 번역만 되었을 뿐 제대로 이해되지도 못했고 알려지지도 않았다. 또한 이중 번역의 문제도 중요했다. 번역을 담당했던 번역자의 과학 지식은 논외로 하더라도 번역 과정이 아랍어에서 직접 라틴어로 이루어진 것이 아니었다. 실제 번역 과정은 아랍어의 문헌이 중간에 스페인어나 히브리어 등 여러 언어를 거쳐야 했으므로, 이 과정에서 상당히 많은 오류가 생길 수밖에 없었다. 이처럼 당시 번역은 학문적으로 완전한 것은 아니었다. 그럼에도 불구하고 번역을 통해 유럽에 홍수처럼 밀려들어온 새로운 지식들은 학문 세계에 커다란 자극을 주었으며, 지식인들은 이것들을 효과적으로 받아들일 수 있는 방안을 찾으려 하였다. 그것이 바로 12세기 말 무렵부터 유럽 각 지역에서 생기기 시작한 대학이다.

중세 대학은 기본적으로 상인이나 수공업자들의 동업자 조직인 길드(guild)의 체제를 모방하여 만들어졌다. 볼로냐 대학은 학생들이 길드를 결성한 후 선생을 고용하는 형태였고, 파리 대학은 선생들이 길드를 결성한 후 학생들을 모집하는 방식이었다. 이처럼 중세 대학의 운영 방식은 학교마다 조금씩 차이가 있지만, 모든 중세 대학은 기본적으로 자율적이고 자치적인 성격을 띠고 있었다. 개인이나 국가의 후원에 의존하지 않았고 도시의 행정으로부터도 간섭을 받지 않았다. 그리고 자체적으로 학위를 수여할 권리도 가지고 있었다.

중세 대학의 과정은 교양 학부와 전문 학부로 이루어져 있었다. 대학에 입학한 모든 학생들은 일단 교양 학부에서 문법, 수사학,

논리학 등의 3학(trivium)과 산술, 기하학, 천문학, 음악 등의 4과 (quadrivium)를 배웠다. 교양 학부를 마치고 학업을 계속하고자 할 때에는 신학부, 법학부, 의학부 등 전문 학부 가운데 한 곳을 택해 고급 지식을 학습할 수 있었고, 이 과정을 마치면 석사학위를 취득할 수 있었다.

중세 대학에서 가르쳐졌던 지식이란 번역을 통해 당시 유럽에 소개된 바로 그 지식이었고, 아리스토텔레스의 학문 체계가 그 중심에 자리 잡고 있었다. 하지만 아리스토텔레스의 철학은 기독교 신학과 잘 들어맞지 않아 서로 부딪치는 경우도 있었고, 이런 문제를 해결하려는 시도도 나타났다. 예컨대 이성에 의해 자연을 탐구하는 철학의 영역과 신의 존재나 신앙의 문제를 다루는 신학은 각기 고유한 영역이 있으며 이 둘은 서로 겹치지 않는다는 이른바 이중 진리(double truth)를 주장하는 철학자들이 있었다. 또한 아리스토텔레스가 제시한 지적 체계와 전통적인 기독교 세계관을 조화시키려는 노력을 기울인 신학자도 있었는데, 그 대표적인 인물이 토마스 아퀴나스 (Thomas Aquinas, 1224-1274)였다. 토마스 아퀴나스에게 철학은 감각과 이성 같은 인간의 능력을 이용하여 그 나름대로 진리를 찾아내는 것이며, 신학은 인간의 능력으로는 발견할 수도 없고 이해할 수도 없는 진리에 접근할 수 있도록 도와주는 것이었다. 그에게 신학은 완전한 것이고 철학은 불완전한 것이었지만, 그는 철학이 신앙의 진리를 설명해 주고 신앙에 대한 여러 의심을 물리칠 수 있는 도구로써 신학에 꼭 필요한 것이라고 생각했다. 곧 철학의 중요성과 역할을 받아들인 것이다. 이로써 아리스토텔레스의 철학이 기독교 신학 속에 중요한 자리를 차지할 수 있게 되었고, 중세 대학에서 커다란 권위를 지닐 수 있는 계기가 되었다.

하지만 아리스토텔레스의 체계의 권위가 높아지고 신학에 대한 아리스토텔레스의 영향력이 커질수록, 아리스토텔레스 자연철학의 몇몇 내용과 기독교 교리 사이의 모순이 더욱 돌출되어 이것들 사이에 심각한 갈등이 표면화되기도 했다. 예컨대 세계는 영원하다, 최초의 인간도 없고 최후의 인간도 없다, 사람이 죽으면 영혼도 소멸된다와 같은 아리스토텔레스의 명제들은 기독교의 교리에 정면으로 위배되는 것이었다. 이에 따라 아리스토텔레스의 체계를 지지하는 대학의 선생들은 기독교의 권위와 신앙을 중시하는 신학자와 대립각을 세우게 되어 심각한 지적 충돌이 발생하였다. 이런 상황에서 1277년 파리 주교 탕피에르(E. Tempier)는 아리스토텔레스 체계에서 문제되는 219개의 명제에 대하여 더 이상 논의하거나 교육하지 못하게 하는 조치를 취했다. 그리고 이러한 금지령을 어기면 파문에 처하겠다고 공표했다. 1277년의 금지령은 표면적으로 이성을 중시하는 아리스토텔레스 체계에 대해 보수적인 신학이 승리한 것이라 할 수 있다. 하지만 기독교가 과학을 비롯한 학문을 완전히 제압하지는 못했다. 실제 금지령이 파리 대학에서도 겨우 수십 년 동안만 유효했다. 그리고 옥스퍼드 대학에서는 규제가 느슨했으며, 나머지 대학에서는 아무런 조치도 취하지 않았다.

아리스토텔레스 체계 역시 금지령의 영향으로부터 자유롭지 않았다. 아리스토텔레스 체계의 권위가 무너진 것은 아니었지만 서서히 아리스토텔레스 체계를 회의적이고 비판적으로 바라보는 시각이 나타났다. 예컨대 유명론(nominalism)을 주장한 오컴의 윌리엄 (William of Ockham, 1285-1349)은 아리스토텔레스 체계에서 말하는 자연세계의 안정적인 질서를 부정했다. 그에 따르면 우주에 존재하는 유일한 실재는 신이며 전능한 신은 어떤 것도 창조할 수 있고 언제라도 기적을 일으킬 수 있다. 그리고 불이 뜨거움이란 성질을 가지고 있는 것도 불과 뜨거움이 필연적으로 연결되어 있는 것이 아니라 신이 이 둘을 연결하여 불에 뜨거움을 부여했기 때문이다. 이에 따라 자연세계도 아리스토텔레스의 자연철학이 아니라 직접적인 경험에 의해서만 이해되었다.

중세의 과학과 기술

중세 과학의 특징을 잘 보여주는 사례로 장 뷔리당(Jean Buridan, 1297-1358)과 니콜 오렘(Nicole Oresme, 1320-1382)의 운동에 관한 논의를 들 수 있다. 장 뷔리당은 이른바 임페투스(impetus) 이론을 체계화하여 운동에 관한 새로운 논의를 펼쳤다. 아리스토텔레스 체계에 따르면 운동은 곧 변화이므로 운동은 원인이 있어야만 하고 운동은 운동 원인이 있을 경우에만 일어난다. 이것을 사람이 돌을 던져서 돌이 날아가는 운동에 적용하면 다음과 같다. 사람이 돌을 던지면 처음에는 사람의 손이 운동 원인이 되어 돌이 운동을 시작한다. 하지만 일단 사람의 손에서 떨어져 나간 돌은 운동 원인이 없어지고 곧바로 돌이 멈추어야 한다. 그럼에도 돌이 계속 날아가는 까닭은 공기와 같은 매질이 돌에 계속 운동 원인으로 작용하기 때문이다. 돌이 날아가면서 공기를 밀어내고 이 공기가 뒤로 돌아가서 돌이 지나간 자리를 다시 채우면서 돌을 앞으로 밀어준다는 것이다.

하지만 임페투스 이론에서는 운동 원인을 투사체 외부가 아닌 투사체 내부에서 찾았다. 즉, 물체가 던져지면 물체의 내부에 물체의 무게와 속력의 곱에 해당하는 임페투스가 생기고 이것이 물체가 날아가는 동안 계속하여 운동 원인으로 작용한다. 그리고 천상계의 완전한 물체는 임페투스의 변화가 없으므로 항상 일정한 운동을 하는 데 비해, 지상계의 물체는 불완전하여 물체가 날아가면서 임페투스가 점차 줄어들어 결국 그 물체가 떨어지게 된다고 보았다. 이처럼 임페투스 이론은 운동을 변화라고 이해하거나 운동을 운동 원인으로 설명하는 등 기본적으로 아리스토텔레스의 체계를 따랐지만, 아리스토텔레스 체계와 달리 운동 원인을 운동하는 물체의 내부에서 찾았다. 그리고 천상계와 지상계를 완전히 구분했던 아리스토텔레스 체계에서 벗어나 천상계와 지상계의 운동을 모두 하나의 원인으로 설명했다.

니콜 오렘의 운동에 관한 논의는 이른바 평균속도의 정리(mean speed theorem)를 기하학적으로 증명한 것에서 잘 드러난다. 평균속도의 정리란 흔히 머튼의 평균속도의 정리라고도 하는데, 이는 14세기 무렵 영국 옥스퍼드 대학의 머튼 칼리지에 모였던 수학과 논리학에 뛰어난 학자들이 운동에 관한 새로운 논의 과정에서 얻어진 결과이기 때문이다. 이들 머튼 그룹의 학자들은 운동의 원인을 찾는 것보다 운동 자체를 양적으로 정확하게 기술하는 일에 관심을 가졌다. 그들은 운동의 강도 곧 속도에 주목하여 등속운동과 등가속도운동을 구별하고, 자유낙하운동과 같이 속도가 균일하게 변하는 등가속도운 동에서 물체가 일정한 시간 동안 통과하는 거리와 그 물체가 운동한 시간의 중간에 해당하는 속도 곧 평균 속도로 같은 시간 동안 등속운 동을 한 거리와 같다는 평균속도의 정리를 얻어 냈다.

니콜 오렘은 이것을 아래의 그림과 같이 기하학적으로 증명한 것이 다. 등속운동에서 물체가 운동한 거리는 시간과 속도의 곱으로 표시 된다. 예를 들어 물체가 AC의 시간 동안 D의 속도로 일정하게 운동 한다면, 그 사이 물체가 운동 한 거리는 시간과 속도의 곱 인 사각형 ACDF의 면적과 같다. 하지만 물체가 같은 AC 의 시간 동안 속도가 일정하 게 증가하는 등가속도운동을 하게 되면, 운동한 거리는 삼 각형 ACG의 면적이 된다. 이 때 삼각형 ACG의 면적과 사 각형 ACDF의 면적은 기하학

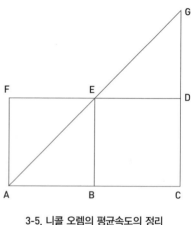

3-5. 니콜 오렘의 평균속도의 정리

적으로 같다. 결국 AC의 시간 동안 물체가 등가속도운동으로 이동한 거리와 같은 AC의 시간 동안 등가속도운동의 평균 속도에 해당하는 F의 속도, 곧 D의 속도로 일정하게 등속운동을 한 거리와 같다는 것 을 보임으로써, 평균속도의 정리를 기하학적으로 증명한 것이다.

한편, 장 뷔리당과 니콜 오렘은 지구의 자전 가능성을 논의하기도 했다. 예컨대 장 뷔리당은 천체의 일주운동 곧 천체가 하루에 한 바

퀴씩 지구의 주위를 회전하는 것보다 반대로 지구가 일주운동의 축을 중심으로 하루에 한 바퀴씩 회전하는 것이 더 타당하다는 의견을 제시했다. 니콜 오렘은 운동의 상대성으로 지구 자전의 가능성을 제기했다. 그에 따르면 바다에서 두 척의 배가 움직일 때 어느 배가 움직이는지 정확히 알 수 없듯이, 천체의 일주운동 역시 지구가 자전하기 때문에 그렇게 보일 수 있다는 것이다. 하지만 이들의 논의는 단지 지구 자전의 가능성이 있다는 철학적이고 이성적인 논증이었을 뿐이다. 그들은 지구가 우주의 중심이라는 전통적인 견해에 대해서는 전혀 의심하지 않았을 뿐만 아니라 하나님은 세상을 움직이지 않도록 하셨다는 성경의 구절을 충실히 따랐다.

중세 의학 분야의 성과로는 의학이 대학의 한 전문 학부로 자리를 잡았다는 사실이 매우 중요했다. 의학 연구가 제도화됨으로써 의학 연구의 연속성을 유지할 수 있는 제도적 기반이 마련되었고, 의학이 대학에 속하게 됨으로써 대학 안의 다른 학문 분야들과 긴밀한 관계를 맺으면서 중요한 학문의 하나로 인정받을 수 있게 되었다. 이러한 제도적 안정 속에서 이슬람을 통해 전해진 갈레노스로 대표되는 고대 의학과 이슬람 의학의 성과에 기초하여, 중세 의학은 질병을 진단하고 예후를 판단하는 방법이나 약물을 이용하여 병을 치료하는 방법 그리고 해부학과 외과학 등의 체계를 갖추어 나갔다. 또한 중세에는 병을 치료하는 전문적인 기관인 병원 제도가 도입되어 널리 퍼졌다. 대여섯 개의 병상에서부터 수백 개의 병상을 갖춘 중세의 크고 작은 병원은 청결하게 유지되었고 의학 교육을 받은 의사가 고용되어 환자를 치료하고 담당하는 전통이 생겼다.

중세 대학에서 논의되었던 과학과는 별개로 중세 전 시기에 걸쳐 상당한 기술의 발전이 있었다는 사실도 주목할 만한 변화이다. 일단 중세에는 나침반, 화약, 인쇄술 등 동방으로부터 새로운 기술이 전래되어 중세 사회에 커다란 영향을 미쳤다. 이것들이 언제 어떤 경로를 통해 유럽에 전해졌는지 정확하게 알 수 없지만, 대체적으로 중국과 활발히 교류했던 이슬람 세계를 통해 중세 후반에 유럽에 전해졌을 것으로 보인다. 이 가운데 나침반은 항해에 사용됨으로써 항해술의 발전과 지리상 발견에 적지 않은 도움이 되었다. 중세 말에 널리 보급되었던 화약과 대포 등 화약무기의 발달은 전쟁의 모습을 크게 바꾸었을 뿐만 아니라 봉건 영주와 기사 사이의 긴밀한 유대 관계를 바탕으로 봉건 질서 자체를 약화시키는 역할을 하였다. 15세기 중반 구텐베르크(Johannes Gutenberg, 1398-1468)는 금속활자를 이용한 대량 인쇄 기술을 통해 성경을 비롯하여 많은 지식을 신속하고 정확하게 보급할 수 있는 계기를 마련하여 종교개혁과 근대 사회의 형성에 기여했다.

농업기술 또한 중세에 크게 발전했다. 중세에는 땅을 깊이 갈 수 있는 무거운 쟁기가 도입되어 사용되었고 소 대신에 빠르고 지구력이 뛰어난 말을 농경에 이용하게 되었다. 또한 귀리, 완두, 콩, 보리와 같은 새로운 작물이 도입되어 재배되었고, 이른바 삼포 농법에 의한 윤작 체계가 도입되어 농업 생산량을 크게 늘릴 수 있었다. 또한 중세 유럽에서는 수차와 풍차 등 자연 동력을 이용하는 기술이 크게 발달하여 노동력을 절약하고 생산성을 향상시킬 수 있었다. 이와 같은 기술의 발달로 인한 생산력의 증가는 유럽인들의 생활을 더욱 풍족하

게 해 주었으며, 이는 곧 인구의 증가와 도시의 성장 그리고 상공업이
발달할 수 있는 기초가 되었다.

참고자료

과학사 개론서

김성근,『교양으로 읽는 서양과학사』(안티쿠스, 2009).

김영식 · 박성래 · 송상용,『과학사』개정판 (전파과학사, 2013).

데이비드 C. 린드버그 · 로널드 L. 넘버스 엮음, 이정배 · 박우석 옮김,『신과 자연: 기독
    교와 과학, 그 만남의 역사』(이화여자대학교출판부, 1998).

오진곤,『과학사총설』(전파과학사, 1996).

임경순 · 정원,『과학사의 이해』(다산출판사, 2014).

제임스 E. 매클렐란3세 · 해럴드 도른 공저, 전대호 옮김,『과학과 기술로 본 세계사 강
    의』(모티브북, 2006).

제1부 참고 자료

데이비드 C. 린드버그 지음, 이종흡 옮김,『서양과학의 기원들: 철학, 종교, 제도적 맥락
    에서 본 유럽의 과학전통, BC 600-AD 1450』(나남, 2009).

에드워드 그랜트 지음, 홍성욱 · 김영식 옮김,『중세의 과학』(민음사, 1992).

조지 E. R. 로이드 지음, 이광래 옮김,『그리스 과학 사상사』(지만지, 2014).

칼 B. 보이어 · 유타 C. 메르츠바흐 공저, 양영오 · 조윤동 옮김,『수학의 역사』(경문사,
    2000).

플라톤 지음, 박종현 · 김영균 공동 역주,『플라톤의 티마이오스』(서광사, 2000).

과학사 산책

제2부

과학혁명 산책

04
르네상스 시기의 과학

르네상스와 인문주의

중세가 마무리되어 갈 무렵인 15세기경부터 유럽에는 새로운 변화의 바람이 불기 시작했다. 이전까지 중요했던 농촌 중심의 장원 경제 체제가 도시의 발달로 인해 변하게 되었고, 로마 교황청의 세력이 약화되면서 국왕의 권한이 점차 커지게 되었다. 이러한 사회, 경제, 정치적인 변화뿐만 아니라 문화적인 변화도 서서히 시작되었다. 역사가들은 15세기에 시작된 문화계의 변화를 르네상스(Renaissance)라 부른다. 르네상스는 이후 이어질 종교개혁, 대항해 시대의 도래, 과학혁명 등 근대 사회 형성의 기초가 되었다고 여겨지는 다양한 변혁들의 출발이 되었다. 특히 르네상스는 문화와 학문 등의 영역에서 변화를 추구했기에 과학혁명과 밀접한 관련을 가지고 있다. 이에 과학혁명에 앞서 그 배경으로 르네상스에 대해 살펴볼 필요가 있다.

르네상스 시기에는 대규모 번역 사업이 다시금 진행되었고, 이를 통해 새로운 고대의 문헌들이 유럽에 소개되었다. 번역 작업을 계기로 장인들의 변화가 시작되었고, 헤르메스주의와 르네상스 플라톤주의가 힘을 얻게 되었다. 그리고 이러한 새로운 사조들의 유행은 실험과 수학이 자연에 대한 탐구 방법으로 인정받는 과정에서 중요한 영향을 미치기도 하였다.

15세기 피렌체를 중심으로 한 이탈리아 지역에서는 고대 문화의 재생을 추구하는 문화적, 학문적 변혁이 시작되었다. 이 변화가 재생이란 의미를 가진 르네상스이다. 우리가 현 시대를 현대라고 부르는 것과 같이 르네상스 때 살았던 15세기의 사람들은 당시를 현대라고 불렀다. 그들은 현대보다 한참 이전인 그리스, 로마 시대를 고대라고 불렀으며, 고대와 현대 가운데에 끼여 있는 시대를 중세(the Middle Ages)라고 불렀다. 즉, 중세라는 용어는 르네상스 사람들이 만들어 낸 용어인 것이다. 르네상스 시기의 사람들은 아주 먼 옛날인 고대에는 찬란한 문화가 유럽에 존재했으나 이후 중세로 접어들면서 문화적 암흑기를 맞이하고 말았다고 생각했다. 스스로 새로운 시대인 현대에 살고 있다고 여겼던 르네상스 시대의 사람들은 고대의 문화를 다시 부활시키는 것이 새 시대를 맞이한 자신들이 마땅히 해야 할 일이라고 여겼다. 그리고 부활시킨 고대의 문화를 바탕으로 더 높은 문화를 창조해 내는 것이 그들의 목표였다.

르네상스는 이탈리아의 피렌체를 중심으로 한 지역에서 15세기에 전성기를 구가했다. 하지만 이 변화의 물결은 이탈리아에 그치지 않고 서서히 다른 유럽 지역으로 퍼져 나갔다. 16세기에는 르네상스가 알프스 산맥을 넘어 다른 서유럽 국가들로 전파되었는데, 이때가 바로 과학혁명이 일어났던 시기였다. 따라서 동일한 시기에 동일한 지역에서 일어났던 르네상스와 과학혁명은 자연스럽게 서로 영향을 주고받을 수밖에 없었다.

르네상스라는 변화 속에서 고대의 문화를 부활시켜야 한다고 주장하고 이를 몸소 행동에 옮겼던 사람들을 르네상스 인문주의자(Renaissance humanist) 혹은 짧게 인문주의자라고 부른다. 인문주의자들은 당시의 학문적 한계를 극복하고 새롭게 도약하기 위해서는 고대 그리스와 헬레니즘, 그리고 로마 시대의 찬란했던 문화적 성과들과 함께 고대의 학문도 같이 복원해야 한다고 생각했다. 이러한 생각은 고대의 예술 및 건축을 부활시키려고 했던 르네상스 분위기 속에서 많은 사람들의 공감을 얻었다. 그리고 인문주의자들은 새로운 과학을 추구했던 과학혁명의 과정에도 깊게 개입하는 경우가 많았고, 르네상스와 과학혁명을 연결하는 역할을 하게 되었다. 이때 이들이 고대의 학문을 부활시키기 위해서 택한 방식은 번역이었다.

르네상스 시기의 대규모 번역 사업

과학의 역사에서는 세 차례에 걸쳐 대규모 번역 사업이 있었다. 8-9세기에 아랍 지역에서 진행된 첫 번째 번역 사업의 결과, 고대 그리스와 헬레니즘 시대의 문헌들이 아랍 지역으로 전파되고 그곳에 아리스토텔레스주의가 뿌리내렸다. 두 번째의 대규모 번역 사업은 12-13세기에 스페인에서 이루어졌다. 이를 통해 유럽인들은 아랍에서 전수되던 자신들의 예전 문헌을 다시 접할 수 있게 되었고, 대학의 설립과 맞물려 중세 후반 스콜라주의가 형성되고 자리 잡는 계기를 마련했다. 하지만 당시의 번역 사업에는 문제점도 있었다. 번역이 개인 번역자 위주로 진행되어 누락된 책들이 있었고, 이중 번역을 거치면서 오역이 발생하는 경우가 많았다. 르네상스 인문주의자들은 이러한 문제를 심각하게 받아들였다. 고대의 뛰어난 지식을 담고 있는 책들은 고대 문명을 부활시키기 위해 가장 필요한 재료였다. 하지만 자신들이 소유한 번역된 책들은 너무나 불만족스러운 면이 많았다. 이에 인문주의자들은 세 번째 번역 사업을 추진하게 되었다.

인문주의자들은 기존 번역의 문제점을 해결하기 위해서 새로운 방

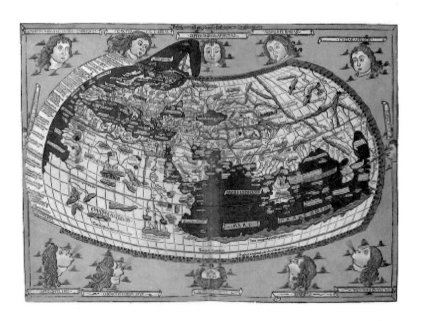

4-1. 프톨레마이오스의 세계지도 1482년 판화가 Johannes Schnitzer가 목판을 이용하여 인쇄한 프톨레마이오스의 세계지도. 오늘날 지도에 비해 뒤틀어져 있는 것으로 프톨레마이오스의 데이터가 다소 부정확하다는 사실을 알 수 있다.

식의 번역 사업을 추진했다. 이들은 서양 고대의 학문을 부활시키기 위해서는 아랍을 통해 전수된 책이 아닌 서양 고대의 원본을 찾아내서 번역해야 한다고 생각했다. 그렇게 해야만 오역이나 누락의 문제가 해결될 수 있다고 믿었기 때문이다. 이에 따라 잃어버렸다고 여겨졌던 문헌들을 힘들게 찾아내 번역하기 시작했다. 당시 귀족들은 이러한 생각에 호응하여 인문주의자들의 번역 사업을 적극 후원하였다. 예컨대 인문주의자들이 책을 입수하는 과정과 실제 번역 과정에 메디치 가문과 같은 유력 세력이 많은 도움을 주었다. 학자들과 후원자들의 협조 체제가 작동되며 세 번째 번역 사업이 진행되었던 것이다.

번역 사업이 어느 정도 궤도에 오르자 새로운 결과물이 쏟아져 나오기 시작했다. 누락되었던 책들이 새롭게 번역되었고, 오류가 많았던 기존의 번역서들이 제대로 번역되어 다시 출판되었다. 프톨레마이오스나 에우클레이데스의 책은 그리스 원본을 가지고 오류 없이 완벽한 형태로 번역되었고, 아르키메데스나 아폴로니우스와 같은 헬레니즘 시대 수학자들의 책들은 새롭게 출판되었다. 이와 같은 새로운 번역서들은 갈릴레오나 케플러와 같은 자연철학자들의 연구에 큰 영향을 주었다. 프톨레마이오스의 『지리학』(*Geography*)도 이때 출판되어 유럽인들에게 중세 때 사용하던 지도보다 훨씬 더 자세한 지리적 정보를 제공해 주었다. 유명한 항해가 크리스토퍼 콜럼버스(Christopher Columbus, 1451-1506)도 이때 출판된 프톨레마이오스의 지도를 가지고 항해를 떠났다.

중세의 번역 작업은 라틴어로 수행되었지만 르네상스 인문주의자들은 라틴어는 물론이고 이탈리아어, 프랑스어와 같은 각국의 언어로도 번역을 수행했다. 라틴어는 학자들만의 언어였기 때문에 중세의 번역서는 학자들만 읽을 수 있었다. 하지만 새롭게 번역된 책들은 일반 사람들이 사용하는 쉽고 친숙한 언어로 번역되었기 때문에 누구나 읽을 수 있었다. 독자층이 확대되면서 출판된 책의 영향력 역시 과거에 비해 훨씬 더 커지게 되었다.

르네상스 시기의 번역 사업에는 중세에는 이용할 수 없었던 최신 기술도 적용되었다. 금속 활자를 이용한 인쇄술이 바로 그것이다. 금속 활자 인쇄술은 독일의 장인인 구텐베르크(Johannes Gutenberg, 1398-1468)에 의해 개발되었다. 아버지의 뒤를 이어 금속 가공업에 종사하고 있었던 구텐베르크는 1439년 자신의 금속 가공 기술을 인쇄술에 적용함으로써 향후 서양 세계에 막대한 영향을 미칠 발명을 이루어냈다.

구텐베르크는 정교한 금속가공 기술을 활용해서 각각의 글자를 따로따로 활자 형식으로 제작했다. 그는 인쇄할 때 활자 위에 종이를 올려서 강한 압력을 가하기 때문에 압력을 충분히 견뎌낼 수 있도록 내구성이 있는 규격화 된 활자를 제작했다. 이에 더해 구텐베르크는 금속에 잘 흡착되어 책을 제대로 찍어낼 수 있는 잉크를 개발했고, 적정한 압력을 가해 종이에 인쇄를 가능케 해주는 인쇄기의 개량에도 노력을 기울였다. 구텐베르크의 발명 이후 서양에서는 새로운 방식을 사용해 책을 출판하는 인쇄업이 급성장했다.

새롭게 개발된 인쇄술은 책의 제작과 관련된 몇 가지 변화를 이끌었다. 먼저 과거에 비해 제작 속도가 훨씬 빨라지면서 책의 대량 출판이 가능해졌고, 책의 가격도 급격하게 하락했다. 그 결과 책들이 폭넓은 대중에게 읽히고 영향을 미쳤다. 또한 활자 인쇄술을 사용하게 되면서 정확한 지식의 전달이 가능해졌다. 책을 손으로 베껴 써서 만들 때는 필사자의 실수로 내용에 오류가 생기는 일이 종종 발생했지만, 활자 조판을 사용하면서 그런 오류들이 많이 줄어들었던 것이다. 지식의 대량 공급과 정확한 공급, 이 두 가지가 서양의 인쇄술이 학문 발전에 기여한 면이다. 르네상스의 번역 작업은 바로 이러한 인쇄술의 장점을 적극 활용해서 출판물들을 쏟아냈다. 쉬운 언어를 활용해서, 가격도 저렴하게, 그리고 정확하게 지식을 전달한 것이 르네상스 번역 사업의 특징이었다.

그 결과 지식은 학자들만 소유했던 독점적인 것에서 누구든 관심만 있다면 접할 수 있는 대상으로 변모했다. 이제는 대학의 스콜라 학자가 아니더라도 고대의 찬란했던 지식을 공부할 수 있게 되었다. 그리고 다양한 부류의 사람들은 고대의 지식을 기반으로 해서 새로운 지식을 추구해 나가기 시작했다. 과학 역시 그러한 새로운 지식 중 하나였다.

실용서의 번역과 장인 계층의 각성

르네상스 인문주의자들의 번역을 통해 많은 사람들의 관심을 모으게 된 번역서들 중에는 아르키메데스처럼 실용적인 문제에 대해 학문적으로 접근했던 고대 사람들의 책들이 있었다. 인문주의자들은 아르키메데스, 헤론, 비트루비우스 등 헬레니즘 시대나 로마 시대 학자들의 서적들을 번역해서 소개했는데, 이 책들은 공통적으로 기구

제작이나 건축과 같은 실용적인 문제들에 대해 수학을 동원해서 학문적인 접근을 하고 있었다.

가장 대표적인 사례로 아르키메데스의 경우를 살펴보자. 아르키메데스는 에우클레이데스와 더불어 헬레니즘 시대를 대표하던 수학자였는데, 에우클레이데스에 비해 실용성이 강한 주제에 대한 연구 결과를 남겼다. 그는 수학적 원리를 활용해서 수차를 제작하는 방법을 설명했고, 지렛대나 도르래의 원리를 수학적으로 증명한 후 이를 사용해 무거운 물체를 들어 올리는 기구를 제작하는 방법을 설명했다. 하지만 아르키메데스의 저술들은 중세 시대에는 사람들의 관심을 받지 못했다. 우선 아르키메데스의 저술들은 수학을 실용적인 문제에 적용하고 있었기 때문에 그만큼 내용이 어려웠다. 로마를 거쳐 중세로 접어들면서 난이도가 높은 지식에 대한 관심이 줄어들게 되면서 아르키메데스의 저술들 역시 점차 잊혀져갔다. 이러한 상황은 12세기 번역 사업이 진행될 때에도 마찬가지였다. 헬레니즘 시대에 활동했던 여러 과학자의 저술들이 상당히 많이 번역되었음에도 불구하고 유독 아르키메데스의 저술에 대해서만은 무관심한 상황이 계속되었다. 아르키메데스가 다루었던 문제들은 중세인들이 관심을 가지는 문제도 아니었고, 또 관심을 가지기에는 수준이 너무 높았기 때문이다.

르네상스 사람들이 아르키메데스에 대해 기억하고 있던 것은 그가 과거에는 대단히 유명했던 학자라는 점과 나체로 유레카를 외치며 길거리를 뛰어다녔다는 이야기 정도뿐이었다. 아르키메데스의 이름과 몇몇 옛날이야기만 기억할 뿐, 실제 그의 연구 결과에 대해서는 무지했다. 하지만 인문주의자들은 아르키메데스의 저술을 찾아냈고,

이를 번역을 통해 소개했으며, 이를 계기로 변화가 시작되었다.

아르키메데스의 정역학, 유체역학 등의 주제에 대한 저술들의 수준은 상당히 높았다. 그리고 이 저술들에서 아르키메데스는 이론적인 논의만 제공한 것이 아니라 실제 활용에 대한 가능성도 같이 제시하고 있었다. 새로 출판된 아르키메데스의 저술에 맨 처음 관심을 보인 사람들은 수학에 관심을 가진 학자들이었다. 하지만 시간이 지나면서 아르키메데스의 저술이 알려지면서 새로운 독자층인 장인들이 가담하게 되었다.

중세에 자연과 인공을 엄격하게 구분하며 자연에 대해서는 높은 가치를 부여했고, 인공에 대해서는 낮은 가치를 부여했던 아리스토텔레스의 주장들이 힘을 얻었다. 이에 따라 중세에 장인들은 학자 계층에 비해 상당히 낮은 지위에 머물러 있었다. 장인들이 제작을 담당하고 있던 기구나 기계류와 같은 대상들은 인공의 영역에 해당하는 것들이기 때문이다. 오랜 기간 동안 자신들이 하는 작업과 관련해서 그 가치를 인정받지 못하며 멸시받았던 장인들에게 아르키메데스와 같이 고대에 실용 학문을 연구했던 학자들의 저작의 출판은 큰 반향을 불러일으켰다.

새롭게 세상에 나오게 된 아르키메데스의 저술 안에 담겨 있는 내용은 추상적인 논의가 아닌 실제 기구나 기계의 제작에 활용할 수 있는 지식이었다. 즉 장인들이 여태껏 담당하던 작업들과 깊은 연관이 있는 내용이었던 것이다. 이러한 소문이 퍼지면서 글을 읽을 줄 아는 장인들은 앞다투어 아르키메데스 혹은 그와 유사한 내용을 담은 서적들을 열심히 찾아 읽었다. 아르키메데스 방식의 서적들에 대한 독

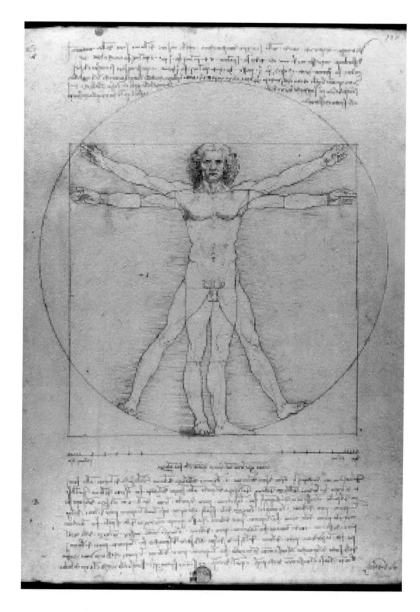

4-2. 비트루비우스의 인체 비례 1485년경 레오나르도 다빈치가 그린 인체의 비례를 보여주는 그림.

서는 장인들이 스스로의 작업에 대해 자부심을 갖는 계기가 되었다. 책을 읽으면서 장인들은 자신이 담당하고 있던 영역이 원래부터 미천한 것은 아니었으며, 단지 이전 시대에는 아리스토텔레스주의가 퍼져 있었기 때문에 낮은 평가를 받았을 뿐이라는 점을 깨닫게 되었다. 자신들이 여태 무시당했던 것은 하찮은 일을 해왔기 때문이 아니라 단지 시대를 잘못 만났기 때문이라고 생각했다.

이러한 유형의 서적들에 대한 독서를 통해 자신들이 하는 작업의 가치를 새롭게 깨달은 장인 계층에서는 스스로 많은 변화를 일구어내기 시작했다. 과거에 장인들이 채택했던 지식 전수의 방식은 시행착오를 통한 직접적 전수였다. 장인이 되고자 하는 사람은 선배 장인의 작업장에 도제로 들어가 옆에서 일을 도우며 기술과 작업에 대한 노하우를 하나하나 익혔다. 이제 이러한 전수 방식은 책을 통한 교육의 방식으로 변화되었다.

장인들은 자신들이 종사하는 영역에 대한 실용적인 지식들을 담아 직접 집필하여 책으로 출판하기도 했다. 예컨대 비링구치오(Vannoccio Biringuccio, 1480-1539)가 출판한 『불꽃 제조술』(*Pirotechnica*, 1540)은 금속을 제련하는 법을 상세하게 설명한 책이었다. 독일 작센 지방의 광산 기술자였던 아그리콜라(Georgius Agricola, 1494-1555)는 자신의 경험에 입각하여 광석 채굴법과 금속 가공술을 설명한 저서인 『금속에 관하여』(*De re Metallica*, 1556)를 출판했다. 아그리콜라는 장인답지 않게 라틴어를 사용하고 전문적인 용어들에 대해 새로운 정의까지 내리며 광업이 상류층의 관심을 끌 만한 분야임을 주장했다.

금속 가공 장인들의 뒤를 이어 다양한 실용 분야에 종사하던 사람들의 저술이 계속 출판되었다. 영국의 항해사였던 로버트 노먼(Robert Norman, 16세기 경)은 항해를 위해 나침반을 만들고 개선시켰던 경험을 바탕으로『새로운 인력』(*The Newe Attractive*, 1581)을 저술했다. 이 책에서 노먼은 나침반과 자석의 특징에 대해 설명했고, 나침반의 바늘이 지역에 따라 정확하게 북쪽을 가리키지 않고 약간 편향되는 현상에 대해서도 언급을 남겼다. 노먼의 책은 나중에 자연철학자 길버트(William Gilbert, 1544-1603)가『자석에 관하여』(*De Magnet*, 1600)를 출판할 때 중요한 참고 도서로 활용되었다. 연금술 분야에서는 리바비우스(Andreas Libavius, 1555-1616)가 중요한 저술을 남겼다. 그는『연금술』(*Alchemia*, 1597)에서 연금술의 원리와 그 활용처, 그리고 연금술 기구에 대해 자세한 설명을 제시하며, 연금술이 신비주의적이라고 비난받을 이상한 활동이 아니고 실생활에 아주 유용한 학문임을 주장했다.

교과서로 활용될 서적들을 출판한 후 장인들은 그들만의 아카데미를 세워 체계적인 교육도 시작했다. 16세기에는 건축 아카데미, 회화 아카데미와 같은 기술 및 예술 관련 아카데미들이 세워졌고, 이를 통해 다양한 분야에 대한 소양 및 지식을 갖춘 학문적 기술자를 배출하기도 했다. 화가이자 발명가, 기술자, 해부학자였던 레오나르도 다빈치(Leonardo da Vinci, 1452-1519)는 이러한 학문적 기술자의 대표적 인물이었다.

자신들이 하는 작업의 가치에 대한 자각, 전문 지식 형태로의 출판, 그리고 체계적인 교육으로 대표되는 장인들 스스로의 변화가 시작되자 그들이 담당하는 작업의 학문적인 지위 역시 서서히 상승 곡선을 그리게 되었다. 실용적 기술은 더 이상 이론적 학문에 비해 가치가 떨어지는 미천한 활동이 아니었다. 이것은 상당히 쓸모 있으면서 중요하고, 심지어는 학자들도 배울 점이 많은 영역으로 인식되었다. 이와 같은 인식의 변화를 보여주는 대표적인 인물에는 기술과 기술자들을 중시했던 베이컨(Francis Bacon, 1561-1626)과 장인들의 작업에서 많은 아이디어를 얻고, 그 주제를 연구했던 갈릴레오(Galileo Galilei, 1564-1642) 등이 있다.

장인들의 학문적인 지위 상승이 자연철학에 영향을 준 면은 방법론에서도 찾아 볼 수 있다. 자연철학자들은 인공적인 방법을 동원해서 자연을 탐구하는 행위인 실험에 대해 점차 긍정적으로 생각하게 되었고, 이를 자신들의 자연에 대한 연구에 적극 수용하기 시작했다. 아르키메데스의 문헌과 같은 유형의 서적 번역으로 촉발된 장인들의 자각, 그리고 변화는 실험이 중요한 자연 탐구의 방법으로 자리 잡는 과정에 중요하게 기여했다.

헤르메스주의의 유행

르네상스 인문주의자들의 번역을 통해 새롭게 소개된 책으로 인해 유행하기 시작한 사조 중에는 헤르메스주의가 있다. 15세기 말부터 그리스 원본 문헌들을 열심히 찾아냈던 인문주의자들의 수집 목록에는 『헤르메스 전집』(*Corpus Hermes*)이 포함되어 있었다. 당시 번역 사업을 후원했던 메디치 가문에서는 어렵게 이 책을 입수한 후

피치노(Marsilio Ficino, 1433-1499)라는 인문주의자에게 그것을 번역시켰다. 이 책의 원저자는 헤르메스 트리스메기스투스(Hermes Trismegistus)라고 알려졌는데, 이 이름의 뜻은 세 번이나 위대하다고 부를 만한 헤르메스라는 것이다. 헤르메스 트리스메기스투스는 구약성서에 등장하는 모세와 동시대에 살았던 이집트 사람이며 기독교의 예언자 중 한명이라는 소문이 있었다. 이 소문에 따르면『헤르메스 전집』은 플라톤이나 아리스토텔레스보다 훨씬 이전인 고대 중에서도 고대의 지식을 담은 귀중한 책이었던 것이다. 고대 지식의 부활을 추구했던 르네상스 분위기 속에서『헤르메스 전집』은 환영받을 만한 책이었다. 바로 이『헤르메스 전집』에 담겨 있는 지식관과 세계관을 추종하는 입장을 헤르메스주의라 부른다.

『헤르메스 전집』에는 마술과 연금술 전통에 속해 있는 내용들이 많이 담겨 있었다. 마술과 연금술의 공통적인 특징은 신비적인 성격을 가진다는 점과 이 두 행위를 통해서 자연을 조작하고 변화시킬 수 있다는 점이다.『헤르메스 전집』의 내용과 견해를 추종한 헤르메스주의에서는 자연을 멀리 떨어져서 관찰해야 하는 대상이 아닌 직접 조작할 수 있는 대상으로 보았다. 자연에 숨겨져 있는 비밀스러운 원리를 찾아낸다면 그 원리를 활용해서 자연을 변화시키고 조정할 수 있다고 생각했던 것이다.

『헤르메스 전집』에서 마술사는 여러 조작을 통해 자연의 비밀을 알아내고, 이 비밀의 힘을 이용해서 자연에 어떠한 변화를 일으키거나 사물을 변형시킬 수 있는 사람으로 묘사되었다. 마술사의 작업은 연금술사의 작업과 상당히 유사한 면이 많았다. 연금술사는 자연을 관찰해서 이해하려는 철학자와는 달리 무엇을 끓이고 녹이고 합성하는 실제적인 작업을 통해 자연의 비밀을 알아내고 이를 바탕으로 새로운 무엇인가를 만들어 내는 사람이었다.

헤르메스주의가 유행하면서 중세에 마녀나 이상한 흑마술사처럼 여겨졌던 연금술사에 대한 이미지도 서서히 변화했다. 연금술사가 행하는 작업은 유용한 지식을 생산해 내는 과정으로 새롭게 인식되었고, 필요하다면 자연을 연구하는 방법으로 적극 받아들일 만한 것으로 여겨졌다. 이 점에서 헤르메스주의는 과학혁명기에 새로운 방법론인 실험이 인정받게 되는 과정에 기여했다고 평가할 수 있다. 실험은 바로 연금술사의 작업처럼 자연에 조작을 가해서 탐구하는 방식이었기 때문이다.

헤르메스주의는 여러 자연철학자들에게 영향을 미쳤는데, 이것의 영향을 받은 대표적인 인물로는 뉴턴(Isaac Newton, 1642-1727)을 꼽을 수 있다. 뉴턴은 케임브리지 대학에 퍼져 있던 헤르메스주의에 큰 관심을 보이며 그 내용을 자신의 연구에도 반영했던 자연철학자였다. 뉴턴은 자연을 관통하는 원리가 있을 것이라고 굳게 믿었고, 자신의 자연철학 연구가 이러한 비밀스러운 원리에 도달하는 길이 될 것이라 생각했다. 뉴턴의 만유인력의 기본이 되는 상호 간에 끌어당기는 힘과 같은 개념이나 자연에는 통일적인 원리가 있기 때문에 백색광은 7가지 색깔로 이루어져 있을 것이라는 생각 등은 그의 연금술적인 혹은 헤르메스주의적인 사고를 보여 준다. 뉴턴은 평생에 걸쳐 연금술에 대한 실험을 수행하기도 했다.

번역서가 출판되면서 16세기 내내 상당한 영향력을 발휘했던 헤르메스주의는 17세기로 접어들면서 점차 퇴조해갔다. 17세기 초의 문헌학자 카소봉(Isaac Casaubon, 1559-1614)이 철저한 고증을 통해 『헤르메스 전집』이 2세기에 조작된 저술임을 밝혀내면서 헤르메스주의는 쇠퇴의 길에 접어들었다. 하지만 헤르메스주의가 남겨 놓은 유산, 즉 조작적인 자연에 대한 접근법 및 실험에 대한 옹호는 과학혁명기 내내 영향을 미쳤다. 예컨대 뉴턴처럼 17세기 말에도 헤르메스주의에 동조하는 인물이 여전히 존재했다.

르네상스 플라톤주의의 유행

르네상스 인문주의자들의 번역을 통해 주목을 받은 다른 한 부류의 저술은 플라톤의 저술들이었다. 르네상스 인문주의자들은 중세를 암흑기로 간주하고 대안을 모색했던 사람들이다. 중세는 학문적으로 볼 때 스콜라 학풍이 주도권을 쥐던 시대였다. 스콜라 학풍은 기본적으로 기독교 교리와 아리스토텔레스의 철학을 바탕으로 했다. 따라서 중세를 벗어나서 대안을 모색한다는 말은 학문적으로 볼 때 스콜라 학풍을 벗어나려 했다는 뜻이 되고, 이는 결국 아리스토텔레스주의를 벗어나려 했음을 의미한다. 아리스토텔레스를 대체할 인물은 누구인가라는 질문에 가장 먼저 떠오르는 사람이 바로 그의 스승인 플라톤이었던 것이다.

르네상스 시대에 플라톤의 저술은 재조명받으며 새롭게 번역되었다. 인문주의자들은 그리스 원본을 활용해서 정확한 번역을 해야만 플라톤 철학의 참 내용을 오류 없이 이해할 수 있을 것이라 믿었으며,

이러한 믿음이 새로운 번역의 동기가 되었다. 이미 알려져 있던 저술들도 다시 번역되고, 그 동안 번역되지 않았던 몇몇 저술들도 빠짐없이 번역되어 출판되었다. 플라톤의 저술을 번역하여 명성을 떨친 인문주의자로는 피치노를 들 수 있다. 피치노는 앞서 『헤르메스 전집』을 번역한 주인공으로 거론된 적이 있는 인물로 르네상스의 중심지인 피렌체를 통치하고 있던 메디치 가문의 후원을 받았다. 메디치 가문은 당시에 많은 학자들과 예술가들을 후원하며, 새로운 문화가 꽃피는 데 큰 기여를 한 집안이다. 메디치 가문의 후원을 받은 사람에는 갈릴레오도 포함된다. 피치노는 메디치 가문의 도움 아래 플라톤 저술들의 원본을 입수하여 완벽한 번역을 해냈고, 이는 플라톤이 본격적으로 재조명되는 계기가 되었다.

플라톤 저술들의 출판을 계기로 유럽에 유행한 플라톤의 사상을 추종하는 사조를 역사가들은 르네상스 플라톤주의(Renaissance Platonism)라고 부른다. 르네상스 플라톤주의는 플라톤의 가르침을 따라 그가 강조했던 요소들을 계승, 발전시켰던 사조였다. 플라톤 철학에서는 완벽한 이성의 세계인 이데아가 가장 중심적인 내용이었고, 당연히 르네상스 플라톤주의에서는 이러한 내용을 받아들였다. 또한 플라톤은 『티마이오스』에서 우주의 생성 과정과 세상의 물질에 대해 설명을 제시하는 과정에서 완벽하게 조화로운 우주, 기하학적 균형, 수학적 원리 등의 요소들을 강조했는데, 이 또한 르네상스 플라톤주의에서 그대로 계승되었다.

특히 플라톤을 계승했다는 것은 아리스토텔레스가 부정적으로 평가했던 수학의 중요성을 재차 강조할 수 있는 여지가 마련되었음을 의미했다. 플라톤은 기하학적인 설명을 통해 우주의 구성과 물질 이론을 설명했던 인물이었기 때문이다. 중세 동안 아리스토텔레스의 영향으로 인해 자연철학에 비해서 하등한 학문으로 취급받던 수학은 플라톤의 부흥과 함께 세상의 기본적인 이치를 제시하는 학문으로 그 가치를 재평가받을 기회를 잡았다.

　기본적인 플라톤 사상의 계승과 더불어 르네상스 플라톤주의에서는 단순함의 아름다움이라는 요소를 강조했다. 이는 어떠한 설명이나 구조가 복잡하지 않고 단순하면 단순할수록 아름다워 보이고, 아름다운 설명이나 구조는 진리에 가까울 가능성이 크다는 생각을 의미한다. 물론 이러한 생각의 배경에는 자연은 수학적인 원리에 따라 만들어져 있으며 조화롭다는 사상이 바탕에 깔려 있었다. 조화롭고 수학적인 자연이 지저분하고 복잡한 모양새를 가질 리는 없다. 기하학적으로 완벽한 자연을 설명하는 이론은 당연히 복잡하지 않고 아름다운 모양새를 지녀야 한다. 이것이 르네상스 플라톤주의에서 강조한 단순성에 대한 설명이었다. 사실 이와 비슷한 생각은 플라톤 자신도 내비치고 있었다. 예를 들어 플라톤은 원이나 구를 가장 균형 잡히고, 가장 단순한 도형으로 생각했기 때문에 아름답게 조화를 이루거나 중요한 대상들은 원이나 구의 모양새를 가진다고 주장했다. 르네상스 플라톤주의에서는 이 주장을 더 강화해서 단순할수록 아름다울 뿐만 아니라 더 진리에 가깝다는 생각으로 발전시켰던 것이다.

　이러한 생각들은 나중에 자연철학자들이 자연을 바라보는 방식에 영향을 미쳤다. 코페르니쿠스, 갈릴레오, 케플러(Johannes Kepler, 1571-1630), 뉴턴 등의 인물들은 정도의 차이는 있지만 모두 르네상스 플라톤주의의 단순성 추구라는 주장에 동조했다. 물론 이들은 플라톤 사상의 기본이 되는 수학의 중요성을 강조하기도 했다. 플라톤 저술들의 재출판과 그에 따른 르네상스 플라톤주의의 유행은 중세에 무시되었던 자연을 탐구하는 방식인 수학이 다시 중요하게 여겨지는 과정에 큰 영향을 주었다.

05 *
새로운 과학방법론

새로운 지식을 추구했던 정치가 베이컨

베이컨(Francis Bacon, 1561-1626)은 중요한 근대 과학사상가이다. 그는 유용하고 실제적인 지식을 생성하는 새로운 목표를 제시했고 기존 아리스토텔레스의 방법론을 대체할 새로운 방법론으로 귀납법을 제안하였다. 그리고 베이컨은 가장 오래된 과학단체인 런던 왕립학회의 설립을 위한 상상력을 불러일으켰다.

베이컨은 엘리자베스 1세 시절인 1561년 영국 런던에서 유력한 집안의 아들로 태어났다. 그의 아버지는 국새상서와 대법관을 역임한 유명한 정치가인 니콜라스 베이컨(Nicolas Bacon)이었다. 정치가가 되기를 원했던 아버지의 바람대로 베이컨은 변호사 자격을 취득한 후 톤턴(Taunton) 시의 하원의원으로 정계에 진출하였다. 하지만 1590년대가 되자 베이컨의 정치적 입지는 약화되었다. 엘리자베스 1세 치세 말기 정치적 사건에 연루되어 그는 공직에서 물러나는 등 여러 좌절을 겪어야만 했다.

그런데 1603년 제임스 1세가 왕위에 오르자 베이컨은 막강한 영향력을 발휘하기 시작하였다. 법무차관, 검찰총장, 국새상서를 거쳐 1618년에는 대법관이 되었다. 1618년에는 남작 작위를 받아 벨럼 남작으로 귀족원에도 진입했으며, 1621년에는 자작 작위를 수여받아 세인트 앨버스 남작이라고 불리

5-1. 프란시스 베이컨 1617년 Frans Pourbus가 그린 프란시스 베이컨 초상화의 일부로 현재 바르샤바의 Royal Baths Park에 있다.

게 되었다. 하지만 제임스 1세 시절 왕실과 의회의 대립이 격화되는 가운데 의회는 왕실을 옹호하는 베이컨을 공격하였다. 1621년 5월 의회는 베이컨을 뇌물수수를 포함한 부패 혐의로 기소하였고, 베이컨은 4만 파운드의 벌금형을 받고 런던탑에 갇히며 정치적 권력을 잃어버렸다. 이후 베이컨은 고향으로 돌아와 연구와 저술에 집중하며 말년을 보냈다.

1590년대 베이컨은 국가에 봉사하는 실용적인 목표를 지닌 국가 기구를 세워 지식의 생성과 활용을 관장토록 하고자 하였다. 구약『다니엘서』를 보면 마지막 때가 되면 많은 사람들이 지식을 쌓으려고 이리저리 오고갈 것이라는 예언이 나온다. 신대륙 발견 후 유럽 사람들이 여기저기 오가는 모습을 본 베이컨은 지식 발견에 대한 예언이 곧

5-2. 런던 왕립학회의 역사의 한 장면 1702년 Thomas sprat가 출판한 『런던 왕립학회의 역사』의
(*The History of Royal Society of London*)맨 앞에 들어 있는 그림. 현재 런던의 National Portrait
Gallery에 있다. 그림의 가운데는 왕립학회를 후원한 찰스 2세의 동상이 있고, 왼쪽에는 왕립
학회의 초대 회장 브로운커가 오른쪽에는 학회 설립에 영감을 준 베이컨이 앉아 있다.

이루어질 것이라고 생각했다. 그래서 그는 16세기 대항해 시대를 이끌며 자연 지식 증진에 기여했던 스페인의 정부 기구와 비슷한 것을 영국에 설립하고자 하였다. 베이컨은 야생 동물원, 식물원, 실험실, 도서관 등이 있는 국가 기구의 설립을 실현하고자 했지만 엘리자베스 1세와 제임스 1세는 이를 허락하지 않았다.

베이컨은 첫 저작 『지식의 진보』(*The Advanced Learning*, 1605)를 시작으로 여러 책을 저술하였다. 『지식의 진보』에는 향후 그가 중요하게 주장할 내용들의 단초와 수사적 전략이 담겨 있었고, 이어 저술한 『새로운 논리학』(*Novum Organum*, 1620)에는 아리스토텔레스의 논리학을 대체할 새로운 방법이 제안되어 있었다. 한편, 고향으로 돌아온 베이

5-3. 베이컨의 『위대한 부활』 1620년 라틴어로 출판된 프란시스 베이컨의 저서 『위대한 부활』의 표지. 지식을 상징하는 배가 항해를 마치고 헤라클레스의 기둥을 통해 들어오고 있다. 지금의 스페인 남부인 지중해 서남단의 지브롤터 해협에 있는 헤라클레스의 기둥은 고대부터 인류의 지식이 도달할 수 있는 한계를 의미했다. 이제 배들이 그 기둥을 넘어 대양으로 출항하거나 새로운 지식을 싣고 귀항하고 있음을 알 수 있다. 그림 아래쪽에는 구약의 「다니엘서」 12장 4절 '많은 배들이 통과하면, 인류의 지식은 증가할 것이다'는 문구가 새겨져 있다.

컨은 『위대한 부활』(*Instauratio Magna*)의 집필에 몰두하였다. 당초 이 책은 6부로 쓰여질 계획이었지만 2부까지만 완성되었다. 1부에서

는 주로 『지식의 진보』의 내용을 다루었으며, 2부에서는 『새로운 논리학』을 중심으로 새로운 자연철학의 방법론을 제시하였다. 3부에서는 장인의 기술과 실험적 사실에 대한 내용이 주로 소개될 예정이었고, 4부에서는 새로운 자연철학이 3부에서 소개된 사실들에 어떻게 적용되는지를 보여주고자 하였다. 그리고 5, 6부에서는 새로운 자연철학 및 학설에서 간추린 여러 가설과 이론들을 최종적으로 종합하고자 했다.

『새로운 논리학』과 귀납법

『새로운 논리학』에는 베이컨이 생각한 자연철학의 새로운 목표와 방법론이 잘 드러나 있다. 베이컨은 새로운 논리학(*Novum Organum*)으로 아리스토텔레스의 논리학(*Organon*)을 대체하고자 하였다. 베이컨에 따르면 아리스토텔레스 논리학은 자연철학적 지식 생성에 적합하지 못하나 자신의 새로운 논리학은 매우 적합하며 완전하다. 이러한 주장은 『지식의 진보』에서도 보이지만 『새로운 논리학』에서 더욱 명확하게 보완되었다. 베이컨은 습득한 지식을 활용하여 세상을 변화시켜야 한다고 주장하면서, 지식을 얻는 새로운 방법으로 귀납법을 제시하였다. 베이컨에게 참된 지식이란 새로운 발견과 자원들을 제공하여 인류의 유익을 증진시키며 세상을 변화시키는 힘을 지닌 생산적이며 실용적인 것이었다. 베이컨은 아리스토텔레스 논리학으로는 결코 이러한 지식을 얻을 수 없다고 보았고, 이에 대한 대안으로 귀납법을 새로운 지식 생성 모형으로 제시하였다.

베이컨은 아리스토텔레스 논리학을 대표하는 삼단논법을 비판하였다. 그는 특히 삼단논법을 명징성이 부족하며 생산성이 없는 논리학이라 비판했다. 아리스토텔레스는 모든 학문적 논의는 유일한 논리인 삼단논법에 기초해야 한다고 주장했지만, 베이컨은 이러한 아리스토텔레스의 주장을 거부하였다. 삼단논법으로 성급하게 결론을 내려 오류가 고착될 수 있기 때문이었다. 베이컨은 삼단논법의 대전제가 정말로 참인지를 따져보아야 한다고 언급하였다.

아래 유명한 삼단논법의 예를 살펴보자.

모든 인간은 죽는다.   (대전제)

소크라테스는 사람이다.   (소전제)

소크라테스는 죽는다.   (결론)

위 예에서 베이컨은 '모든 인간은 죽는다'라는 대전제가 참인지에 대해 의문을 가졌다. 소크라테스 뿐 아니라 여러 사람들에 대한 사례들이 수집되어 종합되었을 때만 대전제의 참, 거짓 여부가 판명된다. 베이컨이 볼 때 아리스토텔레스 삼단논법의 대전제는 충분한 사례수집과 종합적 판단 없이 감각과 특정 사실로부터 성급하게 얻어진 결과였다. 그러기에 대전제에는 오류가 있을 수 있고 삼단논법 과정에서 그 오류는 보다 굳건해지게 된다. 삼단논법의 추론과정 자체에는 문제가 없었지만 무엇을 대전제로 인정하는 가에는 문제의 여지가 많았던 것이다.

베이컨은 아리스토텔레스 논리학의 생산성에 대해서도 비판했다.

아리스토텔레스 논리학은 연역적 논리인데, 연역적 논리에서 결론은 언제나 전제에 내포된 지식만을 알려줄 뿐 그 외에는 아무것도 알려주지 않는다. 위의 삼단논법 예에서 보듯이 '소크라테스는 죽는다'는 결론은 전제에서 이미 내포된 내용 외에 새로운 지식을 가져다주지는 못한다. 베이컨은 연역적인 아리스토텔레스 논리학은 어떠한 새로운 지식도 만들지 못한다고 비판하면서 자연 지식을 증진시키기 위해서는 새로운 논리학이 필요하다고 주장하였다.

베이컨은 귀납법을 통해서 확실하면서도 새로운 지식을 얻어내고자 하였다. 귀납 논리는 연역 논리와 달리, 개별 사건들로부터 보편적인 진술을 얻는다. 따라서 귀납법을 통한 지식 획득은 개별 사례 수집에서부터 시작된다. 그런데 이 정보 수집은 여러 사람들의 협동을 요구한다. 필요한 정보 수집의 양뿐 아니라 소요되는 시간 또한 상당하기 때문에 결코 혼자서는 할 수 없다. 협동 과정을 통해 수집된 정보는 검토 과정을 거치게 되는데, 이는 정보를 보다 명확하게 걸러내기 위함이다. 수집 단계에서도 오류가 있을 수 있기에 이 가능성을 제거할 필요가 있다. 도구를 활용하거나 실험을 도입하여 수집된 정보를 보다 구체적이고 실제적으로 검토해야 한다.

베이컨은 수집과 검토 과정을 거친 개별 사례의 정보를 바탕으로 공리라고 하는 보편적인 진술을 도출해야 한다고 주장했다. 공리를 얻기 위해서는 사례에 대한 정보들을 분류할 필요가 있다. 베이컨은 도표들을 활용하여 정보를 분류해야 한다고 말했다. 도표들을 활용하면 사례들 간의 유사점, 차이점 등 여러 관계들을 찾아낼 수 있으며, 이를 바탕으로 사례들의 근본적인 양식과 연관성을 보편적인 진술로 격상시킬 수 있기 때문이다. 실제로 베이컨은 도표들을 사용하여 '열은 운동이다'는 결론을 얻어내기도 했다. 그는 뜨겁거나 열을 발생시키는 사물들과 열 현상에 대한 여러 사례들을 수집한 후 이 사례들을 도표로 정리하여 정보를 분류하였다.

개별 사례들로부터 보편적인 진술을 얻는 귀납법은 삼단논법과는 달리 새로운 지식을 얻게 한다. 즉, 처음에는 알려지지 않았던 새로운 정보가 결론이 된다. 베이컨 당시 귀납 논리의 예를 살펴보자.

라인산 포도주는 따뜻해진다.

말바시아 포도주는 따뜻해진다.

프랑스 포도주는 따뜻해진다.

그렇지 않은 포도주는 어디에도 없다.

따라서 모든 포도주는 따뜻해진다.

위 예에서 결론은 앞의 개별 사례에서는 제공되지 않는 새로운 지식이다. 각각의 포도주가 따뜻해지는지에 대한 개별 사례들을 수집해야 '모든 포도주는 따뜻해진다'는 보편적 진술을 얻을 수 있다. 그런데 이 진술의 범위는 여러 개별 사례들을 합친 것보다 더 넓어, 새로운 지식이 생겨나게 되는 것이다.

네 가지 우상

『새로운 논리학』에서 귀납법을 제시한 베이컨은 당시에 지식을 만들어 내던 여러 집단에서 사용하던 방법을 비판하였다. 베이컨은 종족의 우상(*Idola Tribus*), 동굴의 우상(*Idola Specus*), 시장의 우상(*Idola Fori*), 극장의 우상(*Idola Theatri*) 등 네 가지 우상을 설명하면서, 다양한 집단들의 지식생성 방식이 이 네 가지 우상을 벗어나지 못하여 여러 폐단들을 낳고 있다고 지적하였다. 종족의 우상은 인간 종족이 지닌 공통적이고 선천적인 폐단이다. 인간이 지닌 감각은 불완전하며 이성은 한계를 지니는데, 이러한 인간의 감각과 이성을 통해 생성된 지식은 왜곡될 수밖에 없다. 동굴의 우상은 오랫동안 동굴에서 살다가 밖으로 나온 사람이 동굴 밖의 세상을 여전히 동굴 안 방식으로 인식하는 잘못된 상황에 대한 비유이다. 이를 통해 베이컨은 개인의 특별한 선입견이나 편견으로 인한 폐단을 지적했다. 언어의 불완전성과 관련된 시장의 우상은 시장에서 여러 사람들이 의사소통하는데 자신들만 아는 언어나 부호 등을 사용하여 의미전달이 잘되지 않는 상황을 빗댄 것이다. 명확하지 않은 언어를 사용하여 개념을 지칭함으로써 오류가 생길 수 있음을 지적하는 것이 시장의 우상의 내용이다. 마지막으로, 연극배우들이 주어진 대본의 대사만을 말하듯 특정 학문 집단이나 체계를 맹신하는 폐단이 극장의 우상이다. 특정 집단이나 학문 체계를 무비판적으로 믿으며 그 입장에서 자연 현상을 이해할 경우 왜곡된 지식을 얻게 된다.

베이컨은 네 가지의 우상을 제시하면서 당시 여러 집단과 학파 등을 비판하였다. 그는 스콜라 학파가 가장 심하게 네 가지의 우상에 빠져서 수많은 폐단을 만들어 내고 있다고 지적하였다. 베이컨이 볼때, 아리스토텔레스를 따르는 스콜라 학파는 말에만 의존하고 실제와는 거리가 멀며, 추상적인 지식만을 제공했다. 따라서 베이컨은 스콜라적 학문이 실제적이지도, 실용적이지도 않아 인간 사회의 발전에 기여하지 못한다고 여기며 참된 지식 생성을 위해서는 스콜라 학풍이 완전히 사라져야 한다고 보았다. 한편 베이컨은 연금술을 수행하는 집단에 대해서도 비판하였다. 연금술사와 마술사들은 동굴의 우상에 빠져 있어서 자신들의 경험과 지식에만 사로잡혀 다른 경험과 지식들을 무시한다. 그들은 알아낸 지식을 비밀스럽게 자신들끼리만 공유하고, 공개하지 않기 때문에 공익에는 관심이 없다. 이어서 베이컨은 장인 집단의 폐단을 지적하였는데, 이들이 비록 유용한 지식들을 만들어 내지만 그 지식을 종합하여 큰 학문적 체계를 세우기에는 능력이 부족하다. 마지막으로 베이컨은 수학자들이 가진 문제를 거론했다. 수학자들의 작업은 명료한 지식을 추구한다는 점에서는 의미가 있으나 다른 지식들에 비해 수학은 실용적이지 못하다. 또한 다른 지식을 얻는 도구는 되나 그 자체로는 지식이나 철학이 되기 어렵다.

베이컨은 과거의 학문 집단이나 전통에 대해서 비판만 한 것은 아니었다. 그는 자연을 도구로 이용하는 인위적 행위는 자연의 힘보다 더 위대하다고 주장하면서 자연에 대한 조작적 탐구를 수행하는 연금술사들을 지지하였다. 1624년 베이컨은 인류에게 특별히 이용될 위대한 자연 연구 목록을 작성하면서 수명 연장, 외모 바꾸기, 힘과 활력의 증가 등 거의 연금술 및 마술과 관련한 내용들을 열거하였다. 이는 베이컨이 연금술 관련 작업들이 지닌 유용성에 주목하였음을 보여준다.

또한 베이컨은 유용하며 실질적인 지식을 만들어내어 공익 증진에 기여하는 장인들도 칭송하였다. 그는 대학에서의 자연 지식의 발전은 정체되어 있으나 장인의 실용적 지식은 생명의 숨결을 지녀서 계속 성장하고 있다고 말했다. 베이컨은 당시 유럽에서 장인들이 만든 화약, 비단실, 나침반, 이동식 활자 등 여러 발명품들이 지닌 실용적 가치를 높이 평가하였다. 게다가 장인들이 지식을 추구함에 있어서 도구를 활용하거나 실험을 수행하고 있었다는 점도 베이컨의 눈에는 긍정적으로 보였다. 베이컨은 장인들에 대해서 스콜라 학자들이 감각과 특정 사실로부터 성급하게 얻어진 결과를 무턱대고 받아들이는 것과는 달리 실험을 비롯한 실제적인 확인을 통해 지식을 생산한다고 평가했다. 아쉬운 점은 제대로 교육받지 못한 무식한 장인들이 우연에 의해 이러한 성과들을 달성했다는 것인데, 이에 대해 베이컨은 장인들이 보다 종합적이며 체계적인 탐구 능력을 지니게 된다면 더욱 유익한 성과를 많이 만들어 낼 수 있을 것이라 언급했다.

『새로운 아틀란티스』의 꿈

베이컨은 귀납법을 근간으로 한 새로운 자연철학 작업을 꿈꾸었다. 이 작업은 혼자서 하는 비밀스러운 연구를 거부한다. 여러 연구자들은 귀납적 방식의 협동연구를 통해 정보를 수집하여 유용한 지식을 만들어 전파한다. 이를 위해 국가는 필요한 시설과 재정을 지원한다. 베이컨은 이러한 이상을 담아 1626년에 『새로운 아틀란티스』(*New Atlantis*, 1626)를 출판하였다.

남태평양에서 거대한 폭풍을 만나 난파당한 선원들이 표류하다 신비의 외딴섬 벤살렘(Bensalem)에 상륙하는 이야기로 『새로운 아틀란티스』는 시작된다. 섬 생활에 적응한 선원들은 벤살렘의 도처를 다니며 잠시도 눈을 뗄 수 없는 나라라고 감탄한다. 벤살렘의 사람들은 유용한 지식을 생산하고 이를 다시 여러 분야에 응용하여 놀라운 문물을 만들어 왔다. 게다가 매해 한두 번씩 연구자들이 외국에 나가 수집한 정보를 토대로 국가와 인류에 도움을 주는 여러 발명품들을 연구하여 벤살렘의 지식을 더욱 늘려 나갔다. 이러한 지적 활동의 중심에는 국가가 지원하는 살로몬의 집(Salomon's House)이라는 학술 기관이 있었다. 살로몬의 집은 지식을 탐구하고, 이 지식을 인간이 활용할 수 있도록 변화시켜 인간 활동 영역을 확대하는 목표를 두고 운영되는 기관이었다.

살로몬의 집에는 인간에게 유용한 지식을 제공하는 여러 시설들이 있다. 천문과 기상을 연구하며 태양광선으로 물질을 처리하는 탑이 있으며 누에와 꿀벌을 사육하는 농장도 있다. 공원에서는 짐승들과 새들이 자라는데 연구자들은 이들을 교배시켜 새로운 종을 만들기도 하고 실험과 해부를 통해 생명체의 비밀을 밝히기도 한다. 그리고 기계 공장도 있는데 종이, 비단, 직물, 염료 등을 만들 때 사용하는 기계들을 생산한다. 여러 종류의 용광로에서는 태양, 동물, 식물의 열 등 다양한 종류의 열이 연구된다. 사람, 짐승, 새, 물고기 등의 운동을 본떠 만든 기계장치도 많다. 게다가 감각을 속이는 연구를 하는 곳에서는 요술, 허깨비, 속임수, 환각 등이 연구되며 사람들을 우롱하는 기적이나 마술이 폭로된다.

베이컨은 살로몬의 집에서 활동하는 다양한 사람들을 묘사하였는데, 이들은 엄격히 구분된 역할을 담당한다. 이들 중 몇몇은 여러 사실 정보를 수집하기 위해 세계를 돌아다니거나, 실험을 통해 새로운 지식을 만든다. 어떤 이들은 실험으로 검증해 볼 만한 사실들을 서적에서 찾아낸다. 보다 상부에 있는 사람들은 여러 실험 결과물들을 종합하며 새로운 실험을 계획하여 수행하게 지시한다. 학술원 최상부에는 세 사람이 있는데 이들은 자연의 해석자들이다. 이들은 검증된 사실들을 종합하여 베이컨이 일컬었던 공리를 도출해 낸다. 이 공리로부터 결론을 이끌어 내어 유용한 지식을 만들어내는 이들도 있다.

『새로운 아틀란티스』에 등장하는 살로몬의 집은 베이컨의 자연철학적 이상만을 보여주는 것에 그치지 않고, 실제로 유럽에서 이와 유사한 기관이 출현하는 데에 모델이 되었다. 과학혁명기 유럽에 생기는 많은 과학 단체의 원형이 되어 중요한 동기와 근간을 제공한 것이 바로 살로몬의 집이다. 과학혁명이 끝날 무렵인 1660년에 세워진 영국 왕립학회(Royal Society)는 살로몬의 집을 모형으로 삼았다. 사무엘 하틀립(Samuel Hartlib, 1600-1662)과 그의 동료 자연철학자들과 장인들은 베이컨으로부터 영향을 받아 지식의 비밀주의를 타파하고 공공선을 위한 자연 지식을 추구하고자 하였다. 로버트 보일(Robert Boyle, 1627-1691)과 같은 왕립학회 창립 핵심 회원들은 베이컨을 이은 사무엘 하틀립의 사상을 공개적으로 지지하였다. 유용하며 실제적인 지식을 얻기 위해 여러 사람들은 협동하기 시작했으며, 실험적 방법도 적극 도입되었다. 그리고 변화된 지식과 그 탐구 활동에 대해 국가는 점차 눈을 뜨기 시작했다.

데카르트의 체계적 의심과 명징한 지식

베이컨이 실험적 방법을 강조하면서 귀납법을 통해 유용한 지식을 생성하는 자연철학을 추구하였다면, 르네 데카르트(René Descartes, 1596-1650)는 수학에 토대를 둔 명징한 지식을 중심으로 한 새로운 자연철학의 방법을 제시하였다. 데카르트는 수학으로 물질의 운동을 설명했고, 기계적 철학을 제안하여 과학혁명 후반부의 여러 자연철학자들에게 상당한 영향을 주었다.

5-4. 르네 데카르트 1649년경 네덜란드의 초상화 전문 화가인 Frans Hals가 그린 르네 데카르트 초상화

수학자이자 철학자인 데카르트는 1596년 프랑스 귀족 집안의 아들로 태어났다. 어릴 적부터 수학에 뛰어난 재능을 보였고, 10살이 되던 1606년 라 플레슈에 있는 예수회 학교에 입학하였다. 1616년 푸아티 대학에 들어가 법학을 공부하고 네덜란드로 건너가서 오라녀(Prins van Oranje) 공의 군대에서 용병 시절을 보냈다. 이 기간 데카르트는 아이작 비크만(Isaac Beeckman, 1588-1637)을 만나 자연철학에 대한 새로운 영감을 얻었다. 비크만은 물질은 미세한 입자들로 구성되어 있으며 그 입자들이 일으키는 현상을 수학적 방식으로 설명할 수 있다고 여기고 있던

인물이었다. 데카르트는 1622년 프랑스로 잠시 돌아와 당시 유럽의 지성인들과 네트워크를 조성했던 메르센느(Marin Mersenne, 1588-1648)를 만나 자신의 이름을 알렸다. 그는 1628년 네덜란드에서 자연철학과 수학 연구에 몰두하면서 여러 대표작들을 출판하였다. 『세계』(*Le Monde*, 1664), 『방법서설』(*Discours de la Méthode*, 1637), 『성찰』(*Meditationes de Prima Philosophia*, 1641), 『철학의 원리』(*Principia Philosophiae*, 1644) 등을 저술하였다.

17세기 초 아리스토텔레스의 이론에 의문을 갖는 여러 주장들이 제기되었다. 그 중 하나가 회의론이었다. 당시 르네상스 인문주의자들의 고대 고전 번역을 통해 여러 사상들이 유럽에 소개되었으며, 이 때 극단적 회의론인 피론주의도 알려지게 되었다. 회의론자들은 어떤 사안을 판단할 때 섣불리 판단하기보다 판단을 중지한 채 세상을 있는 그대로 바라보라고 설파했다. 판단 자체를 중지해야 하는 이유로 피론주의는 인간 감각과 이성의 한계를 지적하였다. 감각을 통해 얻은 지식은 완벽한 확실성을 필연적으로 확보하지 못하고, 연역추론을 포함한 인간 이성 활동 역시 불확실하여 실제 세계의 본질에 대해서는 아무 것도 알려주지 않기 때문이다. 모든 것을 믿지 말라는 이러한 회의주의의 주장은 아리스토텔레스 철학에 대한 철저한 반론을 제기할 수 있게 하지만, 동시에 진리추구와 지식 생성의 가능성도 없애 버린다는 문제도 안고 있었다.

데카르트를 비롯한 몇몇 철학자들은 회의주의의 중심 주장은 수용하면서도 그 한계를 벗어날 수 있는 방법을 찾고자 하였다. 데카르트는 '체계적인 의심'을 그 방법으로 제시하였다. 모든 문제에 대한 판단을 유보해야 한다고 여긴 그는 의심할 수 없는 분명한 지식 이외에는 아무 것도 받아들일 수 없다고 보았다. 어떤 지식을 반복해서 체계적으로 의심하면서 참인지 거짓인지를 따져보아야 한다고 주장했다. 이러한 과정을 거쳐 얻어진 결코 의심을 불러일으키지 않는 지식이야말로 거짓 가능성이 전혀 없는 확실한 참인 지식이라고 역설했다. 데카르트는 진정으로 참된 지식을 찾고자 체계적 의심의 방법을 사용한 것이다. 그러나 그는 곧 큰 난관에 봉착하였다. 어떤 지식도 의심을 피해갈 수 없다는 사실을 발견했기 때문이다. 자연에 대한 지식뿐 아니라 여러 철학적 주장도 의심을 완전히 피해갈 수 없을뿐더러 주변에서 보는 흔한 사물들의 특징도 의심의 대상이 되었다. 둥근 그릇을 보면서 원래 둥글지 않은데 둥글게 보일 수 있다는 의심이 들면, 그 그릇이 둥글다는 주장은 틀릴 수 있다.

그러던 중 데카르트는 계속해서 체계적으로 의심해도 거짓이라고 말할 수 없는 한 가지 사실을 발견하였다. '자기 자신이 의심을 하고 있다'는 것이다. 자기 자신이 의심을 하고 있는 사실이 확실한가라고 다시 질문을 던져보는 것도 역시 의심이기 때문이었다. 자기 자신이 의심을 하고 있다는 지식은 절대적으로 참이었다. 의심한다는 것은 생각한다는 것이다. 데카르트는 생각이라는 행동의 주체는 바로 자기 자신이라고 결론 내렸다. 바로 이 지점에서 "나는 생각한다. 그러므로 나는 존재한다.(cogito, ergo sum)"라는 유명한 명제가 탄생하였다. 자기 자신이 생각하고 있다는 사실을 절대적 참인 지식으로 받아들인 후 데카르트는 절대적 참인 지식의 근거에 대해 고찰하기 시작했다. 무엇 때문에 '나 자신이 생각을 하고 있다'는 지식이 의심의 여지가 없는 절대적인 참으로 받아들여지는지를 고민하였다. 신중한 고민 끝에 데카르트는 '명징성'이라는 답을 내놓았다. 명징성이 진정 참인 지식의 기준이다. 결국 데카르트는 명징성을 바탕으로 새로운 지식 체계를 쌓아 세우고자 하였다.

명징한 지식을 위한 수학

『방법서설』을 보면 지식생성을 위해 데카르트가 추구한 방법론이 잘 드러나 있다. 이 책에서 데카르트는 수학을 바탕으로 의심의 여지가 없는 완벽한 세상을 설명하는 체계를 만들고자 하였다. 이를 위해 데카르트는 먼저 자신의 수학적 방법론에 보다 굳건한 형이상학적 토대를 마련해야 했다. 그래서 그는 물질의 본성에 대한 논의부터 시작했다.

데카르트는 의심을 통해 외부세계에서 감각을 일으키는 특징들을 하나씩 제거하면서 불확실한 가설들을 모두 버려 나갔다. 우리가 어떠한 물체를 인식할 때 색깔이나 냄새 등 여러 특성에 대해 다양한 가정을 할 수 있지만, 의심의 여지없이 유일하게 확실한 점은 그 물체가 특정한 공간을 점유하고 있다는 것뿐이다. 데카르트는 이러한 공간의 점유를 외연(extension)이라고 불렀다. 즉 외연이 우리가 유일하게 받아들일 수 있는 물질의 본성이라고 주장한 것이다.

여기에 더해 그는 비크만의 생각을 받아들여 진공이 전혀 없이 미세한 입자들로 가득 차 있는 외부 세계를 가정했다. 그런데 데카르트는 가득 차 있는 입자들이 스스로 운동할 수 없는 불활성이므로 외부에서 충격이 가해졌을 때만 움직일 수 있고 보았다. 세상의 변화는 이러한 불활성의 입자들의 운동들이 종합되어 일어난다. 그러므로 외부 충격의 강도와 방향을 계산하면 세계의 변화를 파악할 수 있다. 이 충격의 강도와 방향은 수로 표현 가능하고, 수로 표현이 가능하다는 말은 수학을 적용할 수 있다는 뜻이다. 그러므로 수학은 자연의 변화를 파악하고 설명하는 기본적인 방법이 된다. 이렇게 수학을 바탕으로 자연에 대한 명징한 설명을 제공하면서 데카르트는 아리스토텔레스 철학에 반론을 제기함과 동시에 회의주의의 한계도 넘어서고자 했다.

5-5. 연구 중인 르네 데카르트와 그의 『방법서설』 왼쪽은 연구 중인 데카르트의 모습이고 오른쪽은 그가 1637년 출판한 『방법서설』의 표지이다. 본래 제목은 『이성을 올바르게 이끌어 여러 가지 학문에서 진리를 구하기 위한 방법의 서설』(Discourse on the Method of Rightly Conducting One's Reason and of Seeking Truth in the Sciences)이나, 간단히 『방법서설』이라 한다.

이러한 데카르트의 의도는 『방법서설』에서 제안한 방법론을 자연 현상에 실제적으로 적용시킨 여러 저서들에서 더욱 확연하게 드러난다. 1637년 출판된 『광학』(La Dioptrique), 『기하학』(La Géométrie), 『기상학』(La Météres)을 보면 수학적 방법을 통해 자연을 설명한 결과가 제시되어 있다. 이 세 편은 『방법서설』의 본론에 해당하는 글이었다. 데카르트는 『기하학』에서 속도, 질량 등을 다룰 수 있는 기호 대수를 도입하여 자연의 모든 작용을 수학적으로 설명하고자 하였고, 이를 위해 기하학적 좌표계를 새롭게 고안하여 도입하였다. 『광학』에서는 빛의 반사와 굴절, 시력 교정용 렌즈의 곡면 형태 등을 수학 계산을 통해 예측하였다. 『기상학』에서는 날씨 변화와 무지개 현상 등을 입자들의 운동으로 설명해 냈다. 이처럼 데카르트는 수학적 방법을 활용하면 명징한 자연 지식을 얻을 수 있다고 보았다. 데카르트의 수학적 접근방식은 훗날 뉴턴과 라이프니츠(Gottfried Wilhelm Leibniz, 1646-1716)의 역학 연구에 커다란 영감을 제공하였다.

기계적 철학

데카르트는 자연에 대한 명징한 지식을 추구하면서 자신의 수학적 방법을 기계적 철학(mechanical philosophy)이라고 불리는 자연철학체계로 발전시켜 나갔다. 기계적 철학이라는 이름은 데카르트가 아닌, 훗날 로버트 보일(Robert Boyle, 1627-1691)이 그 이름을 먼저 붙였다. 데카르트의 공간에서 물질들은 서로 인접해 있다. 외부 충격으로 원래 자리에서 이탈한 물질은 인접한 물질의 자리를 변화시킨다.

자리가 변화된 그 물질은 인접한 또 다른 물질을 자리에서 이탈시킨다. 이러한 사건이 계속해서 일어나므로, 물질 운동의 특징은 부품들이 서로 접촉되어 움직이는 시계와 같은 기계를 연상시킨다. 이 점에서 기계적 철학이라는 이름이 붙여졌다. 여러 자연철학자들은 수학을 기반으로 한 기계적 철학을 아리스토텔레스 철학에 대한 대안으로 바라보았다.

데카르트는 보다 명징한 지식을 얻기 위해 기계적 철학을 환원주의적 노선에서 구축해 나갔다. 그는 물질의 본질은 무엇인지를 고민하면서 크기, 질감, 색깔, 온도, 무게 등 다양한 속성들에 대해 사고하였다. 그런데 속성들이 변하더라도 물질 자체는 변하지 않으며, 어떤 속성은 다른 속성으로 환원될 수도 있기 때문에 속성은 물질의 본질이 될 수 없었다. 이와 달리 공간에 존재하는 모든 물질은 형태를 지닌다. 물질이 형태를 지니지 않는다면 공간에서 존재할 수 없다. 그래서 공간의 점유인 '외연'은 물질의 본성이다. 이러한 시각에서 물질의 본성에 대해 고찰한 데카르트는 외연을 본성으로 한 물질과 외부 충격에 의해 물질이 움직이는 운동을 기계적 철학의 대상으로 삼았다.

그는 자연에 대해 설명하는 과정에서 정신적 영역을 바탕으로 한 설명을 제거해야 한다고 주장하였다. 그래서 신비주의적, 마술적, 신학적 설명 등을 배제하고자 하였다. 자연의 변화는 공간을 가득 채우고 있는 미세한 입자들의 운동이 종합되어 일어나기 때문에 자연의 변화에 대한 정신적 영역의 설명은 불필요했다. 데카르트는 불활성 입자들에게 가해진 외부 충격에 대한 수학적 설명만으로도 입자들의 운동과 자연의 변화를 이해할 수 있다고 주장했다. 기계적 철학에 입각한 자연 세계의 변화에 대한 설명에서 중요한 것은 오직 일정한 공간을 점유하는 물질(matter)과 그것의 운동(motion)뿐이었다.

　데카르트의 기계적 철학은 물질, 인과관계 그리고 자연에 대한 새로운 이해를 제공했다. 모든 물체는 미세한 입자들로 구성되었는데 물질 간에 원거리 작용은 불가능하며 물질에서 힘, 공감, 반감, 생기 원리 등은 찾아볼 수 없다. 기계적 철학에서 유일한 변화의 동인은 충돌뿐이다. 기계적 철학은 자연과 기계의 구분을 거부했다. 신의 작품인 자연은 인간이 만든 기계보다는 좋지만 둘 다 근본적으로 기계일 뿐이다. 이런 점에서 동물은 복잡한 기계이다. 데카르트는 생명 현상을 포함한 모든 자연 현상을 시계 모형이나 유비를 통해 기계적으로 설명하였다.

06 ★
천문학의 혁명

코페르니쿠스의 『천구의 회전에 관하여』

고대 그리스와 헬레니즘 시대에 제안된 지구중심 체계는 프톨레마이오스에 의해 수학적으로 거의 완벽한 형태를 갖추게 되었다. 아리스토텔레스의 우주론과 결합된 프톨레마이오스의 체계는 중세에도 지배적인 우주 체계였다. 그러나 중세 말로 접어들면서 1400년 동안 수용되었던 프톨레마이오스의 지구중심 우주 체계에 대한 문제들이 제기되기 시작했다. 프톨레마이오스 체계를 바탕으로 만든 달력의 정확성이 떨어져 날짜가 맞지 않는 일이 발생했고, 프톨레마이오스 체계를 보완해 나가다 보니 그 체계가 너무 복잡해졌기 때문이다. 이러한 상황에서 등장한 인물이 바로 코페르니쿠스였다.

1473년 폴란드에서 태어난 코페르니쿠스는 천문학으로 유명한 크라쿠프(Krakow) 대학에서 공부했다. 그는 대학 시절 수학과 천문학에 관심을 가지게 되었고, 천문 관측기구를 이용해 천체를 관측했다.

대학을 졸업한 후 코페르니쿠스는 이탈리아로 가서 법률과 의학을 공부하기도 했으나 대부분의 시간을 천문학 연구를 하면서 보냈다.

코페르니쿠스는 당시 이탈리아에서 유행했던 르네상스 플라톤주의의 영향을 받았다. 그는 플라톤주의에 따라 단순성과 질서를 중요하게 생각했고, 우주가 수학적으로 조화롭게 구성되어 있을 것으로 보았다. 이렇듯 우주의 단순성과 조화를 믿고 있었던 코페르니쿠스에게 프톨레마이오스의 복잡한 체계는 미학적으로 만족스럽지 못했다. 게다가 코페르니쿠스가 공부할 당시에는 프톨레마이오스의 체계가 관측 자료를 제대로 설명하지 못한다는 사실도 알려지기 시작했다. 이에 좋은 대안을 모색하던 코페르니쿠스는 고대 천문학 문헌들을 살펴보게 되었고, 몇몇 천문학자들이 태양중심설을 생각했다는 사실을 알게 되었다. 이후 코페르니쿠스는 태양 중심 우주 체계에 기초한 새로운 모델을 구상하기 시작했다.

코페르니쿠스는 오랜 연구 끝에 우주의 중심에 태양을 위치시킴으로써 프톨레마이오스 우주 체계가 지닌 복잡성의 문제를 상당 부분 해결했다. 프톨레마이오스 체계가 복잡했던 근본적인 원인은 주전원에 있었다. 프톨레마이오스는 역행운동의 문제를 해결하기 위해 주전원을 도입했고, 주전원의 개수는 시간이 지남에 따라 계속 증가했다. 코페르니쿠스 시대에는 그 수가 60개를 넘을 정도로 증가했으며, 이렇듯 많은 주전원들을 포함하고 있는 우주의 구조는 복잡할 뿐만 아니라 심지어 지저분해 보이기까지 했다. 복잡한 우주구조를 만들어 낸 주범인 주전원을 없애는 것은 단순하게 우주를 설명하는 첫걸음이었다. 주전원은 역행운동을 설명하기 위해 도입되었으므로, 역행운동을 다른 방식으로 설명해 낼 수 있다면 주전원은 더 이상 필요하지 않게 된다. 코페르니쿠스는 지구와 태양의 위치를 바꾼다면 주전원이 없어도 역행운동을 설명할 수 있음을 알아냈고, 이를 바탕으로 자신의 새로운 체계를 완성했다. 이 체계가 태양 중심 체계였다.

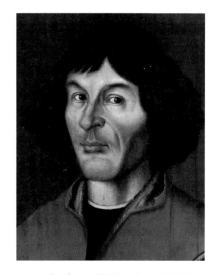

6-1. **코페르니쿠스** 1580년 그린 코페르니쿠스의 초상화. 이 그림을 그린 화가의 이름은 알려져 있지 않다. 현재 코페르니쿠스가 태어난 폴란드의 Torun에 있다.

그러나 코페르니쿠스는 태양 중심 체계를 담은 자신의 원고를 가끔 꺼내 고쳤을 뿐, 세상에 알리려 하지 않았다. 그가 발표를 꺼린 것은 가톨릭교회의 박해라기보다는 주변의 시선 때문이었다. 실제로 코페르니쿠스가 새롭게 제시한 우주 체계에 대한 이야기를 전해들은 한 추기경은 그에게 출판을 권하기도 했다고 한다. 코페르니쿠스는 지구중심설이 지배적이었던 당시에 혼자서 지구가 움직이고 태양이 우주의 중심이라고 주장하면 많은 사람들이 비웃을 것이라고 생각했다. 그래서 코페르니쿠스는 자신의 이론을 출판하지 않고, 원고 형태의 『코멘타리올루스』(*Commentariolus*, 1512)를 몇몇 천문학자들에게 회람시켰다. 코페르니쿠스의 체계는 천문학자들 사이에서만 서서히 알려졌다.

그러던 중 1537년 독일의 천문학자 레티쿠스(Georg Joachim

Rheticus, 1514-1574)가 코페르니쿠스를 찾아왔다. 레티쿠스가 코페르니쿠스를 찾은 이유는 새로운 우주 체계를 온전히 담은 책을 출판하라고 설득하기 위해서였다. 레티쿠스는 코페르니쿠스의 새롭고 혁신적인 생각이 세상에 반드시 알려져야 한다고 생각했다. 레티쿠스는 코페르니쿠스가 출판을 허락할 때까지 설득했고, 결국 코페르니쿠스는 레티쿠스에게 원고를 넘겨주었다. 레티쿠스에게 전달된 원고는 다시 루터파 목사인 오시안더(Osiander)에게 넘겨졌고, 최종적으로는 오시안더의 서문이 추가되어 출판되었다. 그 책이 바로 1543년에 출판된 『천구의 회전에 관하여』(De Revolutionibus Orbium Coelestium)였다. 오시안더는 코페르니쿠스의 허락도 없이 태양 중심 체계는 계산상 편의를 위한 가설에 지나지 않는다는 내용의 서문을 써 넣었다. 그리고 교황 바오로 3세에게 바친다는 헌사도 함께 썼다.

『천구의 회전에 관하여』는 모두 여섯 권으로 구성되었다. 제1권은 우주론으로 태양중심설을 기본사상으로 설명하고 있다. 제2권은 삼각법을 이용하여 천체운행의 기본규율을 입증했다. 제3권은 항성목록 편이며, 제4권은 자전과 공전에 대해 설명하고 있다. 제5권은 달에 관련한 문제, 제6권은 나머지 5개 행성 운행에 관한 이론들을 다루었다.

아래의 그림은 코페르니쿠스가 제안한 우주의 모양을 보여준다. 그림에서 확인되는 가장 분명한 변화는 지구와 태양의 위치가 바뀌었다는 점이다. 새로운 우주 구조에서는 우주의 중심에 지구가 아닌 태양이 위치해 있고, 지구는 예전에 태양이 있던 자리로 위치를 이동했다. 위치만 이동된 것이 아니었다. 예전에는 태양이 지구를 중심으로 해서 회전했다면 이제는 지구가 태양을 중심으로 회전을 하게 되었다. 새로운 우주 체계에서 지구는 우주의 중심이라는 매우 특별한 위치를 상실한 채 태양 주위를 1년에 한 바퀴 회전하는 공전을 하게 된다. 예전 구조에서는 태양이 지구를 회전하면서 계절 변화를 설명했다면 새로운 구조에서는 반대로 지구가 태양을 회전하면서 계절 변화를 만들어 낸다고 보았다. 코페르니쿠스는 지구를 태양 주위로 1년에 1회 공전시킴으로써 역행운동과 계절의 변화를 동시해 설명할 수 있었다.

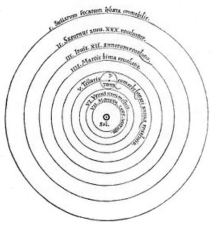

6-2. 코페르니쿠스의 『천구의 회전에 관하여』와 그의 우주 체계 오늘날 스위스의 Basel 지역에서 인쇄업을 하던 Henricus Petrus(1508–1579)와 그의 아들 Sebastian Henric Petri(1546–1627)가 1566년 출판한 코페르니쿠스의 『천구의 회전에 관하여』 제2판의 표지.

새로운 우주 체계에서 지구는 공전과 더불어 하루에 한 바퀴를 회전하는 자전도 하게 되었다. 코페르니쿠스는 예전 우주 구조에서 밤낮을 설명하기 위해 항성 천구를 하루에 한 바퀴 돌렸던 것을 대신해서 전체 우주에 비해서는 그 크기가 상당히 작다고 할 수 있는 지구를 회전시키는 방법을 택했다. 이제 새로운 우주 체계에서는 전체 우주가 하루에 한 바퀴 도는 어마어마한 운동은 할 필요가 없어졌다. 하지만 대신 정지해 있다고 생각되었던 지구가 천천히 움직이는 공전운동과 함께 빠른 속도로 회전하는 자전을 하게 된 셈이다.

하지만 코페르니쿠스의 체계를 과거의 우주 체계와 비교해 보았을 때 완전히 새로운 면만 가지고 있는 것은 아니었다. 먼저 『천구의 회전에 관하여』라는 제목에서 드러나듯 코페르니쿠스는 천구의 개념을 여전히 당연시 하고 있었다. 코페르니쿠스가 변화시킨 내용은 정확히 말하자면 지구 천구와 태양 천구의 위치이동이었던 것이다. 이에 더해 코페르니쿠스는 지구를 비롯한 행성들의 운행을 여전히 원운동으로 설명했다. 그 역시 천상계의 자연스러운 원운동이라는 생각을 버리지 못했던 셈이다. 마지막으로 코페르니쿠스는 주전원을 완전히 제거하지는 못했다. 코페르니쿠스는 행성이 원운동을 한다고 생각했기 때문에 관측 데이터와 이론을 정확히 일치시킬 수가 없었다. 사실 나중에 케플러에 의해 밝혀지지만 이는 타원으로 도는 행성을 원운동으로 설명하면서 생긴 문제였다. 결국 코페르니쿠스는 주전원을 몇 개나마 다시 도입할 수밖에 없었다.

코페르니쿠스는 『천구의 회전에 관하여』가 세상에 나옴과 동시에 병으로 사망했다. 그로 인해 비록 그가 그토록 출판을 주저하게 만들었던 걱정거리들이 현실화되는 장면을 직접 목격하지는 못했지만 『천구의 회전에 관하여』는 출판된 후 많은 논란을 불러 일으켰다. 그 논란은 크게 세 가지 정도로 정리 되는데, 먼저 신학자들은 기독교 성서에 나오는 내용과 코페르니쿠스의 체계가 일치하지 않는다는 점에서 비판을 쏟아 냈다. 다음으로 대학에 있던 스콜라 학자 층에서는 코페르니쿠스의 이론이 상식과 맞지 않으며 아리스토텔레스의 운동 이론과도 맞지 않는다는 점에서 비판을 가했다. 이들은 주로 자전과 관련된 내용에 대해서 비판적 의견을 내놓았는데, 한 예만 들자면 지구가 정말로 하루에 한 바퀴 회전한다면 엄청난 속도로 돌고 있을 터인데 왜 지구에 있는 사람들은 그 회전을 전혀 느끼지 못하는가와 같은 질문이 있었다. 마지막으로 천문학자들 사이에서도 비판의 목소리가 생겨났다. 천문학자들은 코페르니쿠스의 이론 덕택에 예전보다 훨씬 간단한 계산을 통해서 더 높은 정확도로 우주를 설명할 수 있게 되었다는 점은 인정하면서도 천문학적 관측 사례를 들어 코페르니쿠스 이론의 문제점들을 지적했다.

코페르니쿠스의 『천구의 회전에 관하여』는 혁명적인 측면과 전통적인 측면을 모두 지닌 책이었다. 그럼에도 불구하고 『천구의 회전에 관하여』를 과학혁명을 시작한 책이라고 평가하는 이유는 이 책으로 인해 야기된 문제들이 이후 약 150년의 기간을 지나면서 하나하나 해결되어 나가며 엄청난 변화를 이끌어 냈기 때문이다. 스콜라 학자들이 제기했던 문제들을 해결해 나가는 과정에서 역학분야의 변화가 시작되었고, 천문학자들이 제기했던 문제들을 해결해 나가는 과정은 천문학의 변화로 이어졌다. 그리고 이러한 변화는 과학 이론의 변화를 넘어 우주에서 인간의 위치를 새롭게 생각하게 되는 세계관의 변화로까지 이어졌다.

티코 브라헤와 천구 개념의 거부

코페르니쿠스의 체계가 제안된 후
몇몇 천문학자들은 관측 결과가 코페
르니쿠스의 이론과 일치하지 않는다
는 점을 들어 새로운 이론의 문제점
들을 지적했다. 이러한 문제 중 하나
는 연주시차(parallax)였다. 연주 시
차는 지구에서 항성을 서로 다른 계
절에 보았을 때 관측되는 각을 의미
한다. 만일 프톨레마이오스의 체계가
옳다면 옆 그림에서 지구는 우주의 중
심에 정지해 있을 것이다. 지구에 있
는 관측자가 멀리 있는 항성을 본다고

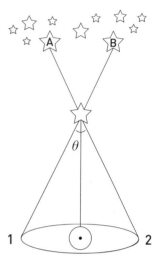

6-3. 연주시차

가정하자. 지구가 정지해 있기 때문에 이 관측자의 위치는 계절이 변
해도 일정할 것이다. 즉 이 경우 항성의 위치는 계절의 변화와 상관없
이 항상 동일하게 관측되므로 시차는 0이 된다. 반대로 코페르니쿠스
의 체계가 옳다면 지구는 태양을 중심에 두고 공전을 하게 된다. 예를
들어 지구의 위치는 여름에는 1, 겨울에는 2가 될 것이다. 이 경우 여
름(1)에 항성을 관측하면 항성은 B방향으로 보인다. 겨울(2)에 관측
하면 항성은 A방향으로 보이게 된다. 즉 코페르니쿠스의 체계가 옳
다면 여름과 겨울에 동일한 항성을 관측한 시차 θ가 측정되어야 한
다. 그렇기 때문에 시차가 관측된다면 코페르니쿠스의 체계가 더 큰
설득력을 지니게 되고, 시차가 관측되지 않는다면 반대로 프톨레마

이오스의 체계가 타당하게 여겨질 것이다.

시차를 면밀하게 관측해 보려했던 인물은 당대 최고의 관측자로 명성을 얻고 있었던 티코 브라헤(Tycho Brahe, 1546-1601)였다. 티코 브라헤는 시차를 확인해 보기 위해 정밀한 관측을 수행했으나 결국 θ에 해당하는 값을 관측해 내지 못했다. 즉 시차는 0이었고, 이는 코페르니쿠스 체계가 설득력을 갖지 못한다는 증거였다. 이러한 관측 결과에 입각해 티코 브라헤는 코페르니쿠스를 지지하지 않았다. 하지만 티코 브라헤는 정확성이 떨어진다는 이유로 프톨레마이오스의 체계도 수용하지 않았으며 자신만의 체계를 제안했다. 그리고 그는 이 과정에서 전통적인 천문학적 개념들을 부정하며 천문학 혁명의 진전에 기여했다.

덴마크 귀족의 아들로 태어난 티코 브라헤는 막대한 유산과 왕의 도움을 받아 흐벤 섬에 하늘의 도시라는 뜻을 가진 우라니보르(Uraniborg) 천문대를 세웠다. 3층으로 지어진 우라니보르 천문대는 별을 관측할 수 있도록 지붕이 열려있었으며, 천문학을 비롯하여 점성술과 연금술을 연구하는 공간이 마련되어 있었다. 그는 결투에서 베어져 나간 자신의 콧등을 대신할 순도 높은 합금을 얻기 위한 연구도 했다고 전해진다.

티코 브라헤는 천체 관측 분야에서 뛰어난 업적을 남긴 관측의 천재였다. 그의 평균 관측 오차는 4분(1분=1/60도)에 불과할 정도로 정확한 관측을 수행했다. 그는 1590년대까지 엄청난 양의 천문학 관측 자료들을 축적했으며, 우주의 구조에 관한 독자적인 견해도 확립했다. 티코 브라헤는 시차 문제로 인해 코페르니쿠스 우주 체계를 받아들이지 않았으며, 정확성의 문제로 프톨레마이오스 체계를 고수하지도 않았다. 그는 신성과 혜성을 관측했고, 이를 통해 아리스토텔레스의 우주론 자체에 대한 문제도 제기했다.

티코 브라헤는 1572년 이전까지 볼 수 없었던 새로운 별을 관측했다. 그 별을 면밀히 관측한 결과 그는 이 별이 새롭게 생겨난 신성임이 확실하며, 이것은 분명히 달보다 위, 즉 예전의 천상계에 위치하고 있음을 확인했다. 이 결론은 아리스토텔레스 우주론의 주요 내용 중 하나가 사실과 다르다는 뜻이었다. 아리스토텔레스에 따르면 달위 세계인 천상계는 완벽하고 변화가 없는 세계였다. 즉, 천상계에서는 생성과 소멸이 불가능했다. 하지만 티코 브라헤가 관측한 신성은 분명히 천상계에서 생성이라는 변화가 일어났음을 의미했다. 이는 아리스토텔레스의 우주론에 큰 타격을 가했고, 결국 천상계가 지상계와 크게 다르지 않은 세계일 수도 있다는 생각이 퍼지는 데 큰 영향을 주었다.

1577년 티코 브라헤는 아리스토텔레스의 천구 개념을 부정할 만한 증거를 발견했다. 그 증거는 혜성이었다. 티코 브라헤가 관측, 계산한 혜성의 궤도는 여러 행성들의 천구를 뚫고 들어와 지구에 가깝게 접근했다가 다시 천구를 뚫고 지구에서 멀어지는 형태였다. 이는 아리스토텔레스 우주론에서 전제한 천구가 실제로 존재하는 사물이 아니라는 것을 의미했다. 이로써 코페르니쿠스도 버리지 못했던 천구의 개념은 티코 브라헤에 의해 거부되었다.

이후 그는 지구가 움직이지 않는다는 전제 하에 코페르니쿠스 체계의 장점을 섞은 자신만의 독특한 체계를 만들었다. 지구 중심 체계와 태양 중심 체계를 혼합한 그의 구조는 프톨레마이오스와 코페르니쿠스 체계의 절충안이었다. 이러한 티코 브라헤의 체계는 1580년대 중반에 거의 완성되었다.

그림에서 볼 수 있듯이 티코 브라헤는 프톨레마이오스와 마찬가지로 지구를 우주의 중심으로 보았다. 달과 태양이 지구 주위를 돈다고 설정한 것도 프톨레마이오스와 같았다. 그러나 행성들은 태양 주위를 도는 것으로 되어 있다. 이 점은 코페르니쿠스의 체계와 같다. 티코 브라헤의 체계는 수학적으로 볼 때 코페르니쿠스 체계와 다를 것이 없었다.

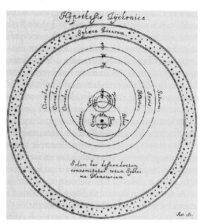

6-4. 티코 브라헤의 우주 체계 1573년 Valentin Naboth가 그린 티코 브라헤의 지구 태양중심의 우주 체계(geo-heliocentric astronomical model). 지구가 우주의 중심에 있고 달이 지구 위를 돌며, 그 위에 태양이 지구 주위를 돈다. 수성, 금성, 화성, 목성, 토성은 모두 태양을 중심으로 회전한다.

티코 브라헤의 체계는 코페르니쿠스의 체계만큼 많은 관측들을 설명해 낼 수 있었다. 그 결과 16세기 말에 티코 브라헤의 우주 모델을 받아들인 사람들도 상당히 많았다. 당시 로마 교황청에서 상당한 영향력을 가지고 있던 예수회는 코페르니쿠스 체계가 수학적으로 우수하다는 것을 알면서도 종교적 신념 때문에 지구가 돈다는 사실을 받아들이지 못했다. 프톨레마이오스가 비판받는 상황에서 예수회는 티코 브라헤의 체계를 환영하며 즉각 받아들였다.

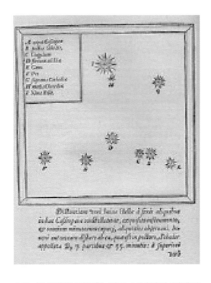

16세기 말에 중국으로 건너갔던 예수회 선교사들이 전파했던 우주 체계가 바로 티코 브라헤의 것이었다. 이를 받아들인 중국의 명, 청에서는 티코 브라헤의 우주 체계를 이용해 달력을 제작하기도 했다. 마찬가지로 조선에도 코페르니쿠스 체계보다 티코 브라헤 체계가 먼저 소개되었다.

6-5. 초신성을 기록한 티코 브라헤의 별자리 그림 1572년 티코 브라헤가 별자리 카시오페이아 근처에서 초신성을 발견한 것을 자신의 책 *De nova stella*에 실어 놓은 그림. 그림의 가운데 맨 위쪽에 있는 I가 초신성이다.

티코 브라헤는 1597년 덴마크의 흐벤 섬을 떠나 프라하에 정착했다. 그는 말년에 자신을 후원했던 왕의 사망으로 천문학 연구에 위기를 맞았다. 천문학에 흥미가 없었던 새로운 왕은 티코 브라헤에게 하사한 영지를 몰수하고 천문대도 폐쇄해 버렸다. 그 결과 티코 브라헤는 후원을 계속 받을 수 없어 흐벤 섬을 떠나야 했다. 그는 새로운 후원자를 찾아 유럽을 돌아다니다가 신성로마제국의 황제 루돌프 2세의 후원을 받게 되었다. 그 동안 축적한 관측 자료를 가지고 자신의 우주 체계를 완성하기 위해 티코 브라헤는 1600년 새로운 조수를 받아들였다. 그 조수는 바로 요하네스 케플러였다.

케플러의 타원 궤도

요하네스 케플러(Johannes Kepler, 1571-1630)는 독일 지역의 튀빙겐 대학에서 천문학을 공부했다. 대학 졸업 후 자신의 천문학 연구를 후원해 줄 사람을 찾고 있던 케플러는 1596년 소책자『우주의 신비』(*Mysterium Cosmographicum*)를 출판한 뒤에 이를 티코 브라헤에게 보냈다. 이 책을 읽고 감탄한 티코 브라헤는 케플러를 조수로 채용했다. 이렇게 해서 티코 브라헤와 케플러는 1600년에 만나게 되었고, 프라하에서 1년 조금 넘는 기간 동안 같이 연구했다. 두 사람은 정밀한 관측에 대한 열정과 우아한 우주 구조에 대한 이론을 만들어 보려는 갈망을 품고 있었다는 공통점이 있지만, 근본적인 차이점도 있었다. 코페르니쿠스를 매우 높게 평가하면서도 태양 중심의 우주 구조를 받아들이지 않았던 티코 브라헤와 달리, 케플러는 코페르니쿠스의 열렬한 옹호자였다.

『우주의 신비』는 코페르니쿠스의 체계를 받아들일 때 우주의 신비한 비밀을 풀어낼 수 있다는 내용을 담고 있는 책이었다. 이 책에는 유명한 기하학적 우주 구조 그림이 포함되어 있다.

이 그림은 케플러가 플라톤주의의 영향을 지대하게 받은

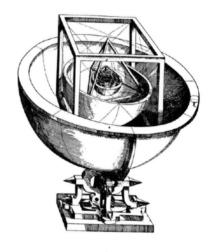

6-6. 케플러의 기하학적 우주 구조 케플러의 1596년 천문학 서적인 『우주의 신비』에서 플라톤의 정다면체를 이용하여 태양계의 모형을 위와 같이 제시했다.

인물임을 보여준다. 플라톤은 세상에는 5개의 정다면체(4, 6, 8, 12, 20)만이 존재함을 지적하며 자신의 자연철학에서 매우 중요한 지위를 부여했다. 케플러 역시 이러한 플라톤의 가르침을 받아들여 이 정다면체들은 신이 우주를 창조할 때 기반하고 있던 기하학적 원리들의 본질을 보여준다고 생각했다. 케플러는 위 그림에서 보는 것처럼 다섯 개의 정다면체들을 각각 구에 외접시키며 배열해 보는 작업을 수행했다. 이 그림에서 정다면체에 외접하는 구는 행성들의 궤도로 생각되었다. 케플러는 각 구들 사이의 거리의 비율을 계산했고, 이 결과가 코페르니쿠스 체계에서 계산된 행성들 사이의 거리 비율과 불과 5%의 오차밖에 나지 않음을 발견했다. 그래서 케플러는 코페르니쿠스의 체계야말로 우주의 비밀을 해결할 수 있는 방법이라 믿게 되었다.

1601년 티코 브라헤가 갑자기 사망했고, 케플러는 티코 브라헤의 뒤를 이어 루돌프 황실 천문학자로 임명되었다. 게다가 케플러는 티코 브라헤가 수집했던 관측 데이터도 그대로 물려받았다. 당대 최고의 관측 자료를 얻게 된 케플러는 이 자료를 활용해 코페르니쿠스의 체계를 완벽하게 만들고자 했다. 코페르니쿠스의 체계에는 여전히 몇 개의 주전원이 남아 있었고, 케플러는 이것을 제거해야 한다고 생각했다. 『우주의 신비』에서 그려진 그림과 같이 우주는 주전원이 없는 완벽한 상태여야 했기 때문이다. 코페르니쿠스 체계에서 주전원이 여전히 남아 있었던 것은 행성의 역행 운동을 설명하기 위해서였다. 역행 운동이 가장 두드러지게 관측되는 행성은 화성이었다. 따라서 케플러는 티코 브라헤가 남긴 자료를 가지고 화성을 공략하기 시작했다. 그러나 몇 년 동안의 노력에도 불구하고 케플러는 티코 브라헤의 관측 데이터를 코페르니쿠스 체계에 적용했을 때 발생하는 오차를 8분 이내로 줄일 수 없었다. 티코 브라헤의 자료의 오차는 4분에 불과했기 때문에 이것의 두 배에 달하는 오차는 코페르니쿠스의 체계에 무엇인가 수정되어야 할 부분이 있다는 인식으로 이어졌다.

결국 케플러는 코페르니쿠스의 체계를 수정하는 방향으로 연구를 전환했다. 그는 코페르니쿠스가 사용했던 원운동 대신 다른 형태의 운동을 도입해 볼 수 있는 가능성을 찾기 시작했다. 마침 이 즈음 케플러는 르네상스 인문주의자들에 의해 번역된 헬레니즘 시대의 수학자 아폴로니우스의 원추곡선론에 대한 책을 보게 되었다. 이 책에서 다루던 주제 중 하나가 타원이었는데, 케플러는 원 대신에 타원을 행성의 운동에 적용해 보았다. 그 결과는 성공적이었다. 이렇게 타원을 도입하면서 케플러는 코페르니쿠스 체계에 여전히 남아 있었던 주전원을 완전히 제거할 수 있었다.

케플러는 타원 궤도를 적용해 다른 행성들의 운동도 훨씬 더 정확하게 설명해 냈다. 그는 1609년에 출판된 『새로운 천문학』(Astronomia Nova)에 이러한 내용을 담았다. 이 책에서 케플러는 행성의 궤도가 타원을 그린다는 사실과 행성과 태양을 잇는 선이 일정 시간 휩쓸고 지나간 면적이 항상 일정하다는 내용을 설명했다. 이것이 타원궤도의 법칙과 면적속도 일정의 법칙이다. 케플러의 마지막 법칙인 조화의 법칙은 행성 주기의 제곱과 태양으로부터 행성까지의 평균 거리의 세제곱의 비는 일정하다는 내용인데, 이는 1619년에 출판된 『우주의 조화』(Harmonices Mundi)에 담겨 있다. 케플러는 자신이 제안한 법칙에 입각하여 행성 운행표를 작성했고, 이를 후원자인 루돌프 황제에 헌정하면서 루돌프 행성표라는 이름을 붙였다.

하지만 케플러는 행성의 특정한 법칙을 밝혀내는 데는 성공했으나 왜 행성이 타원 궤도를 도는지, 그 궤도를 어떻게 유지할 수 있는지, 조화의 법칙은 왜 성립하는지 등의 문제에 대해서는 정확하게 설명하지 못했다. 이 문제에 대해 케플러는 우주는 자성을 띤 존재라고 주장한 영국의 윌리엄 길버트의 이론을 이용하여 태양이 거대한 자석이기 때문에 행성을 밀고 당기면서 타원 궤도를 유지시킨다고 생각했으나 명확한 결론에 도달하지는 못했다. 결국 케플러는 죽을 때까지 그가 제시한 세 가지 법칙들이 성립하는 이유에 대해 명료한 설명을 제공하지 못했다. 이러한 문제들을 해결하기 위해서는 역학적 설명이 뒷받침 되어야 했기 때문이다. 이 문제는 나중에 뉴턴에 의해서 해결되었다.

갈릴레오의 망원경

케플러가 티코 브라헤의 관측 자료를 토대로 코페르니쿠스의 체계를 수학적으로 완벽하게 만들어 가고 있을 때, 이탈리아에서는 갈릴레오가 새로운 방식으로 천문학을 연구하고 있었다. 갈릴레오는 르네상스의 중심지였던 이탈리아 피렌체의 한 예술가 집안에서 태어났다. 아버지 빈첸초 갈릴레이(Vincenzio Galilei, 1520-1591)는 음악가이자 악기 제작자였으며, 음악학에 대한 책을 쓴 학자였다. 아버지의 예술적 재능을 물려받은 갈릴레오는 데생에 큰 재능을 보여 어린 시절 미술 아카데미를 다니기도 했다. 젊은 시절에는 피사 대학에서 수학 강사를 하며 역학에 대해 연구했으며, 망원경이라는 새로운 기구에 대한 소식을 듣게 된 후부터 천문학 연구를 본격적으로 시작했다.

6-7. 갈릴레오 메디치 가문의 궁정 화가였던 Justus Sustermans가 그린 그림.

1609년 네덜란드에서 만들어진 망원경에 대한 소식을 들은 후 갈릴레오는 한층 더 성능이 개선된 망원경을 독자적으로 만들었다. 그는 망원경을 계속 개량해서 8배율 망원경을 만들었고, 이 8배율 망원경을 베네치아 총독과 의원들에게 보여주며 이것이 군사적으로 유용하다는 점을 강조했다. 갈릴레오는 이 기구를 총독에 바치는 대신 자신은 더 좋은 망원경을 만들기 위한 연구를 계속할 수 있게 되기를 희망한다고 간청했다. 그렇지만 그의 간청은 받아들여지지 않았다. 사실 1609년 여름에는 단순한 형태의 망원경이 이미 이탈리아에 넘쳐나고 있었다. 11월에 30배율 망원경을 제작하는 데 성공한 갈릴레오는 이 기구를 돈벌이 수단이 아닌 천문 관측기구로 사용하기 시작했다.

갈릴레오는 먼저 태양을 관측했고, 태양에 검은 점들이 존재한다는 사실을 확인했다. 갈릴레오는 이후 상당한 기간 동안 이 검은 점들의 변화를 추적하는 관측을 계속했고, 그 결과 이 점들의 모양뿐 아니라 위치도 불규칙하게 변한다는 사실을 알아냈다. 이 점들은 태양의 흑점이었다. 태양에 흑점이 있고, 그 흑점들이 불규칙하게 변화한다는 사실은 천상계가 어떠한 변화도 없는 완벽한 세계라는 아리스토텔레스의 설명과 배치되는 증거였다.

태양에 이어 갈릴레오는 달을 관측했다. 달 관측을 통해 그는 달의 표면이 울퉁불퉁하다는 사실을 발견했다. 아래의 그림은 갈릴레오가 달을 관찰하여 그려낸 스케치이다. 그림을 통해 확인되듯이 갈릴레오는 달의 밝은 부분과 어두운 면의 경계선이 울퉁불퉁하다는 것을 관측했다. 그는 또한 경계선 주변의 밝은 영역에서 어두운 점들을 볼 수 있었다. 이 점들은 모두 태양 빛이 오는 쪽을 향하고 있었다. 이

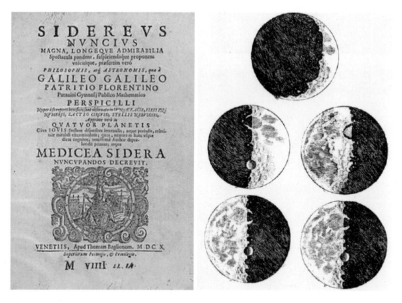

6-8. 갈릴레오의 『별의 전령』과 그가 관찰한 달의 그림 갈릴레오는 1610년에 출판된 『별의 전령』(Sidereus Nuncius) 속에 자신이 달의 표면을 관찰하여 그린 그림을 실어 놓았다.

는 태양이 막 떠오를 때 지구의 계곡에서 보이는 현상과 비슷했다. 마지막으로 갈릴레오는 경계선 주변의 어두운 영역에서 밝은 점들을 발견했는데, 이는 마치 높은 산봉우리가 빛을 받아서 밝게 빛나는 것과 흡사했다. 갈릴레오는 이 관찰 결과를 토대로 어두운 영역의 밝은 점의 높이를 계산해 보았다. 그 결과 밝은 점의 높이는 지구에 있는 가장 높은 산의 높이에 4배에 달했다. 이러한 관찰과 계산을 통해 갈릴레오는 달의 표면이 마치 지구처럼 산과 분화구, 계곡에 의해 울퉁불퉁한 모양을 하고 있다고 결론지었다.

이어 갈릴레오는 목성을 관측하기 시작했고, 목성의 주위를 도는 위성을 발견해냈다. 1610년 1월 목성은 지구에 매우 근접했고 저녁에 또렷하게 관찰되었다. 갈릴레오는 1월 7일에 목성을 관찰하고 목성의 뒤에 있는 세 개의 별을 추가로 관찰해서 목성의 위치를 점으로 찍어 두었다. 그런데 다음 날 목성을 관찰하니 목성이 동에서 서로 움직인 것이 아니라 그 반대 방향으로 움직이고 있었다. 게다가 1월 10일에는 세 개의 별 중에 두 개밖에 보이지 않았다. 갈릴레오는 이 흥미로운 현상을 며칠 동안 계속 관찰하다가, 자신이 별이라고 생각한 것이 목성의 주위를 도는 위성이며, 그 개수가 네 개임을 깨닫게 되었다. 이 네 개의 위성이 목성의 주위를 도는 주기는 제각각 이었고, 따라서 매일 다른 위치에서 관찰되면서 보였다 안 보였다 했던 것이다. 지구 주위를 달이 돌고, 태양 주위를 지구나 목성 같은 행성이 돌듯이, 목성 주위에는 네 개의 위성이 돌고 있었던 것이다.

또한 갈릴레오는 항성도 관측했다. 망원경으로 보았을 때 수성이나 금성 같은 행성의 모양새는 상당히 뚜렷한 정도로 드러났고, 심지어 가장 먼 행성인 토성의 모양새도 눈사람 모양으로 어렴풋이나마 드러났다. 하지만 우리가 별이라고 부르는 항성은 망원경으로 보아도 육안으로 보았을 때와 큰 차이가 없었다. 이런 관찰은 행성에 비해서 항성이 훨씬 더 멀리 떨어져 있다는 사실을 시사하는 것이었다. 이 관찰로부터 갈릴레오는 티코 브라헤의 시차 문제를 해결해 낼 수 있었다.

티코 브라헤는 시차가 0이라는 관측 결과를 토대로 코페르니쿠스의 체계가 틀렸다고 생각했었다. 하지만 갈릴레오는 티코 브라헤가 항성까지의 거리를 너무 가깝게 설정한 것이 문제였음을 지적했다. 갈릴레오의 의견에 따르면 앞의 연주 시차 그림에서 항성의 위치를 수백 배 더 먼 곳으로 이동시켜야 한다. 그렇게 되면 지구가 공전을 하더라도 시차를 관측하기 힘들어진다. 즉 시차가 0으로 관측되었던 것은 코페르니쿠스의 체계가 잘못되어서가 아니라 항성이 너무 멀리 있기 때문이다. 이를 통해 갈릴레오는 당시까지 설명되지 못했던 코페르니쿠스 체계에 대한 천문학적인 문제를 해결해 냈다. 이후 19세기에 망원경의 성능이 상당히 개량되면서 시차는 실제로 관측되었다. 이는 지구가 아닌 태양이 우주의 중심이라는 코페르니쿠스의 우주론에 더 유리한 증거였다.

갈릴레오는 은하수를 관찰해서 이것이 수많은 별의 무리임을 입증해 보일 수 있었다. 이 밖에도 그는 망원경을 통해 달과 마찬가지로 금성이 차고 기운다는 사실도 발견했다. 이 현상은 금성이 태양 주위를 돌 때만 관측될 수 있는 것이기 때문에 코페르니쿠스 체계를 뒷받침하는 또 하나의 증거가 되었다.

갈릴레오는 망원경을 통해 관측한 결과들을 한데 모아 1610년『별의 전령』(*Sidereus Nuncius*)이라는 책으로 발표했다. 이 책의 출판으로 갈릴레오는 유럽 전역에 알려지게 되었고, 저명한 천문학자로 인정받기 시작했다.

갈릴레오가 당시 살고 있던 피사는 메디치 가문의 통치를 받고 있었다. 메디치 가문은 은행업으로 부와 권력을 축적한 가문이었고, 실질적으로는 피렌체 지역을 다스리며 왕과 같은 권력을 누리고 있었다. 갈릴레오는 메디치 가문의 후원을 얻기 위해 노력하던 중 메디치 가문의 수호성이 목성이라는 점을 이용할 전략을 세웠다. 그는 목성의 위성을 발견한 후 이 발견을 메디치 가문과 연결시켰다. 수백 년 동안 많은 천문학자들이 목성을 관측했음에도 불구하고 다른 천문학자들은 목성의 위성들을 발견하지 못했다. 그러나 목성의 위성들은 갈릴레오에게 모습을 드러냈다. 갈릴레오는 이 발견의 의미에 대해 고민했고, 그 결과 목성이 원래 주인인 메디치 가문에 특별한 메시지를 전하려고 자신을 선택했다는 점을 깨닫게 되었다. 그래서 갈릴레오는 자신이 발견한 목성의 위성에 메디치의 별들이라는 이름 붙여 메디치 가문에 바쳤다. 갈릴레오 자신의 역할은 별의 메시지를 전달하는 '별의 전령'이었다.『별의 전령』의 서문은 이러한 내용을 담고 있었다.

메디치 가문은 이 새로운 발견에 큰 흥미를 보였으며, 결국 갈릴레오의 헌상을 받아들이고 그를 메디치 가문의 궁정 철학자 겸 수학자로 임명했다. 수학 강사였던 갈릴레오는 이 발견을 계기로 이탈리아에서 가장 주목받는 궁정의 학자로 승격될 수 있었다.

이렇게 메디치 가문에서 궁정 철학자의 지위를 얻게 된 갈릴레오는 본격적으로 코페르니쿠스를 옹호하는 연구를 진행했다. 우선 그는 달을 더 면밀히 관찰하여 달이 매끄러운 하늘의 구체라는 아리스토텔레스의 주장을 공격했다. 이어 그는 지구와 닮은 달이 움직일 수 있다면 지구가 움직이지 못할 이유가 있느냐고 반문했다. 또한 목성의 위성들의 궤도를 찾아내서 유일하게 지구와 달만이 한 쌍을 이룬다는 주장도 반박했다.

하지만 망원경을 통해서 관측된 결과들은 모든 프톨레마이오스주의자들을 설득하지 못했다. 왜냐하면 갈릴레오의 망원경에 드러난 이미지는 너무 흐릿해 모호했기 때문이다. 가끔 이미지가 명확하게 드러나는 경우에도 아리스토텔레스주의자들은 하찮은 속세의 망원경 따위가 거룩한 우주의 완벽함을 보여줄 수는 없다고 반박했다.

코페르니쿠스 체계에 대한 지지를 이끌어내기에 망원경 관측 결과만으로는 부족했다고 생각한 갈릴레오는 논리적인 설득의 필요성을 느꼈다. 그래서 갈릴레오는 자신의 천문 관측 결과와 연구를 종합한 책을 집필하기 시작했다. 이렇게 해서 출판된 책이 대화 형식으로 만들어진 『두 가지 우주 체계에 관한 대화』(*Dialogo dei Due Massimi Sistemi del Mondo*, 1632, 이하 줄여서 『대화』)이다.

갈릴레오는 망원경을 통해 새롭게 얻어낸 관측 결과들을 통해 그동안 굳게 믿었던 프톨레마이오스 우주 체계에 많은 오류가 있다는 사실을 널리 알리는 데 기여했다. 특히 그는 이탈리아어로 된 대화체를 이용하고, 삽화를 추가하는 방식으로 책을 써서 대중에게 코페르니쿠스 체계를 널리 전파했다. 코페르니쿠스 우주 체계를 천문학자들의 관심사에서 일반인들의 관심사로 확장시킨 장본인은 바로 갈릴레오였다.

07

역학의 혁명

갈릴레오와 운동의 상대성

역학혁명은 코페르니쿠스 체계가 제안된 후 스콜라 학자들이 가한 비판을 해결하기 위해 연구를 진행한 갈릴레오부터 시작되었다. 스콜라 학자들은 코페르니쿠스가 도입했던 지구의 자전과 관련해서 상식에 맞지 않고 실제 경험과도 일치하지 않는다는 점을 들어 비판했었고, 이러한 종류의 비판은 새로운 운동학적 설명에 의해서 해명되어야만 했다. 『대화』를 출판하면서 코페르니쿠스의 천문학을 옹호했다가 종교재판에서 유죄 판결을 받게 된 갈릴레오는 말년에 역학에 대한 연구를 정리하는 마지막 저서인 『두 가지 새로운 과학』(*Discorsie Dimostrazioni Matematiche, Intorno a Due Nuove Scienze*, 1638)을 출판했다. 이 책에서 갈릴레오는 운동학적 설명을 통해 코페르니쿠스를 지지하는 우회적인 방법을 택했고, 이러한 논의는 역학혁명의 출발점이 되었다.

1590년대 피사 대학에서 수학 강사로 재직하던 시절 갈릴레오는 아리스토텔레스의 운동론에 대해 비판적으로 고민하기 시작했다. 아리스토텔레스의 운동론에 따르자면 세상에서 일어나는 운동의 대부분은 외부의 원인이 작용해서 일어나는 강제된 운동이다. 아리스토텔레스는 원인이 있다면 반드시 그 결과로 운동이 일어나야 하고, 반대로 운동이 있다면 반드시 원인이 존재해야 한다고 설명했다. 따라서 아리스토텔레스의 운동론에서 가장 중요한 질문은 운동을 일으키는 원인이 무엇인지를 규명하는 것이 되었다. 만약 원인이 없다면 운동은 일어날 수 없다. 즉 정지 상태를 유지하게 된다. 그러므로 운동과 정지는 절대적으로 구분되는 정반대의 상태이자 개념이었다. 이것이 아리스토텔레스 운동론의 기본적인 원칙이었다.

갈릴레오는 이러한 아리스토텔레스 운동론의 기본 원칙에 의문을 제기했다. 그는 운동과 정지 상태가 절대적으로 구분되는 것은 아니라고 보았으며, 그렇기 때문에 운동을 설명함에 있어서 반드시 운동의 원인 규명이 필요하다고 생각하지도 않았다. 갈릴레오의 이러한 생각의 바탕에는 운동의 상대성이라는 새로운 개념이 있었다. 운동의 상대성을 이해하기 위해 다음과 같은 상황을 가정해 보자. 지구에는 사람이, 달에는 외계인이 각각 멈추어 서 있다. 이 두 명은 멀리서 서로를 바라보고 있다. 우선 달에 서 있는 외계인은 스스로에 대해 움직임 없이 정지해 있다고 생각할 것이다. 이 외계인이 지구를 바라보자 저쪽에 있는 지구인이 지구와 함께 빠르게 서쪽에서 동쪽으로 회전하고 있는 것이 보인다. 반면에 지구에 서 있는 사람은 스스로에 대하여 가만히 정지해 있다고 생각할 것이다. 하지만 이 지구인이 또한 달을 본 순간 그의 눈에는 달과 함께 동에서 서로 움직이는 외계인이 관찰될 것이다. 이 상황을 정리해 보자. 분명 한 순간에 관찰된 상황임에도 불구하고 외계인과 지구인은 서로의 상태에 대해 상당히 다른 관찰을 하고 있다. 외계인은 지구인이 서에서 동으로 회전하는 운동을 하고 있다고 관찰하나 지구인은 스스로가 정지해 있다고 느낀다. 반대로 지구인은 외계인이 동에서 서로 이동 중이라고 관찰한다. 이때에 외계인은 스스로에 대해서는 정지해 있다고 생각한다. 즉 동일한 순간임에도 불구하고 운동과 정지, 심지어는 운동의 방향까지도 다양하게 인식되고 있는 것이다. 이러한 상황을 가정했던 갈릴레오는 운동과 정지는 절대적인 기준에 의해 구분되는 것이 아니라 누가 누구를 보느냐에 따라 결정되는 상대적인 개념일 뿐이라고 주장했다.

운동과 정지가 상대적으로 결정된다는 주장은 운동에 원인이 반드시 필요하고 원인이 없다면 정지 상태가 유지된다는 아리스토텔레스 운동론의 근본적 토대를 흔들어 놓았다. 이제 운동을 설명함에 있어서 원인 찾기는 의미 없는 질문이 되어 버렸다. 운동의 상대성을 도입하게 되면서 원인이 무엇인가가 아닌 어떤 방향으로 어떤 속도로 운동이 관찰되는가라는 질문이 중요해졌다. 근대 역학에서 중요한 질문은 운동에 대한 수학적인 기술(記述, description)로 변한 것이다. 이와 같이 갈릴레오는 운동이 왜(why) 일어나는가에 대한 원인을 찾는 아리스토텔레스의 운동론을 반박하고, 운동을 어떻게(how) 설명할 수 있는가에 대한 수학적 질문을 역학의 기본 문제로 바꾸어 놓았다.

운동을 수학적으로 규명하고자 했던 갈릴레오의 생각은 자유 낙하운동에 대한 그의 설명에서 잘 드러난다. 갈릴레오는 물체가 높은 곳에서 떨어질 때 시간과 이동 거리 사이의 관계를 확인하기 위해 낙하 실험을 수행했다. 그는 시간 단위당 물체가 얼마나 움직이는지를 정밀하게 측정했다. 수차례에 걸친 실험에서 얻어진 결과는 시간 단위 당 이동 거리가 1, 3, 5, 7, 9로 증가한다는 것이었다. 이 결과를 다시 정리하면 처음 1초 동안 이동한 거리는 $1=1^2$이고, 2초 동안 이동한 총 거리는 $1+3=2^2$이며, 3초 동안 이동한 총 거리는 $1+3+5=3^2$이 된다. 갈릴레오는 이 관계로부터 자유 낙하하는 물체의 이동 거리는 소요된 시간의 제곱에 비례하여 증가한다는 결론, $d \propto t^2$을 이끌어냈다. 이처럼 실험을 통해 자료를 모으고 이를 수학적으로 분석하여 규명하는 방식은 다른 문제들을 해결할 때도 많이 사용되면서 갈릴레오 역학연구의 특징이 되었다.

위의 자유 낙하의 결론을 잠시 다시 살펴보자. $d \propto t^2$라는 수식은 낙하 거리가 시간의 제곱에만 비례하는 점을 보여주고 있다. 위의 식을 약간 변형하면 $t \propto \sqrt{d}$ 이 되는데, 이 식에서 떨어지는 물체의 무게에 해당하는 요소는 전혀 등장하지 않는다. 이는 떨어지는 데 걸리는 시간은 낙하 높이에만 관계되며, 무게와는 무관하다는 뜻이다. 이로부터 갈릴레오는 같은 높이에서 떨어질 경우 걸리는 시간은 물체의 무게와 상관없이 동일하다는 결론을 주장했다. 이는 무거운 물체나 가벼운 물체나 동시에 떨어진다는 주장이었다. 갈릴레오는 이 결론을 피사의 사탑에서 물체를 떨어뜨려 보았던 유명한 실험을 통해서도 확인했다.

아리스토텔레스에 따르면 물체의 무거움과 가벼움은 그 물체를 구성하는 원소의 종류와 양에 의해 결정되었다. 그 자체로 무거운 흙 원소를 많이 포함하고 있는 물체는 무겁고, 가벼운 원소를 포함하고 있거나 흙 원소를 조금밖에 포함하고 있지 않은 물체는 가볍다. 흙 원소의 자연스러운 위치는 가장 아래쪽이었고, 따라서 흙 원소는 아래로 향하는 경향을 가진다. 결국 아리스토텔레스의 운동론과 물질론에 따르자면 무거운 물체는 흙 원소를 많이 포함하고 있기 때문에 아래로 향하는 경향이 크고, 결과적으로 아래로 향하는 경향이 작은 가벼운 물체에 비해 빨리 떨어져야 한다. 하지만 갈릴레오가 얻어낸 결론은 무거운 물체와 가벼운 물체가 동시에 떨어진다는 것이었다. 이 결론은 아래로 내려가는 경향을 가진 흙 원소로는 더 이상 물체의 낙하운동을 설명하지 못하게 되었음을 의미했다. 무엇 때문에 물체가 떨어지게 되는가에 대한 또 다른 설명이 필요하게 된 것이다. 이 문제는 갈릴레오가 죽은 뒤 약 30년 후 뉴턴이 만유인력의 법칙을 제안하면서 해결했다.

한편 갈릴레오는 역학에서 중요한 개념 중 하나인 관성 개념도 제시했다. 관성이란 외부에서 물체에 힘이 작용하지 않는다면 물체가 운동 상태를 지속하는 성질을 말한다. 정지해 있는 물체는 계속 정지해 있고, 운동하던 물체는 운동하는 상태를 계속 유지한다는 것이다. 이 개념을 제안하게 되는 과정에서 갈릴레오는 한 가지 실험을 수행했다. 갈릴레오는 마찰이 전혀 없이 양쪽으로 구부러져 있는 빗면과 마찰을 받지 않을 단단하고 매끄러운 공을 가정했다. 그는 마찰이 전혀 없을 경우 공을 굴리면 한쪽 면에서 굴러 내려간 공은 반대편 빗면을 거슬러 올라가 처음과 같은 높이까지 올라간다. 갈릴레오는 반대편 빗면의 경사를 조금씩 낮추어 보며 같은 실험을 반복했다. 실험의 결과는 굴러 내려간 공은 반대편 빗면의 경사와 무관하게 처음과 동일한 높이까지 올라간다는 것이었다. 마지막으로 갈릴레오는 한쪽 경사면을 수평면과 같이 낮추면 어떻게 되는가를 관찰했다. 이 관찰에서 갈릴레오는 굴러 내려간 공이 멈추지 않고 계속 운동한다는 것을 알아냈다. 이 사실로부터 갈릴레오는 굴러가기 시작한 공이 매끄러운 지표면에서는 어떻게 운동할 것인가를 예측했다. 매끄러운 지표면으로 굴러간 공은 방해물이 없다면 동일한 속도와 운동 방향을 유지하며 계속해서 움직인다는 것이 갈릴레오의 결론이었다. 움직이는 물체는 외부에서 힘이 작용하지 않는다면 지표면을 따라 운동을 지속한다는 갈릴레오식의 관성 개념은 이렇게 제안되었다.

그런데 위의 관성 개념을 제시하면서 갈릴레오는 움직이는 물체가 지구의 표면을 따라 곡선, 즉 원을 그리며 운동한다고 보았다. 갈릴레오는 지평선은 엄밀히 말하면 직선이 아니라 원 모양의 지구 표면의 일부라고 보았기 때문이었다. 사실 이러한 점 때문에 갈릴레오는 관성 개념의 중요한 요소들은 모두 지적했음에도 불구하고 관성의 발견자로 인정받지는 못한다. 정확한 관성 개념은 갈릴레오의 개념을 발전시킨 데카르트에 의해 제안되었다.

한편 위의 관성 개념을 제안할 때 갈릴레오가 수행했다고 말하는 실험을 사고실험이라 부른다. 사고실험이란 말 그대로 머릿속에서 생각으로 진행하는 실험을 의미한다. 사고실험에서는 필요한 장치와 조건들을 가정한 뒤 일어날 현상을 예측한다. 앞의 실험에서 마찰

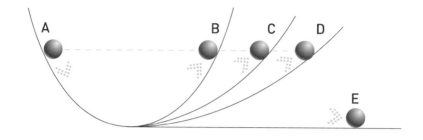

7-1. 갈릴레오의 사고실험 모형 갈릴레오가 관성 개념을 얻어낼 때 수행한 사고실험의 과정을 보여주는 모형.

이 전혀 없는 빗면과 공을 실제로 만들어 내기는 불가능하다. 따라서 실제로 빗면에서 공을 굴릴 경우 갈릴레오가 말한 대로의 결과는 나오지 않는다. 그렇기 때문에 갈릴레오의 실제 실험 수행 여부에 대해서는 많은 이견이 존재했다. '갈릴레오의 실험이 가능한가?', '갈릴레오는 정말로 실험을 정말 수행했는가?' 등의 질문들이 제기되었으며, 이에 대한 다양한 의견들이 제시되었다. 하지만 갈릴레오의 수많은 노트들이 발견되면서 갈릴레오가 많은 실험들을 직접 수행했던 것으로 확인되었다. 갈릴레오의 실험 노트를 통해 추론해 볼 수 있는 것은 그가 많은 실험들을 직접 수행한 결과를 토대로 이상적인 조건을 가정했고, 그것을 다시 사고 실험 과정을 통해 수학적 논증의 형식으로 제시했다는 점이다. 수많은 실험을 수행했고, 시행착오를 통해 이상화된 조건을 만들고, 이상화된 조건을 가정한 사고 실험으로 통해 설득력을 높이고, 그 결과를 수학적인 분석을 통해 논증한 방법은 이후 역학 문제를 연구함에 있어 중요한 방법론으로 자리 잡았다.

기계적 철학자들의 기여: 데카르트와 회이헨스

앞서 살펴보았던 갈릴레오는 역학 혁명의 시작을 알렸지만, 아리스토텔레스 체계에서 완전히 벗어나지는 못했다. 물론 갈릴레오는 운동의 상대성을 비롯하여 많은 새로운 발견을 제시하였으나 관성 개념을 등속원운동에 바탕해서 제안했듯 아리스토텔레스의 자연스러운 원운동을 고수하는 모습을 보이기도 했다. 하지만 역학 혁명의 과정에서 갈릴레오의 연구를 이어받은 데카르트는 훨씬 더 적극적인 방식으로 아리스토텔레스의 운동론을 대체했다.

데카르트 역학의 출발점은 그의 기계적 철학이었다. 데카르트는 세계의 다양한 존재와 현상을 정신 영역과 물질 영역이라는 두 범주로 나누어 구분했고, 자연에 대해 탐구할 때에는 정신 영역을 배제했다. 데카르트의 관심사인 물질 영역을 구성하는 최소 단위는 형태와 크기가 다른 입자들이다. 따라서 물질 영역에 속하는 자연 세계의 변화를 이해하기 위해서는 입자들이 만들어 낸 물질의 외연과 운동만을 파악하면 된다. 여기서 외연과 운동은 모두 수학적으로 표현 가능한 양이다. 다시 말하면 데카르트의 기계적 철학의 근본 요소는 물질(matter)과 운동(motion), 그리고 이에 대한 수학적 분석이었다.

데카르트가 생각한 세계는 미세한 입자들로 꽉 차 있었다. 그는 이 같은 세계에서 어떻게 운동이 일어나는가를 규명하고자 했다. 데카르트의 물질은 불활성이므로 물질 자체가 운동의 원인이 될 수는 없었다. 입자들은 외부에서 충격이 가해질 때에만 움직일 수 있다. 그런데 외부에서 충격을 가하는 것 또한 다른 입자이므로, 결국 운동은 입자들끼리의 충돌에 의해서만 일어날 수 있다. 데카르트는 다음 질문으로 충돌에 의해 시작된 운동이 어떻게 지속될 수 있는지를 물었다. 이에 대한 답으로 그는 관성 개념을 제시했다. 관성은 외부의 작용이 없다면 물체가 자신의 상태를 그대로 유지하려는 경향을 말한다. 즉 관성은 정지 상태에 있던 물체는 계속 정지 상태를 유지하려하고 운동 상태에 있던 물체는 계속 운동 상태를 유지하려는 경향이다. 특히 데카르트는 이 관성이 작용하는 방향으로 직선 방향을 제시했다.

다음으로 데카르트가 해명해야 할 문제는 충돌이 일어나는 순간에 운동이 어떻게 전달되는가를 규명하는 것이었다. 관성에 의해 직선 방향으로 진행하는 물체는 다른 물체에 충돌함으로써 새로운 운동을 일으키기 때문이다. 데카르트는 물체의 속도, 무게, 운동방향이 제각각 다른 다양한 경우를 가정해서 충돌이 일어날 때 운동이 어떻게 전달되는가를 정리한 7개의 충돌법칙을 제시했다. 이 법칙들을 제시하는 과정에서 데카르트는 충돌에 의해 작용을 가하는 물체와 작용을 받는 물체의 운동의 양이 일정하게 유지된다고 생각했다. 또 그는 운동의 양을 물체의 양과 속력의 곱(mv)으로 정의했다.

데카르트는 『철학의 원리』에서 자신의 사상을 정리하여 물질로 꽉 찬 공간에서는 다음과 같은 자연의 법칙(law of nature)이 성립한다고 주장했다.

첫째, 모든 물체는 다른 것이 그 상태를 변화시키지 않은 한 똑같은 상태에 남아 있으려 한다.

둘째, 운동하는 물체는 직선으로 그 운동을 계속하려 한다.

셋째, 운동하는 물체가 자신보다 강한 것에 부딪치면 그 운동을 잃지 않고, 약한 것에 부딪쳐서 그것을 움직이게 하면 그것에 준만큼의 운동을 잃는다.

첫 번째와 두 번째 법칙은 뉴턴에 이르러 관성의 법칙으로 통합된다. 세 번째 법칙은 운동의 양의 보존을 나타내는 법칙으로 데카르트는 이 법칙들에 기초해서 빛, 중력, 천체의 운동, 인체의 작용 등을 포함한 전 우주의 현상을 물질입자와 그 운동을 통해 설명했다.

데카르트의 관성은 아리스토텔레스부터 갈릴레오에 이르기까지 고집되어 왔던 원운동 대신 직선운동을 가장 중요한 운동으로 격상시켰다. 관성에 의해 일어나는 직선운동은 특별한 외부의 작용이 없이도 일어나는 운동, 아리스토텔레스 식으로 표현하자면 자연스러운 운동이 되었다. 자연에서 일어나는 기본적인 운동이 직선운동이라면 이제는 휘어져서 도는 원운동에 대한 설명이 필요하게 되었다.

데카르트 이후의 역학 연구자들은 원운동에 대한 본격적인 분석과 설명을 시도했다. 이들 중 중요한 성과를 낸 인물은 기계적 철학을 받아들이며 데카르트를 추종했던 네덜란드의 회이헨스(Christiaan Huygens, 1629-1695)이다. 회이헨스는 젊은 시절 네덜란드의 여러 학자들과 교류하면서 데카르트의 사상 체계를 접할 수 있었다. 기계적 철학에 입각한 데카르트의 많은 업적들 중 회이헨스가 관심을 가졌던 부분은 데카르트에 의해 자연스런 운동의 지위를 상실하게 된 원운동이었다.

비록 자연스러운 운동의 지위를 상실하게 되었지만 데카르트에게 원운동은 중요했다. 직선 관성 운동의 개념을 가지고 있었던 데카르트에게 원운동은 자연스런 운동도, 관성 운동도 아니었지만 여전히 탐구의 대상이었다. 데카르트의 우주는 물질로 꽉 찬 유한한 물질공간이었고 유한하기 때문에 결국에는 순환적 형태의 운동이 일어날 수밖에 없었기 때문이다.

원운동에 대한 데카르트의 관심은 주로 원운동 하는 물체가 지닌 원심적 경향(centrifugal tendency)에 집중되었다. 데카르트는 줄에 묶여 회전하던 물체가 줄의 속박에서 벗어나면 원운동을 계속하지 않고 접선 방향으로 벗어나게 되는 것을 이를 원심적 경향이라고 불렀다. 회이헌스는 데카르트의 원심적 경향을 원심력이라는 새로운 용어를 사용해 부르며 이에 대한 수학적 규명을 시도했다. 그는 원운동 하는 물체의 원심력을 접선 방향으로 운동하기 위해 원에서 벗어나려고 하는 물체의 직선 관성에 기인하는 힘이라고 생각했으며, 이 원심력의 크기를 수학적으로 표현했다. 회이헌스에 의해 제시된 원심력은 물질의 양과 속도의 제곱에 비례하고 원의 반지름에 반비례하는 힘이었다.

회이헌스의 원심력에 대한 고찰은 데카르트식 기계적 철학의 중요한 문제를 해결했다는 의의와 함께 원운동을 특별한 힘이 작용한 결과로 만들어지는 운동으로 해석했다는 의의도 가진다. 이제 원운동은 원심력과 같은 특별한 힘이 작용한 결과로 일어나는 운동이지 에테르의 성질에 의해 자연스럽게 일어나는 운동이 아니게 된 것이다. 이와 더불어 회이헌스는 그 이후의 역학 연구자가 새로운 힘들에 대해 연구할 때 고려해야 할 중요한 힌트를 한 가지 제공했다. 거리에 반비례하는 힘, 이 개념은 거리 제곱, 거리 세제곱으로 변형되어 많은 연구자들에게 새로운 힘을 도입할 가능성을 열어 주었다. 이 중 거리

제곱에 반비례하는 힘을 도입하여 역학 혁명뿐만 아니라 천문학 혁명을 완성시킨 인물이 바로 뉴턴이었다.

천문학과 역학 혁명의 완성: 뉴턴

코페르니쿠스의 『천구의 회전에 관하여』가 출간된 이래 약 150년에 걸쳐 진행된 과학혁명은 뉴턴에 이르러 완성된다. 그래서 우리는 뉴턴을 천문학 혁명의 완성자, 역학 혁명의 완성자, 과학혁명의 완성자라고 일컫는다. 뉴턴은 1687년에 출판한 『자연철학의 수학적 원리』(*Philosophiae Naturalis Principia Mathematica*, 이하 『프린키피아』)에서 이전에

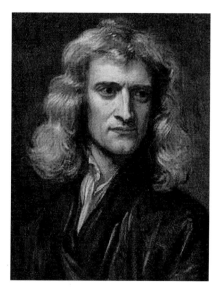

7-2. 아이작 뉴턴 당시 영국의 대표적인 초상화 작가였던 Godfrey Kneller가 1689년에 그린 46세 때의 뉴턴의 모습.

활약했던 학자들의 연구 성과를 체계적으로 정리하고, 그에 대한 수학적 증명을 제공함으로써 고전 역학의 체계를 완성했다. 약 15년 후 뉴턴은 그의 두 번째 저서인 『광학』(*Opticks*, 1704)을 출판했다. 빛과 색깔에 대한 연구를 정리한 『광학』은 과학혁명기 내내 그 중요성이 강조되어 왔던 실험적 방법을 적극적으로 채용한 책이었다. 뉴턴은

이 두 권의 저서를 통해 근대 과학의 형성에 토대를 닦았고, 이후 연구될 자연철학의 방향을 설정해 주었던 중요한 인물이었다.

뉴턴은 1642년 영국에서 소지주의 아들로 태어났다. 하지만 뉴턴이 태어나기 직전 그의 아버지가 사망했고, 어머니 역시 뉴턴이 2세가 되던 해에 재혼을 하게 되었기 때문에 그는 어린 시절 약 10년간을 할머니와 함께 살았다. 뉴턴이 13세 되던 해 그의 새아버지가 세상을 떠났고, 이후 뉴턴은 다시 어머니와 함께 생활할 수 있었다. 뉴턴은 1661년 케임브리지 트리니티 칼리지에 입학하면서부터 본격적인 자연철학 공부를 시작했다. 대학에서 공부를 하는 동안 뉴턴은 케플러나 갈릴레오의 천문학과 역학 저서들을 꼼꼼히 읽으며 공부했고, 수학에 대해서도 큰 관심을 보였다. 이 당시 뉴턴을 눈여겨 본 사람은 당시 트리니티 칼리지의 수학 교수였던 아이작 배로우(Isaac Barrow, 1630-1677)였다. 배로우는 적분과 관련된 수학 연구를 많이 한 사람이었으며, 자신의 강의를 듣던 뉴턴의 수학적 재능을 간파했다. 배로우는 뉴턴을 불러 본격적인 수학 공부를 시키기 시작했다. 배로우는 뉴턴에게 당시에 새롭게 제안되고 있던 수학, 특히 데카르트의 새로운 수학적 주장이 담겨있는 『기하학』을 정독할 것을 권유했다. 데카르트의 『기하학』은 대수와 기하학을 융합한 새로운 형태의 수학을 제안한 책으로 당시에 그 내용이 어렵기로 정평이 나 있었다. 뉴턴은 이렇듯 그의 대학 시절을 여러 천문학자, 수학자, 자연철학자들의 업적을 학습하며 보냈다. 그리고 이 과정에서 뉴턴은 당시에 논란이 되고 있는 문제가 무엇인지를 파악했고, 그 문제를 풀어낼 수 있는 다양한 가능성에 대해 고민했다.

그러던 중 1665년에 케임브리지 대학 주변에 전염병이 발생했다. 대학 당국은 전염병의 확산을 막기 위해 학교를 폐쇄하고 모든 학생을 집으로 돌려보냈다. 고향으로 돌아온 뉴턴은 약 1년 반 동안 집에 머물며 혼자서 다양한 문제들에 대한 연구를 계속했다. 과학사학자들은 1665년부터 1666년에 이르는 뉴턴이 고향집에 머물렀던 기간을 '기적의 해'라고 부른다. 이 기간 동안 뉴턴은 당시 천문학계의 문제였던 케플러 법칙에 대한 설명을 고민하던 중 서로 끌어당기는 힘, 즉 만유인력에 의해 이 문제를 풀어 낼 수 있을 것이라는 생각을 했다. 또한 뉴턴은 데카르트의 기계적 철학에서 빛의 작용을 설명한 내용을 고민하던 중 빛의 본성에 대한 생각을 발전시켰고, 미분과 적분에 대한 연구를 통해 이 두 연산법이 밀접한 관련을 가지고 있음을 알아냈다. 비록 완벽한 형태로 정리된 지식은 아니었지만 이 기적의 해에 뉴턴은 만유인력의 발견, 백색광의 분리, 미적분학의 발견의 토대가 될 생각들을 떠올렸던 것이다.

전염병이 잠잠해진 후 뉴턴은 다시 대학으로 돌아갔다. 대학에 복귀한 지 얼마 되지 않아 뉴턴은 1669년에 수학 교수가 되었다. 뉴턴의 선생이었던 배로우는 신학 연구에 몰두하겠다며 대학에 사직서를 제출했고, 이때 뉴턴을 자신의 후임으로 추천했다. 이 추천이 받아들여지면서 뉴턴은 학사 학위를 받은 지 1년 만에 27세의 젊은 나이로 '루카스 수학 석좌교수'(Lucassian professor of mathematics)로 임명되었다. 케임브리지 대학의 교수가 된 후 뉴턴은 설립된 지 얼마 안 된 영국의 과학 단체인 왕립학회에 참여하면서 학자로서의 활동 반경을 넓혀 가기 시작했다.

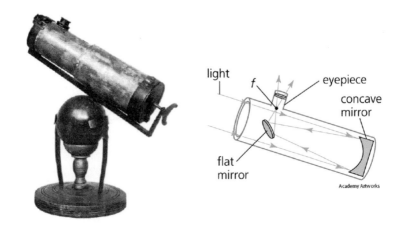

light   f   eyepiece

concave
mirror

flat
mirror

Academy Artworks

7-6. 뉴턴의 반사망원경과 그 원리 1730년에 출판된 뉴턴의 『광학』 165쪽에 실려 있는 뉴턴의
반사망원경과 그 원리를 보여주는 그림.

    왕립학회에 제출한 뉴턴의 첫 공식적인 과학적 성과는 반사망원경
에 대한 연구였다. 갈릴레오에 의해 새롭게 천문관측 기구로 사용되
기 시작한 망원경은 이후 꾸준하게 개량되었다. 하지만 배율이 증가
됨에 따라 예상치 못했던 문제가 발생했는데, 그 문제는 바로 상의 가
장자리가 흐릿하게 번지는 색수차 현상이었다. 색수차 현상은 빛이
망원경의 렌즈를 통과하며 굴절되기 때문에 생기는 현상으로 굴절
률이 클수록, 즉 망원경의 배율이 향상될수록 더 심각해졌다. 뉴턴은
이 색수차 문제를 해결하기 위해 거울을 사용한 망원경을 제작했는
데, 이 망원경이 반사망원경이었다. 왕립학회의 회원들은 뉴턴의 반
사망원경을 높게 평가했으며, 그 공로를 인정해 그를 회원으로 맞이
했다.

    뉴턴은 왕립학회의 회원이 된 후 반사망원경을 제작할 때 이론적
기초가 되었던 빛의 굴절 현상에 대한 광학 논문을 발표했다. 회원

들 앞에서 직접 발표한 논문에서 뉴턴은 백색광이 굴절률이 다른 7가지 색깔로 구성되어 있다는 점과 7가지의 색깔은 고유한 굴절률을 가진다는 점을 주장했다. 하지만 이 발표가 끝난 후 당시 왕립학회에서 실험에 관한 일을 전담하던 로버트 후크(Robert Hooke, 1635-1703)는 뉴턴의 발표 내용에 대해 격렬한 비판을 쏟아 냈다. 후크는 뉴턴의 실험이 잘못된 방식으로 수행되었다고 비판했으며, 그렇기 때문에 뉴턴의 최종 결론도 믿을 만하지 못하다고 주장했다. 이미 상당한 명성을 얻고 있던 선배 과학자 후크의 비판에 뉴턴은 제대로 대응을 하지 못했고, 왕립학회의 회원들도 후크의 비판에 수긍하는 분위기였다. 이 일이 있은 후 뉴턴은 다시는 왕립학회에 참석하지 않으리라 다짐하며 홀로 연구를 진행했다.

1680년을 전후한 기간에 뉴턴은 공식적인 외부 활동을 하지 않으며, 강의와 연구에만 몰두했다. 이 기간 동안 그는 자신이 기적의 해에 생각했던 내용들을 발전시켰으며, 연금술에 대해서도 많은 실험과 연구를 수행했다. 이렇게 뉴턴이 홀로 연구에 몰두하던 1684년 뉴턴과 친한 천문학자였던 에드먼드 핼리(Edmond Halley, 1656-1742)가 뉴턴을 방문했다. 서로의 안부를 묻는 것으로 시작된 이들의 대화는 결국 당시 과학계의 문제로 옮아갔다. 핼리는 당시 많은 학자들이 거리나 거리 제곱에 반비례하는 힘을 사용해 여러 문제를 공략하려 한다는 점을 말한 후 "만약 두 물체 사이에 거리 제곱에 반비례하는 끌어당기는 힘이 작용한다면 물체의 궤적은 어떻게 될까?"라는 질문을 던졌다. 이 질문을 들은 뉴턴은 바로 "타원이다"라고 대답했다. 매우 놀란 핼리는 어떻게 그 결과를 아느냐 뉴턴에게 물었고, 뉴

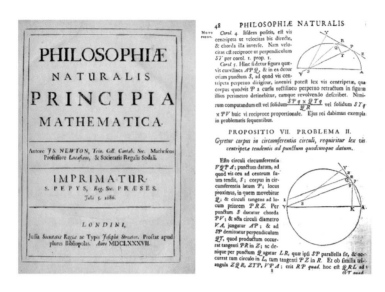

7-3. 『프린키피아』 왼쪽은 1687년 출판된 뉴턴의 『프린키피아』. 사진에서 보듯 원래 제목은 『자연철학의 수학적 원리』이다. 오른쪽은 1726년판 『프린키피아』의 한 부분. 라틴어로 출판된 이 책에서 뉴턴은 기하학을 많이 사용했다.

턴은 자신이 이미 한참 전에 그 계산을 해보았다고 말했다. 핼리는 그 계산 내용을 보여 달라고 뉴턴에게 요구했지만 뉴턴은 그 노트가 어디에 있는지 모르겠다며 새로 계산을 해서 편지로 보내주겠다고 답했다. 반신반의하며 집으로 돌아왔던 핼리에게 정말로 얼마 후 뉴턴이 보낸 편지가 도착했다. 그 편지에는 거리 제곱에 반비례하여 끌어당기는 새로운 힘, 즉 만유인력이라는 개념을 도입해 케플러의 타원 궤도 법칙을 설명한 내용이 들어 있었다.

　뉴턴의 편지를 받은 후 핼리는 바로 뉴턴을 찾아가 그 내용에 대한 출판을 권유했다. 왕립학회에서의 불쾌한 경험이 아직도 생생했던 뉴턴은 새로운 힘을 도입해 발표를 해 보았자 내용을 제대로 이해도 못한 사람들이 비판만 늘어놓을 것이라고 우려하며 난색을 표했다. 핼리는 자신이 왕립학회에 가서 내용을 소개하고 회원들을 설득해서 출판을 준비하겠다고 말하며 뉴턴을 설득했다. 결국 뉴턴은 핼리의 제안에 따라 자신의 연구 성과를 체계적으로 소개한 책을 쓰기로 마음먹고 집필에 들어갔다. 3년 정도의 시간이 흐른 후 뉴턴의 원고는 완성되었고, 왕립학회에서 비용을 부담하여 그 원고는 결국 출판되었다. 이렇게 출판된 뉴턴의 첫 번째 저서가 『프린키피아』였다.

『프린키피아』는 총 세 권으로 구성된 방대한 분량의 책으로 여기에는 만유인력과 운동법칙은 물론, 코페르니쿠스와 갈릴레오 이후 제안된 다양한 천문학, 역학 문제들을 수학적인 증명을 통해 해결해낸 성과들이 담겨 있다. 제1권의 앞부분에서 뉴턴은 힘, 운동량 등 기본 개념에 대한 정의를 내리고 핵심 개념인 만유인력에 대해 설명했다. 만유인력은 일정한 거리를 두고 떨어져 있는 두 물체 사이에서 작용하는 인력으로 두 물체의 질량에 비례하지만 거리의 제곱에 반비례하는 힘으로 제시되었다. 이어 뉴턴은 세 가지 운동 법칙을 제시했다. 제1법칙은 관성의 법칙이다. 뉴턴은 데카르트가 제시한 자연 법칙 중 1, 2법칙을 통합하여 관성의 법칙으로 완성하였다. 제2법칙은 가속도의 법칙이다. 뉴턴은 "운동의 변화는 가해진 힘에 비례하며, 그 힘이 가해진 직선의 방향으로 나타난다."고 이 법칙을 설명했는데, 이는 오늘날 우리가 F=ma라고 해석하는 내용을 그 당시의 개념으로 표현한 것이었다. 제3법칙은 작용반작용의 법칙으로 모든 작용에 대하여 크기가 같고 방향이 반대인 반작용이 있다는 내용을 담고 있으며, 이는 뉴턴이 처음으로 제시했다.

이어지는 제1권의 본 내용에서 뉴턴은 저항이 없는 공간에서의 운동을 수학적으로 규명했다. 특히 만유인력과 케플러의 행성 운동 법칙들을 연결했다. 1권의 2절에서는 구심력에 대해 설명했고, 구심력과 만유인력의 영향을 받아 운동하는 물체는 케플러 제2법칙대로 동일한 시간에 동일한 면적을 휩쓸고 지나간다는 것을 증명했다. 이어 그는 중력이 거리의 제곱에 비례하여 감소한다면 케플러 제3법칙과 함께 그 역도 성립됨을 증명하였다. 케플러의 제3법칙이 옳다면 거리의 제곱에 반비례하는 뉴턴의 만유인력도 참이라는 것이었다.

제2권에서는 뉴턴은 저항이 있는 공간 안에서의 운동을 다루며, 입자로 꽉 찬 공간을 상정했던 데카르트에 대한 대안적인 설명을 제시했다. 뉴턴은 데카르트가 설정한 우주, 그리고 그 우주 안에서 소용돌이에 실려 움직이는 행성들의 운동에 대한 데카르트의 설명을 비판하면서, 행성들이 소용돌이에 실려 움직이는 것이 아니라 만유인력, 구심력, 원심력에 의해 타원 궤도를 유지하며 운동을 하게 된다는 점을 명백하게 언급한다.

제3권에서 뉴턴은 우주 체계에 대한 결론을 내렸다. 그는 지구 주위에서의 달의 운동, 태양 주위에서의 행성들의 운동, 목성 주위에서의 위성들의 운동이 케플러 제3법칙과 일치함을 보여주는 관찰 자료를 제시했다. 이어서 그는 제1권에서 도출한 결과들과 케플러 제3법칙을 이용하여 태양계에서 일어나는 여러 현상들을 설명했다. 특히 뉴턴은 달과 지구 사이의 대략적인 거리와 공전 주기를 통해 달을 궤도에 묶어 두는 힘을 계산해 냈다. 뉴턴은 갈릴레오의 낙하법칙을 활용하여 지표면 근처에서 물체를 낙하시키는 힘인 중력이 달을 궤도에 묶어 두는 힘과 동일하다는 점을 밝혀냈다. 이밖에도 뉴턴은 달과 지구 사이에 작용하는 인력으로 조석 현상을 비롯한 다양한 문제들을 설명했다.

『프린키피아』는 새로운 우주 체계에 대한 주장과 역학 이론들을 수학적으로 증명해냈다. 동일한 원리와 개념으로 천상계의 천문학 문제, 지상계의 역학 문제를 동시에 해결했고, 결과적으로 이 두 세계를 만유인력과 운동 법칙에 의해 지배받는 하나의 세계로 통합시켰다. 『프린키피아』 출판 이후 뉴턴이라는 케임브리지 대학의 수학 교수가 당대 자연철학계의

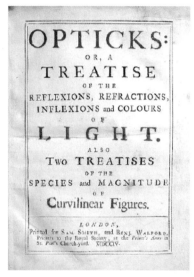

7-4. 뉴턴의 『광학』 1704년 출판된 『광학』의 표지. 프린키피아와 달리 뉴턴은 『광학』을 영어로 출판했다.

미해결 과제였던 케플러 법칙을 증명했다는 소문이 퍼져 나갔고, 새로운 힘과 법칙들에 대한 뉴턴의 설명에 감탄하며 열렬히 지지하는 사람들이 생겨나기 시작했다. 이로써 뉴턴은 갑자기 일약 스타 과학자의 반열에 올라가게 되었다. 뉴턴은 왕립학회에 다시 나가기 시작하며 지지자들을 늘려나갔고, 얼마 지나지 않아 의회에서 국회의원으로 활동하기도 했다. 그는 1696년에 화폐주조국장으로 임명되었으며, 이 직책을 죽을 때까지 유지했다. 이처럼 뉴턴의 명성은 과학계를 넘어 영국 사회 전반으로 퍼져나갔다.

뉴턴이 젊었던 시절에 그를 강하게 비판하면서 궁지에 몰았던 후크는 1703년에 사망했다. 후크가 병상에 누웠다는 소식을 들은 뉴턴은 예전에 후크로 인해 빛을 보지 못했던 자신의 빛에 대한 연구를 출판할 때가 되었다고 생각했다. 그는 예전에 자신이 수행했던 실험 노트들과 광학에 대한 강의를 하기 위해 준비했던 자료들을 모아 정리하기 시작했다. 결국 후크는 병상에서 일어나지 못하고 죽었으며, 후크의 사망 직후 뉴턴은 왕립학회의 새로운 회장으로 선출되었다. 뉴턴은 광학에 대한 연구 성과를 출판할 준비를 서둘렀으며, 이듬해에 그 결과물이 출판되었다.

　『프린키피아』의 저자로서의 명성과 왕립학회 회장이라는 명성을 뒤에 업고 출판된 뉴턴의 두 번째 저서는 바로 『광학』이다. 뉴턴은 『프린키피아』를 집필할 때 불필요한 논란을 피하기 위해 상당히 의도적으로 책의 내용과 형식을 어렵게 구성했었다. 내용을 정확히 이해할 수 있는 학자들만을 대상으로 라틴어로 서술했었고, 구체적인 내용도 기하학을 사용해 풀어 나갔다. 즉 『프린키피아』는 다분히 후크와 같은 비판자들을 염두에 두고 의도적으로 어렵게 쓴 책이었다. 이에 반해 후크도 사망했고, 왕립학회의 회장으로 선출되며 영국 과학계의 대표자가 된 이후에 출판된 『광학』은 보다 폭넓은 독자층을 염두에 두고 집필된 책이었다. 『광학』은 많은 독자가 읽을 수 있도록 영어로 서술되었으며, 수학이 아닌 실험적 접근법을 채택하고 있었다. 게다가 『광학』은 빛의 본성과 반사, 굴절 등의 현상을 보여주는 수많은 실험을 소개하고 그 실험 결과를 설명하는 내용을 담고 있었다. 뉴턴은 독자가 스스로 실험해 볼 수 있을 정도로 친절하게 실험

과정을 설명했으며, 실험 결과를 해석하면서 빛을 입자로 파악하는 자신의 입장을 덧붙였다. 물론 예전에 왕립학회에서 발표했다가 후크에게 강한 비판을 받았던 백색광이 7가지 색깔로 나뉜다는 실험도 『광학』에서 중요하게 소개했다.

『광학』은 총 세 부분으로 구성되어 있다. 제1부에서는 백색광이 일곱 가지 각기 다른 굴절률을 가진 일곱 색깔로 분리된다는 사실을 중심으로 프리즘을 이용한 다양한 실험들을 소개했다. 이 부분에서 뉴턴은 백색광이나 무지개가 7가지 색깔로 구성됨을 서양 음악의 7음계의 수학적 비율과 연관시켰다. 뉴턴이 대학 시절 교류했던 플라톤주의자들의 영향을 보여주는 부분이다. 제2부에서 뉴턴은 렌즈와 유리판을 겹쳐 놓았을 때 생기는 색 패턴, 막 현상 등에 대해 설명했고, 제3부에서는 새롭게 발견한 회절현상을 설명했다. 그리고 『광학』의

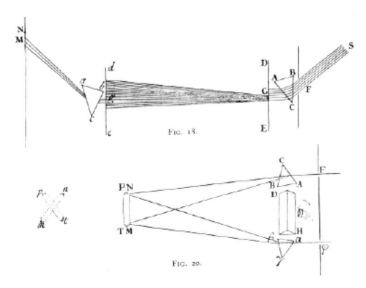

7-5. 뉴턴의 프리즘 실험 1730년에 출판된 뉴턴의 『광학』 47쪽에 실려 있는 프리즘 실험.

끝부분에서 뉴턴은 '질문들'이라는 부록을 첨가해 일련의 연구과제들을 제시했다.

『광학』의 마지막 부분에 수록된 '질문들'은 뉴턴 자신이 자연에 대해 생각하고 있던 의문들, 미처 연구하지 못한 주제들, 여러 가지 연구들의 성공 가능성 등을 담고 있었다. 이 질문들에 포함된 내용은 뉴턴이 죽은 후 18세기에 과학 연구가 진행되는 과정에 지침과 같은 역할을 했다. 특히 18세기에 큰 영향을 미친 내용은 31번째 항목으로, 뉴턴은 열, 빛, 전기, 자기 등을 향후 연구 과제로 제시했다. 뉴턴은 자신이 입자들의 인력을 가정해 역학과 천문학의 문제들을 해결했듯이 열, 빛, 전기, 자기로 대표되는 새로운 현상들을 탐구할 때에도 이 현상들을 제각기 다른 입자들 사이에 작용하는 인력이나 척력을 가정한다면 좋은 결과를 얻을 수 있을 것이라는 예상을 남겼다. 뉴턴의 언급은 18세기의 자연철학자들에게는 단순한 예상 수준을 뛰어넘는 실제 성공 가능성이 있는 연구의 지침으로 받아들여졌다. 이 영향으로 과학혁명이 끝난 후 18세기 자연철학 연구는 입자론을 중심으로 진척되었다. 『프린키피아』를 통해 과거의 성과를 종합한 뉴턴은 『광학』을 통해 다음 세대의 과학이 나아갈 길을 제시했던 셈이다.

이 글의 서두에서 말했듯이 뉴턴은 과학혁명의 완성자로 평가받는다. 과학사학자들은 뉴턴의 성과를 '뉴턴 종합'이라는 말로 설명한다. 첫째 뉴턴은 천문학 혁명과 역학 혁명을 종합했다. 『프린키피아』에서 볼 수 있듯이 뉴턴은 그 이전까지 제기된 주장들을 체계적으로 정리하고 수학적으로 증명하면서 천문학 혁명과 역학 혁명을 각각 종합하면서 완성했다. 뉴턴에 의해 코페르니쿠스의 우주 구조가 인정받게 되었으며, 그에 의해 완성된 고전 역학은 20세기 초 양자 역학에 의해 도전받기 전까지 200년이나 유지되었다. 두 번째 차원의 종합은 천상계와 지상계의 종합이다. 뉴턴은 과학혁명 이전까지 전혀 다른, 분리된 세계로 설명되어 왔던 지상계와 천상계를 통합하여 만유인력과 세 가지 운동법칙에 의해 지배받는 동일한 세계로 만들었다. 마지막으로 뉴턴은 과학혁명기 내내 여러 자연철학자들에 의해 그 중요성이 강조되어 왔던 새로운 탐구 방법인 수학과 실험을 종합했다. 그는 『프린키피아』를 통해 자연철학의 원리를 제공하는 언어로서 수학의 지위를 향상시켰고, 『광학』을 출간하면서 실험이 자연 연구의 필수적 행위라는 사실을 보여 주었다. 베이컨, 데카르트 이래 과학의 새로운 방법론으로 제안되었던 실험과 수학은 갈릴레오를 거쳐 뉴턴에 이르면서 자연 연구의 필수적인 방법으로 확실히 인정받게 된 것이었다.

08

해부학과 새로운 생리학

갈레노스의 인체 이론

생리학의 혁명에서 핵심적으로 논의될 만한 인물은 영국의 의사 윌리엄 하비(William Harvey, 1578-1657)이다. 그가 주장한 피의 순환 이론은 고대부터 내려오던 갈레노스 중심의 인체 구조에 대한 이해 방식을 탈바꿈시켰다. 하비의 이러한 이론이 생리학 분야에서 큰 전환점이 되기는 했지만 아리스토텔레스의 체계를 완전히 벗어나지는 못했다는 점에서 작은 혁명, 또는 변혁으로 평가되기도 한다. 하지만 생리학 혁명은 시기적으로 천문학, 역학 혁명과 비슷한 시기에 일어났고, 고대부터 내려오던 갈레노스의 이론을 넘어서는 성과가 나타났다는 점에서 생리학의 혁명이라는 용어도 사용한다. 생리학 혁명의 내용을 파악하기에 앞서 갈레노스가 제시했던 이론이 어떤 내용이었는지 살펴볼 필요가 있다.

헬레니즘 시기에 활동했던 갈레노스는 서양 고대 의학을 대표하는 인물이다. 그가 제시한 인체 이론은 약 1500년 동안 서양 의학계를 지배할 정도로 권위가 있었다. 갈레노스는 인체가 소화계, 호흡계, 신경계의 세 영역으로 나누어져 있다고 보았다. 그리고 각각의 영역에는 영(spirit)이 관장하고 있다고 설명했다. 즉 소화의 영역에는 자연의 영, 호흡의 영역에는 생명의 영, 정신 활동의 영역에는 동물의 영이 있어서 인체가 기능한다는 것이다.

갈레노스가 제시한 인체의 구조와 작용은 다음과 같다. 먼저 소화계에 대해서는 인간이 음식물을 섭취하면 음식물은 위와 장을 거쳐 간에 이르게 되고 여기에서 자연의 영이 만들어진다고 보았다. 자연의 영은 피를 의미하는데 이것은 정맥을 통해 온몸으로 전달이 되고, 영양분으로 소모된다. 갈레노스는 이 과정이 음식물을 섭취할 때마다 반복적으로 일어나면서 소화계가 기능한다고 생각했다. 호흡계에 대한 설명에서 갈레노스는 정맥을 통해 심장에 들어온 피, 즉 자연의 영은 허파에서 전달된 공기를 받아 생명의 영으로 바뀐다고 보았다. 이 생명의 영은 동맥을 통해 온몸에 전달되고, 생명력, 기운, 열 등으로 소모된다는 것이다. 신경계에서는 동맥을 타고 전달되는 생명의 영이 뇌 깊숙한 곳에 숨어 있다고 생각되는 레테 미라빌레(rete mirabile)라는 곳에서 동물의 영으로 바뀐다고 보았다. 이것이 뇌를 비롯하여 신경을 통해 온몸에 전달되면서 정신 활동으로 소모된다고 생각했다.

이와 같은 갈레노스 인체 이론의 특징은 음식물의 소화와 호흡, 정신 활동 모두를 유기적으로 연결시켰다는 점이다. 즉, 인체를 소화계, 호흡계, 신경계로 나누었지만 각각의 영이 생성되는 곳에서 각각

독립적인 체계가 연결되어 인체 전체를 유기적인 구조로 보았던 것이다.

한편 갈레노스는 인체의 구조에 대한 설명 외에 다양한 해부 활동을 통해 얻은 몇 가지 사실들을 언급하기도 했다. 첫 번째로 격막구멍의 존재에 대한 것이다. 갈레노스는 심장의 좌심실과 우심실 사이에 두터운 격막이 있고, 피가 이 격막을 통해 우심실에서 좌심실로 전달된다고 주장했다. 그는 격막을 통해 피가 전달될 수 있는 것은 작은 격막구멍들이 존재하기 때문이라고 설명했다. 두 번째로 갈레노스는 맥박에 대해서도 언급했는데, 이 현상은 심장이 팽창할 때 심장 밖의 피가 심장 안으로 들어오는 과정에서 일어난다고 하였다.

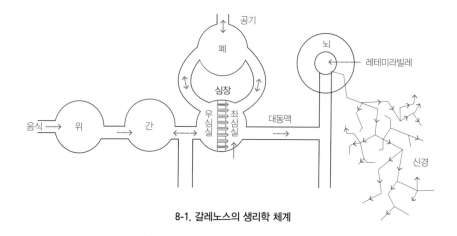

8-1. 갈레노스의 생리학 체계

베살리우스의 『인체의 구조에 관하여』

이탈리아의 파도바 대학을 중심으로 퍼져 나간 해부 활동은 근대 해부학의 아버지라 불리는 베살리우스(Andreas Vesalius, 1514-1564)

를 통해 본격적으로 발전하기 시작했다. 베살리우스는 갈레노스의 문헌에 의존하는 당시의 해부학적 상황을 비판하면서 손을 써서 행하는 해부의 중요성을 강조했다. 그는 직접 해부를 함으로써 갈레노스가 제시한 인체 이론과 맞지 않는 해부학적 사실들을 밝혀냈다. 갈레노스는 사람이 아닌 원숭이, 개, 돼지 등을 해부한 결과를 인체에 적용하여 이론을 구축했기 때문에 오류를 가질 수밖에 없었다. 이러한 오류를 베살리우스가 인체 해부를 통해 지적할 수 있었던 것이다.

베살리우스는 1543년 『인체의 구조에 관하여』(De Humani Corporis Fabrica)를 통해 갈레노스의 이론에서 나타나는 문제점들을 지적했다. 먼저 베살리우스는 격막구멍이 존재하지 않는다는 사실을 해부를 통해 보여주었다. 갈레노스는 좌심실과 우심실 사이에는 격막이 있고, 이 격막에 있는 구멍을 통해 피가 전달된다고 설명했지만 베살리우스는 격막에 구멍이 없다는 사실을 확인했다. 두 번째로 베살리우스는 허파정맥에도 피가 있다는 사실을 보여주었다. 갈레노스는 허파에서 심장으로 향하는 허파정맥을 통해 공기가 이동한다고 설명했으므로 이곳에는 공기만 있어야 하는데 베살리우스에 의해 그렇지 않음이 드러난 것이다. 세 번째로 심장 쪽의 정맥의 크기가 간에서 피가 나오기 시작할 때보다 훨씬 크고 두껍다는 사실을 보여주었다. 갈레노스는 피가 간에서 생성되어 온몸에 전달되고 심장에도 공급된다고 했는데, 이 또한 갈레노스가 제시했던 내용과 맞지 않는 부분이었다.

이와 같이 베살리우스는 직접 해부를 통해 갈레노스의 인체 이론이 가지고 있었던 오류를 지적했다. 하지만 베살리우스는 이러한 문제점을 지적하는 데 그쳤고, 그것의 대안이 될 만한 설명을 하지는 못했다. 그가 『인체의 구조에 관하여』를 출판한 목적 자체가 갈레노스의 이론이 가지는 부분적인 오류를 수정하여 더 완벽한 갈레노스 체계를 구축하기 위해서였기 때문이다.

갈레노스의 오류는 인체 해부 행위가 점점 확대되면서 베살리우스 이후에 활동한 해부학자들에 의해 계속해서 지적되었다. 나아가 이들은 베살리우스가 지적한, 갈레노스의 체계가 가진 문제점들을 설명하고자 했다. 갈레노스는 피가 심장에 있는 격막을 통과한다고 설

8-2. 베살리우스의 『인체의 구조에 관하여』 왼쪽은 『인체의 구조에 관하여』의 표지. 베살리우스가 해부학을 공개적으로 강의하고 있는 모습을 나타낸 그림으로 그가 직접 사체에 손을 대고 있는 모습에 주목할 필요가 있다. 오른쪽은 『인체의 구조에 관하여』에 들어 있는 해부도. 이 책에는 인체의 자세한 해부 그림이 많이 들어 있다. 베살리우스는 해부를 하거나 삽화를 그리기 위해 시체를 매달아 놓았다고 한다.

명했는데, 이와 달리 해부학자들은 피가 우심실에서 허파, 좌심실을 거쳐 돌아온다는 허파통과 이론을 제시했다. 이것은 소순환 이론이라고도 하는데, 이후 하비가 제시한 피의 순환 이론과 비교했을 때 심장-허파-심장의 작은 순환을 의미한다. 파도바 대학의 교수들은 허파정맥에 피가 있다는 사실과 허파동맥이 크고 맥박이 뛴다는 것을 발견했다. 이러한 내용이 피가 허파를 통과한다는 이론의 근거가 되었고, 이로써 갈레노스 체계가 가지는 몇 가지 문제를 해결할 수 있었다. 이처럼 해부학적 발견이 계속되면서 갈레노스 체계에 문제가 많다는 사실이 드러났음에도 불구하고 갈레노스의 체계는 여전히 유지되었다. 이러한 상황은 17세기에 활동한 하비에 의해 변화되었다.

하비의 피 순환 이론

하비는 영국의 의사이자 생리학자이다. 그는 이탈리아의 파도바 대학에서 의학을 공부했고, 영국에 돌아와 의사로서 활동을 이어 갔다. 하비는 1600년부터 1602년까지 파도바 대학에서 공부하면서 베살리우스, 콜롬보의 해부학 성과에 대해 배우면서 갈레노스 체계가 갖고 있는 문제점도 접할 수 있었다. 후에 그는 이러한 문제점들을 해결할 수 있는 새로운 이론을 만들었고, 이 내용은 『동물의 심장과 피의 운동에 관하여』(*Exercitatio Anatomica de Motu Cordis et Sanguinis in Animalibus*, 이하 『피의 운동에 관하여』)를 통해 피의 순환 이론이라는 이름으로 알려졌다.

하비는 파도바 대학에서 파브리치우스(Hieronymus Fabricius,

1537-1619)에게 해부학을 배웠다. 동물의 해부에 관심이 많았던 파브리치우스는 태아의 형성 과정, 위와 식도 등을 연구했다. 그는 또한 정맥 속에 있는 판막을 발견했고, 이는 나중에 하비가 피의 순환 이론을 구축하는 데 중요한 증거가 되었다. 한편, 당시 파브리치우스는 판막이 혈액의 역류를 막아 준다는 것에 대해서는 잘 알지 못했다.

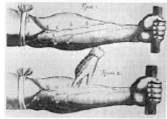

8-3. 하비의 『피의 운동에 관하여』와 그의 결찰사 실험 위쪽은 새로운 생리학 체계를 제시한 하비가 1628년 출판한 저서. 아래쪽은 『피의 운동에 관하여』에 실려 있는 결찰사 실험이다.

하비는 파도바 대학에서 공부를 마치고 영국에 돌아와 의사로 활동하면서 스승이 했던 방식으로 연구를 이어갔다. 그는 동물 해부, 특히 동물의 심장에 관심이 많았다. 하비가 동물의 심장에 주목했던 이유는 그것이 아리스토텔레스 체계에 잘 들어맞는 연구 주제였기 때문이다. 아리스토텔레스는 심장을 동물의 생명을 유지하는 가장 근본적인 기관으로 여겼다. 이 영향을 받아 하비는 동물의 심장에 대한 연구를 시작했다.

하비는 심장에 관한 연구를 하면서 다음과 같은 사실을 알아냈다. 그는 피가 심장의 수축 작용에 의해 좌심실에서 나가서 동맥을 통해 온몸으로 전달되고, 그것이 다시 정맥을 거쳐 좌심방으로 돌아온 후 판막을 통해 좌심실로 돌아온다고 주장했다. 또한 동맥의 맥박은 심장이 수축함에 따라 동맥이 확장되면서 생기는 것이라고 보았다. 이같은 사실은 피가 간에서 만들어져 온몸에 전달된 후 소모되는 것이 아니라 심장에서 나와 혈관을 통해 온몸을 돌아서 다시 심장으로 들어간다는 것을 의미했다. 하비는 이러한 내용을 담아 1628년 『피의 운동에 관하여』라는 책으로 출판했다.

하지만 하비의 피 순환 이론은 아직도 해결해야 할 몇 가지 문제를 가지고 있었다. 예를 들어 하비는 피가 순환한다는 사실은 밝혔으나 동맥에서 정맥으로 이동하는 메커니즘에 대해서는 알지 못했다. 실제로 동맥에 있는 피가 정맥으로 전달될 수 있는 것은 모세혈관이 있기 때문인데, 하비는 그것의 존재를 몰랐던 것이다. 당시 육안으로 확인하기 어려웠던 모세혈관은 현미경이 발명된 이후에야 볼 수 있었다. 현미경은 네덜란드의 뢰벤후크(Anthony van Leeuwenhoek, 1632-1723)가 1648년에 발명했다. 이후 여러 의사와 생리학자들은 현미경으로 인체의 여러 기관을 관찰할 수 있게 되었다. 그 중 한 명이 이탈리아 해부학자인 말피기(Marcello Malpighi, 1628-1694)였다. 그는 현미경을 통해 동맥과 정맥을 연결하는 모세혈관을 발견했고, 이것은 하비의 피 순환 이론의 메커니즘을 밝히는 데 중요한 증거가 되었다.

또한 하비는 순환과 호흡의 관계에 대해서도 잘 알지 못했다. 순환과 호흡의 관계는 이후 하비의 후계자들이 피가 허파를 지날 때 나타나는 변화와 기능에 대한 설명을 제시함으로써 규명되었다. 호흡을 통해 들어온 공기가 허파에서 피와 접촉하면서 일부는 흡수된다는 사실이 밝혀진 것이다. 이런 호흡에 대한 연구는 17세기 말부터 공기에 대한 다양한 연구로 이어졌다.

하비가 사용한 근거들

갈레노스의 체계는 그 동안 해부학자들의 연구를 통해 그 문제점들이 조금씩 지적되고 있었다. 여기에 하비는 피 순환 이론을 발표하여 갈레노스 체계의 오류를 지적한 것뿐 아니라 인체에 대한 이해 방식을 새롭게 구축했다. 그는 자신의 연구 내용을 뒷받침하기 위해 정량적 계산 방법을 사용했고, 실험을 통해 확인시켜 주기도 했다. 오랜 기간 유지되었던 갈레노스의 체계가 틀렸으며 자신의 연구 결과가 옳다는 것을 많은 이들에게 설득하기 위해서는 여러 가지 방법이 필요했던 것이다.

먼저 하비는 맥박이 뛰면서 심장에서 방출되는 피의 양이 하루에 얼마나 되는지를 계산해 보았다. 예를 들어 그는 맥박이 한 번 뛸 때마다 나오는 피의 양을 7g 정도로 설정했다. 그리고 맥박이 뛰는 횟수도 아주 작게 잡아서 30분에 1000회로 설정했다. 실제 맥박이 뛸 때는 이보다 더 많은 양의 피가 나오고, 맥박 수 역시 높다. 그러나 하비는 좀 더 분명하게 보여주기 위해 이러한 조건들을 모두 최소로 설정했다. 이렇게 되면 30분 동안 심장에서 나오는 피의 양은 7kg이 되고, 1시간이면 14kg, 하루로 환산해 보면 총 336kg이 된다. 갈레노스가 언급한 대로라면 피는 음식물의 섭취를 통해 형성되는데 하루에 나오는 피의 양이 300kg 이상이 되려면 사람은 엄청난 양의 음식물을 섭취해야 된다는 뜻이 된다. 몸무게의 몇 배가 되는 양의 피가 사람이 섭취하는 음식물로부터 얻어진다는 것은 상식적으로 이해하기 어렵다. 결국 하비는 피가 소모되는 것이 아니라 온몸을 돌며 순환한다는 생각에 이르렀다.

하비는 심장이 수축하면 그에 따라 동맥이 확장되면서 피가 뿜어져 나온다는 사실을 알고 있었다. 그는 심장의 작동 원리를 펌프에 적용하여 심장이 펌프와 같이 작동하기 때문에 피가 심장에서 나와 온몸을 돌며 순환할 수 있다고 보았다. 그의 이러한 생각은 17세기 초 등장한 각종 기계들에 대한 학자들의 관심을 반영하는 것이기도 했다.

또한 하비는 팔을 사용한 실험을 수행했다. 이것은 과학의 역사에서 유명한 실험의 하나인 '결찰사 실험'이다. 하비는 결찰사로 팔을 단단히 묶어 동맥과 정맥을 모두 차단했다. 갈레노스의 이론대로라면 팔이 묶인 결찰사의 위쪽 혈관 모두가 부풀어 올라야 했다. 팔이 묶여 있어서 손 방향으로 피가 흘러야 하는 것을 막았기 때문이다. 하지만 실험 결과는 팔을 묶은 부위의 위쪽 부분에서 동맥 부분만 부풀어 오르고 정맥 부분에는 변화가 없었다. 피가 동맥을 통해 아래쪽으로 이동했기 때문이다. 이후 하비는 결찰사를 살짝 풀어 동맥은 열고, 정맥만 차단했다. 갈레노스에 따르면 결찰사 위쪽 정맥이 부풀어야 하는데 실험에서는 아래쪽이 부풀어 오르는 모습이 관찰되었다. 이는 정맥의 피가 심장을 향한다는 의미였다. 하비가 정맥의 피가 심장으로 향할 수 있다고 생각할 수 있었던 배경에는 파브리치우스가 발견한 판막의 역할에 대한 지식이 있었기 때문이었다. 이로써 하비는 심장에서 나온 피가 동맥을 통해 온몸을 돈 후 정맥을 거쳐 다시 심장으로 향하는 것이라고 설명할 수 있었다. 즉, 하비는 결찰사 실험을 통해 피가 순환한다는 사실을 확인시켜 주었던 것이다.

근대 초의 해부학

서양에서 인체 해부는 헬레니즘 시대 무세이온에 마련된 해부실에서 잠시 시행된 적이 있었지만, 그 후 오랜 기간 동안 이루어지지 않았다. 고대 의학을 대표하는 갈레노스는 무세이온의 인체 해부 기록을 살핀 바 있으나, 그는 주로 동물 해부를 통해 자신의 의학적 체계를 확립하였다. 갈레노스가 활동하던 당시에는 인체 해부를 죽은 자에 대한 모독으로 간주하여 법으로 엄격히 금하고 있었기 때문에 그는 동물을 해부하여 얻은 지식을 인체에 대입하여 이론을 구축했던 것이다. 특히 갈레노스가 중요하게 여겼던 해부 대상은 원숭이였다. 원숭이는 인간과 형태적으로 매우 유사한 만큼 내부도 비슷할 것이라 판단해서였다. 결국 동물 해부를 통해 얻어진 해부학적 지식도 갈레노스의 인체 이론의 일부가 되었다.

12세기 번역 활동으로 갈레노스의 저서와 이슬람 의학자들의 성과가 라틴어로 번역되면서 고대 해부학 서적들도 유럽 사회에 알려지기 시작했다. 당시 소개된 해부학 문헌은 중세 대학의 의학부 학생들의 교육을 위한 자료로 이용되었을 뿐 새로운 학문으로서의 호기심은 불러일으키지 못했다. 이 시기 대학에서 해부 교육은 여전히 동물 해부를 중심으로 이루어졌고, 교수는 원전 낭독만 해 주면서 해부학 수업을 진행했다. 중세의 해부학은 아직도 고대 갈레노스 해부학의 수준에서 더 나아가지 못했다.

16세기 인체 해부가 본격적으로 시행되면서 해부학은 새로운 국면을 맞이하였다. 인체의 내부를 실제로 들여다봄으로써 그 동안 책으로만 접했던 인체의 장기와 뼈의 구조들에 대한 새로운 이해가 가능해졌다. 그리고 인체 해부를 통해 베살리우스와 같은 해부학자가 동물 해부를 근간으로 한 갈레노스의 의학적 오류를 밝히는 계기가 되었다. 또한 새로운 해부학은 인체 내부의 구조와 기능에 초점을 맞

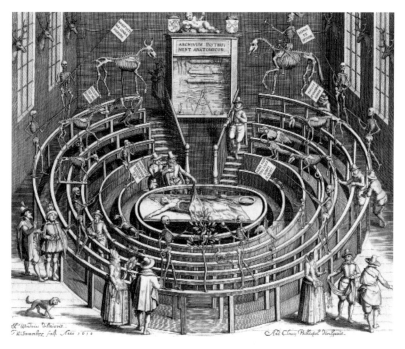

8-4. 레이덴 대학의 해부학 극장 17세기 초 레이덴 대학의 해부학 극장의 모습. 중앙의 탁자 위에서 해부가 시행되는 과정을 여러 사람들이 구경하고 있다.

추어 사변적인 논의를 진행했던 중세 의학의 성격에서 벗어나 외과적 치료도 중시하는 실제적인 의학의 모습을 갖추어 나가는 데 도움을 주었다. 이 과정에서 하층민으로서 해부 과정에서 집도하던 이발사나 외과의(surgeon)들의 지위가 상승했고 외과학은 의학의 한 분야로 중요해지기 시작했다. 또한 인체에 대한 해부학적 지식은 레오나르도 다빈치와 같은 예술적 장인들에게 중요한 영감을 제공하기도 했다.

17세기가 되면 해부학은 대학의 의학 교육에서 매우 중요한 위치를 차지한다. 유럽의 주요 대학마다 해부학 교실이 설치되었다. 특히 당시 의학 교육에서 명성이 높았던 네덜란드의 레이덴(Leiden) 대학에서는 해부학 극장(theatrum anatomicum)을 마련하여 의학부 학생뿐만 아니라 일반인에게도 인체 해부 과정을 공개했다. 해부학이 교육적 차원에서뿐만 아니라 대중적 차원에서도 큰 인기를 끌었음을 보여주는 사례이다. 이때 해부학 수업의 풍경은 해부의 대상이 되는 시체 하나를 가운데 두고 학생과 일반인이 그 주변에 둘러앉아 해부를 관람하는 모습을 떠올리면 된다.

이처럼 근대 초에 인체 해부가 활발히 진행되면서 새롭게 알려진 해부학적 지식들은 의학 관련 분야 전체의 발전에도 도움을 주었다. 인체 구조에 대한 정확한 이해를 바탕으로 외과적 치료술이 발달하기 시작했고, 생리학에서는 인체의 내부 작용과 외부 형태를 연결하려는 움직임이 나타났다. 단적인 예로 하비의 피 순환 이론의 발견도 이러한 생리학의 흐름과 그 맥을 같이 하는 것으로 이해할 수 있다.

과학혁명기 생명과학 분야에서는 지금까지 강조되어 왔던 하비의 피 순환 이론 이외에도 많은 중요한 변화가 있었다. 예를 들어 자연사 분야에서는 동물과 식물 그리고 광물 등의 자연사 관련 지식이 폭발적으로 증가하였고, 식물원과 같이 자연사를 전문적으로 연구하는 기관이 설립되었다. 현미경의 등장으로 세포와 같은 생물체의 미세한 조직을 관찰할 수 있게 된 것도 생명과학의 발달에서 주목할 만한 사건이었다. 또한 근대 초기의 해부학 발달 역시 과학혁명기 생명과학 분야에서 일어난 중요한 변화의 하나였다. 해부학을 통해 의학이 근대 의학으로 나아갈 수 있는 중요한 계기를 마련할 수 있었기 때문이다.

참고자료

제2부 참고 자료

갈릴레오 갈릴레이 지음, 이무현 옮김, 『새로운 두 과학』 (민음사, 1996).

갈릴레오 갈릴레이 지음, 앨버트 반 헬덴 해설, 장헌영 옮김, 『갈릴레오가 들려주는 별 이야기』 (승산, 2009).

김영식, 『과학혁명: 전통적 관점과 새로운 관점』 (아르케, 2001).

리차드 S. 웨스트펄 지음, 정명식 · 김동원 · 김영식 옮김, 『근대과학의 구조』 (민음사, 1992).

리처드 웨스트폴 지음, 최상돈 옮김 『프린키피아의 천재』 (사이언스북스, 2001).

마이클 화이트 지음, 안인희 옮김, 『레오나르도 다빈치, 최초의 과학자』 (사이언스북스, 2003).

송성수, 『한 권으로 보는 인물과학사: 코페르니쿠스에서 왓슨까지』 (북스힐, 2015).

스티븐 샤핀 지음, 한영덕 옮김, 『과학혁명』, (영림카디널, 1997).

앤서니 그래프턴 지음, 서성철 옮김, 『신대륙과 케케묵은 텍스트들』 (일빛, 2000).

앨프리드 W. 크로스비 지음, 김기윤 옮김, 『콜럼버스가 바꾼 세계』 (지식의숲, 2006).

오언 깅거리치 지음, 장석봉 옮김, 『아무도 읽지 않은 책: 근대 과학혁명을 불러온 코페르니쿠스의 위대한 책을 추적하다』 (지식의숲, 2008).

프랜시스 베이컨 지음, 김종갑 옮김, 『새로운 아틀란티스』 (에코리브르, 2002).

피터 디어 지음, 정원 역, 『과학혁명: 유럽의 지식과 야망, 1500-1700』 (뿌리와이파리, 2011).

홍성욱 편역, 『과학고전선집: 코페르니쿠스에서 뉴턴까지』 (서울대학교출판문화원, 2013).

홍성욱, 『그림으로 보는 과학의 숨은 역사: 과학혁명, 인간의 역사, 이미지의 비밀』 (책세상, 2012).

과학사 산책

제3부

근현대 과학 산책

09 *
영국의 과학과 산업혁명

영국의 왕립학회

18세기 말 영국에서 시작된 산업혁명은 공장제 대량 생산 시스템을 본격적으로 도입하면서 유럽을 비롯한 전 세계를 산업 사회로 전환시켰다. 과학이 사회 속에서 차지하는 위치가 점점 커져 가고 있었으므로, 과학은 사회 전반의 변화와 영향을 주고받을 수밖에 없었다. 전통적으로 산업과 과학은 서로 다른 분야였음에도 불구하고, 영국의 과학과 산업혁명은 서로 상당한 영향을 미쳤다. 이는 영국의 왕립학회로 대표되는 영국 과학 특유의 분위기가 널리 퍼져 나간 결과이다.

영국 과학 특유의 분위기로는 개인의 자유로운 연구, 대중적인 과학의 확산, 실험적 연구의 유행, 유용성의 추구로 인한 과학과 기술의 밀접한 연관 등을 들 수 있다. 영국 과학의 이러한 모습은 과학혁명이 한창 진행되던 16세기 말부터 나타나기 시작해서 17, 18세기를 지나면서 점점 더 강해졌다. 과학혁명기의 영국에서 새로운 방식의 자연에 대한 연구를 주장했던 베이컨의 영향이 점차 널리 퍼지면서, 과학자와 기술자들은 프랑스를 비롯한 유럽 대륙에 있는 나라들과는 사뭇 다른 과학적 분위기를 만들어냈다. 그리고 이러한 분위기가 정착하게 되는 과정에는 영국의 과학단체인 왕립학회가 큰 영향을 미쳤다.

영국에서 과학 단체가 모습을 드러내기 시작한 것은 1640년대부터이다. 1645년 실험적 연구에 관심을 가지고 있던 영국 과학자들 가운데 일부가 모여 토론과 연구 정보 교환을 위한 '실험철학 클럽'이라는 모임을 조직했다. 당시 영국은 청교도 혁명으로 공화정이 수립되었다가 다시 왕정복고가 이루어지는 등 정치적으로 혼란한 시기였다. 그럼에도 실험철학 클럽의 모임은 장소를 옮겨 다니면서 계속 진행했다. 1660년 찰스 2세(Charles II, 1630-1685)가 왕이 되자, 존 윌킨스(John Wilkins, 1614-1672)를 중심으로 한 실험철학 클럽의 회원들은 베이컨주의를 전면에 내세워 국왕에게 과학자들의 모임을 지원해 줄 것을 요청했다. 이것이 바로 1660년에 결성된 '자연 지식의 증진을 위한 런던 왕립학회', 줄여서 왕립학회(Royal Society)였다. 왕립학회의 초창기 회원들은 베이컨의 언급들을 인용하여 지식 진보를 통해 국가 및 사회 발전에 기여할 것이며, 과학자들이 함께 모여 협동 연구를 진행할 것임을 밝혔다. 이는 국가로부터 자신들의 모임을 공식적으로 승인 받기 위해 제시한 명분이었다. 찰스 2세는 이 단체를 공식적으로 승인하고 '왕립'이라는 명칭의 사용을 허가했다. 이로써 공식적으로 국가의 인정을 받은 최초의 과학 단체가 탄생한 것이다.

왕립학회의 초창기 회원들은 왕립이라는 이름을 사용할 수 있도록

9-1. 왕립학회의 과학 강연 1856년 왕립학회에서 전자기학의 성립에 크게 기여한 마이클 패러데이(Michael Faraday)가 과학 강연을 하고 있다. 탁자 위에는 여러 가지 화학 기구들이 놓여 있다.

요청한 것만은 아니었다. 그들은 연구를 하는 데 필요한 다양한 지원도 해 주기를 원했다. 하지만 이들의 두 번째 바람은 이루어지지 않았다. 영국 왕립학회의 독특한 특징은 여기서 비롯되었다. 찰스 2세는 왕립학회를 인가해 주었지만, 회원 대다수가 정치적으로 자신과는 정반대에 속하는 공화파였기 때문에 직접적인 지원은 하지 않았다. 따라서 왕립학회는 국왕으로부터 왕립이라는 명칭은 하사 받았지만, 물질적인 지원은 전혀 받지 못했다. 왕립학회의 회원들은 지원이 없는 상태에서 단체의 운영 방안을 모색했고, 최종적으로 다른 지원책을 찾기보다 연구의 자율성을 확보하기 위해 회원들에게 회비를 걷기로 결정하였다. 회원들의 회비를 모아서 학회를 외부의 간섭 없이 자율적으로 운영한다는 생각은 그럴듯했지만 실제로 그것을 구현하는 데는 많은 어려움이 있었다. 자연철학자들의 모임을 표방하며 출발한 기관인 왕립학회의 기반은 런던에 두었다. 그런데 런던 주위에서 활동하는 자연철학자의 수는 왕립학회의 운영을 지탱할 정도로 충분하지 않았다는 점이 문제였다. 왕립학회의 초창기 회원들은 결국 결단을 내렸다. 그들은 자연철학자의 모임이라는 성격을 포기하고 자연철학에 관심이 있는 사람들의 모임으로 단체의 성격에 약간의 변화를 주어 구성원을 늘리기로 했다. 이에 따라 왕립학회는 자연철학에 관심이 있는 사람들을 구성원으로 하는 단체로 그 성격이 최종적으로 정해졌다.

왕립학회에 가입할 수 있는 회원의 자격은 직업에 관계없이 자연철학에 대한 관심만 있으면 되었다. 이에 따라 자연철학적 연구를 수행하던 학자들은 당연히 회원으로 가입했다. 그리고 지주, 귀족, 상공업자들과 같이 자연철학의 변화에 호기심을 가지고 있으면서 부와 명예를 가진 사람들이 회원이 되었다. 왕립학회의 회원이 되기 위해서는 무엇보다 일정한 금액의 회비를 납부할 수 있는 경제력이 필요했던 것이다.

하지만 회원 자격의 보이지 않는 요건이 하나 더 있었다. 과학에 관심이 있다고 해도, 또 회비를 낼 수 있는 경제력을 갖추고 있다 하더라도 아무나 학회에 가입할 수 있는 것은 아니었다. 명시적인 규정은 없었지만 왕립학회의 회원이 되기 위해서는 어느 정도의 문화적 소양을 갖추고 사회적 경제적인 지위를 가지고 있어서 다른 사람들과 함께 어울릴 수 있어야 했다. 상공업자라 하더라도 꽤 성공해서 명성을 얻은 경우에는 회원으로 받아들여졌지만 그렇지 못하면 입회가 거부되었다. 결과적으로 왕립학회는 영국의 젠틀맨 계층의 모임이라는 성격을 띠게 되었다. 현미경을 발명한 네덜란드의 장인인 뢰벤후크가 외국인 회원 자격으로 입회하려 했을 때, 왕립학회 회원들 사이에서 그가 젠틀맨 계층에 걸맞지 않은 장인이라는 이유로 격론을 벌였던 것은 왕립학회의 성격을 잘 드러내 주는 사례이다.

젠틀맨 계급이 이끌어 갔던 왕립학회의 특징으로는, 먼저 학회가 처음 생겼을 때 제안했던 조직적인 협동 연구는 수행될 수 없었다는 것이다. 별다른 지원이 없는 학회의 회원 다수가 전문적인 학자가 아닌 젠틀맨이어서 왕립학회는 주로 개인적으로 연구한 결과를 발표하는 장소가 되었다. 왕립학회의 회원들은 사적인 공간에서 개별적으로 실험을 수행하여 새로운 현상을 확인한 후, 그 결과를 왕립학회에서 발표했다. 실험을 재연할 필요가 있을 때는 실험 기구를 옮겨다가 사람들 앞에서 실험을 보여주는 경우도 있었다. 왕립학회는 연구를 수행하는 기관이 아니라 사적인 공간에서 연구된 결과를 발표하고 확인받는 공적인 공간이었던 셈이다.

왕립학회에서 발표되는 연구 분야에서도 독특한 모습이 보이기 시작했다. 설립 초창기에는 수학이나 자연에 대한 이론 연구의 발표가 꽤 있었으나, 시간이 흐르면서 실험 연구 중심으로 발표되는 경향이 생겼다. 그 이유는 회원 대다수가 비전문가여서 어려운 이론이나 수학에 대한 발표는 이해하지 못하거나 흥미롭게 생각하지 않았기 때문이다. 반면, 흥미로운 실험을 하는 경우에는 회원들의 호응이 컸다. 신기한 기구를 이용해서 특정한 기체를 분리해 내어 그 특성을 보여주는 실험이나 전기나 자기의 힘을 보여주는 실험 등은 젠틀맨 계층의 회원들에게 큰 호응을 얻었다. 실험 전문가였던 로버트 후크(Robert Hooke, 1635-1703)가 왕립학회에서 환영 받았던 사례도 실험 분야에 대한 높은 관심을 보여준다. 만유인력법칙을 제안한 뉴턴조차도 왕립학회에서 첫 발표를 할 때 택했던 주제는 관측기구인 반사망원경의 제작에 대한 내용과 빛의 분리에 대한 광학적 실험이었다.

왕립학회 회원들은 자연사 분야에도 관심이 많았다. 자연사는 식물이나 동물, 광물에 대한 자세한 묘사와 특성을 분석하는 것을 중요하게 여기는 분야였다. 낯선 곳에서 진기한 식물을 가져오거나 유럽에서 볼 수 없는 곤충을 채집해 온 경우와 신기한 동물을 관찰하고 온 경우까지 모두 자연사 분야의 학술 주제가 될 수 있었다. 자연사 분야는 젠틀맨 계층이 왕립학회에서 직접 학술 발표자로 나서는 사례가 많았다. 영국에 동인도 회사와 같은 해외 관련 회사가 설립된 후에는 젠틀맨 계층의 회원들이 유럽 이외의 지역까지 여행을 한 경험을 살려 왕립학회에서 발표를 했다. 이에 따라 왕립학회의 주요 관심사는 실험과 함께 자연사 분야가 되었다. 이러한 왕립학회의 특징은 19세기까지 이어져 영국의 젠틀맨 계층이 지질학 연구에 참여하게 되는 전통이 되었다. 젠틀맨 출신의 자연사학자인 찰스 다윈이 영국에서 배출된 것 또한 이러한 전통이 존재했기 때문이다.

왕립학회는 다양한 기능을 수행하며 영국의 과학이 진전되는 데 긍정적인 역할을 했다. 먼저 왕립학회는 과학적 업적을 공인해 주는 역할을 했다. 개별 연구자들은 자신이 발견한 사실들을 왕립학회에서 발표했고, 실험으로 재연해 보이기도 하였다. 이를 참관한 회원들이 목격자의 역할을 하며 연구 결과를 확인해 주었고, 이러한 사례가 증가하면서 왕립학회는 발견의 우선권을 인정해 주는 역할을 하게 되었다. 또한 왕립학회에 제출된 업적들은 책자로 묶여 배포되었다. 이 과정에서 왕립학회의 서기였던 올덴버그(Henry Oldenburg, 1619-1677)가 중요한 역할을 했다. 올덴버그는 여러 사람들이 과학 활동에 필요한 정보 수집을 위해 교류한 서신들을 정리한 것과 왕립학회에서 발표한 문건들을 모아 『철학회보』(*Philosophical Transactions*)를 발간했다. 이 『철학회보』는 지금까지도 간행되고 있는 가장 오래된 과학 학술지이다.

영국 과학의 분위기와 특징

왕립학회가 설립되면서 영국만의 독특한 과학 활동 분위기가 형성되기 시작했다. 국왕으로부터 지원을 받지 못하면서 왕립학회는 설립 초기 재정적 어려움을 겪기도 했지만, 이로 인해 긍정적인 영향도 생겼다. 국왕이 지원하지 않는 대신 왕립학회 운영에 간섭하지 않았고, 덕분에 연구에 대한 자율성을 획득할 수 있었던 것이다. 왕립학회는 회장을 비롯한 임원진을 회원들의 자율적인 의사 결정을 통해 선출됐다. 선출된 임원진들은 자율적인 토론을 통해 왕립학회의 운영 방안을 마련하고 이를 추진했다. 이런 점에서 왕립학회는 과학자의 힘으로 운영된 진정한 의미의 과학 단체였다.

왕립학회의 자율적인 분위기는 이후 영국 각 지방에서 결성된 과학 단체들에 그대로 반영되어 영국 과학계의 특징의 하나가 된다. 런던의 왕립학회와 지방에 만들어진 학회의 관계도 명령을 내리고 받는 수직적인 관계가 아니라 자율성이 보장된 수평적인 관계였다. 18세기가 되면 영국의 많은 지방 도시에 왕립학회를 모방한 과학 단체가 만들어지는데, 이것들 역시 런던의 왕립학회와 직접적인 관련 없이 자체적으로 운영되었다. 전반적으로 볼 때 영국 과학 단체들의 활동은 중앙의 통제를 받는 방식이 아닌 지방 분권적으로 자율성이 확보된 상태에서 수행되었다.

왕립학회의 젠틀맨 계층도 영국 과학의 독특한 특징이 형성되는 데 중요한 역할을 했다. 젠틀맨 계층은 왕립학회를 통해 보여준 실험과 자연사 분야에 대한 관심을 학회 밖으로 확장했다. 그들은 과학에 관심을 가지고 관련 기관이나 행사에 방문하곤 했고, 이 같은 활동을 상류층의 고급 문화 활동으로 자리 잡게 했다. 18세기 영국에는 왕립연구소(Royal Institution)라는 기관이 문을 열었다. 이 기관은 젠틀맨 계층과 그 부인들을 위해 과학 강연을 하는 곳이었다. 우리가 문화생활을 즐긴다고 여기며 음악회나 전시회를 가는 것처럼, 18, 19세기의 영국 젠틀맨 계층은 과학 강연을 들으며 문화생활을 즐겼던 것이다. 물론 이러한 과학 강연에서 주로 다루어진 주제 역시 실험과 자연사에 관한 것이었다.

마지막으로 다양한 직종의 사람들이 어우러져 과학 활동을 했다는 것이 영국 과학이 지닌 독특한 특징이다. 왕립학회는 자연철학자, 지주, 귀족, 성공한 상공업자, 의사 등 다양한 직종의 사람들을 회원으로 받아들였다. 왕립학회를 모방한 지방 과학 단체도 이러한 특징을 유지하면서, 각종 과학 단체는 과학에 관심을 가진 여러 분야의 사람들이 모여 의견을 나누는 교류의 장이 되었다. 특히 지방의 과학 단체에는 유명한 장인들이 참여했고, 그들은 그곳에서 자연철학자들과 교류할 기회를 얻었다. 이는 영국에서 과학자와 기술자가 원만한 관계를 유지하면서 협력 체제를 구축하는 데 기여했다. 같은 시기 프랑스에서는 장인 계층과 과학자들이 서로 반목하며 갈등이 격화되었던 것과 비교하면 이 같은 영국의 상황은 더욱 두드러져 보인다.

산업혁명

인류사의 거시적인 시대 구분은 원시 채집사회, 농경사회, 산업사회로 나누는 것이 보통이다. 최근에 와서는 20세기의 급속한 변화를 중시하며 정보사회를 추가하기도 하지만 이런 구분에 대해서 아직까지 대부분의 학자들은 동의하고 있다. 산업혁명이란 인류가 농경을 시작한 이래 오랜 동안 지속되어 오던 농경사회 체제를 공장에서 생산되는 상품 중심의 산업 체제로 변화시킨 역사적 사건을 말한다. 산업혁명은 18세기 중후반 영국에서 시작되었다. 면직(綿織) 분야에서 시작된 공장제 생산의 열풍은 다양한 업종으로 퍼져 나갔고, 영국에 이어 다른 유럽 대륙의 국가들도 곧이어 이 변화에 동참했다. 이 변화는 대서양을 건너 미국으로도 퍼졌으며, 19세기 말에는 아시아 등의 다른 지역으로도 번져 나갔다. 산업혁명을 거치면서 공장제 대량 생산이 자리 잡게 된 후 유럽의 국가들은 원료 조달과 시장 개척을 위해 식민지의 확보와 경영에 열을 올리게 되었다. 19세기 제국주의 등장의 원인 중 하나가 산업혁명이었던 셈이다. 이렇게 보자면 산업혁명은 물질적인 측면뿐 아니라 정치적인 측면까지 지대한 영향을 미쳤던 것이다.

과학의 역사에서 산업혁명을 주목하는 이유는 앞서 언급한 거시적인 이유도 있지만 다른 구체적인 이유도 있다. 산업혁명의 상징이자 결과물 중 하나였던 증기기관은 당시 과학과 기술이 연관을 가지며 만들어 낸 산물이었다. 증기기관을 효율적으로 개량해서 상용화시킨 제임스 와트(James Watt, 1736-1819)는 과학에 정통한 엔지니어로서 학회 활동을 통해 과학자들과 함께 토론했다. 와트의 증기기관은 18세기가 끝나 갈 무렵 과학과 기술의 관계가 어떠했는가를 보여주는 사례이기도 하다. 증기기관의 개선 과정, 그리고 그 과정에서 과학과 기술의 관계를 파악하기 위해서는 와트가 활동했던 지방 학회의 분위기를 먼저 살펴볼 필요가 있다.

루나 협회

18세기 영국에는 많은 지방 과학 단체들이 생겨났다. 왕립학회로부터 시작된 영국 과학의 전반적인 분위기는 젠틀맨 계층이 과학 활동에서 중요한 역할을 하면서 전문가와 비전문가 사이에서 비교적 자유로운 토론이 오갈 수 있는 그런 것이었다. 왕립 학회를 모방하여 지방의 주요 도시에서는 과학을 주제로 한 회합을 가지는 지방 과학 단체들이 생겨났다. 맨체스터에서는 문학 및 철학협회(Literary and

Philosophical Society)가 조직되었고, 버밍햄에는 루나협회(Lunar Society)라는 모임이 생겼다. 특히 산업혁명이 진전되면서 새롭게 발전하기 시작한 신흥 산업도시에서 과학 단체들이 조직되는 경우가 많았는데, 버밍햄의 루나협회는 와트가 소속되어 있던 과학 단체였다.

루나협회에는 다양한 이력과 직업을 가진 이들이 회원으로 참여했다. 유명한 회원으로는 의사인 이래즈머스 다윈(Erasmus Darwin, 1731-1802), 도자기 사업가 조시아 웨지우드(Josiah Wedgwood, 1730-1795), 대중강연자 프리스틀리(Joseph Priestley, 1733-1804), 사업가 매튜 볼턴(Matthew Boulton, 1728-1809), 기체 화학자 조셉 블랙(Joseph Black, 1728-1799), 그리고 엔지니어인 와트 등이 있었다. 이들은 정기적으로 모임을 가지면서 자연철학의 경향과 기술 발전에 대해 이야기를 나누었다. 루나협회는 공동연구를 했던 곳도 아니었고, 왕립학회처럼 발표에 우선권을 주는 곳도 아니었으며, 젠틀맨 계층의 사교 모임과 비슷한 모습으로 진행되었다. 그럼에도 불구하고 루나협회를 주목하는 이유는 이 학회가 산업혁명기의 과학과 기술의 변화에 적지 않은 영향을 끼쳤기 때문이다.

루나협회의 구성원들은 당시 과학, 그 중에서도 특히 열과 관련된 문제에 관심을 공유하면서 이에 대해 자주 토론했다. 다윈은 생리학적인 관점에서 체온 유지와 관련해 열에 관심이 있었고, 액체가 기체로 변할 때 상당한 열을 흡수한다는 잠열(latent heat)의 발견자 블랙도 열에 관심이 많기는 마찬가지였다. 도자기를 구울 때 긴 시간 동안 높은 온도로 가열해야 한다는 점에서 웨지우드도 열의 응용에 일가견이 있었고, 물체가 연소할 때 열도 같이 발생한다는 점에서 연소 현상에 대해 많은 연구를 진행하며 강연회를 열었던 프리스틀리 역시 예외는 아니었다. 이렇듯 열이라는 공통 관심사를 두고 루나협회의 회원들은 각자의 관점에서 바라본 열과 관련된 현상들에 대해 자유롭게 토론하며 의견을 교환했고, 이러한 내용들은 간접적으로 열기관을 고안했던 와트에게 영향을 주었다. 게다가 와트는 이후 같이 사업장을 차려 증기기관 생산과 판매 사업을 하게 될 파트너 볼턴을 루나협회에서 만났다.

한 가지 주제를 놓고 엔지니어와 학자가 한 곳에서 토론을 벌인다는 것은 다른 나라보다 영국에서 자주 벌어지는 특이한 현상이었다. 이러한 현상은 여러 계층이 참여하여 과학에 대해 토론하거나 과학을 하나의 문화로 받아들여 과학 대중 강연이 활성화 된 영국의 독특한 과학 활동이 만들어 낸 결과였다. 적어도 영국에서는 여러 계층이 함께 모여 협동 연구를 해야 한다고 말했던 베이컨의 주장이 실현될 분위기가 만들어지고 있었다. 완벽한 협동 연구를 통해 결과물이 나오는 단계까지 이르지는 못했지만, 과학자와 기술자가 한 곳에 모여 동등하게 의견 교환을 한다는 것 자체가 큰 변화였다. 그리고 이러한 분위기 속에서 제임스 와트는 증기기관을 개량해 낼 수 있었다.

와트의 증기기관

와트는 영국 글래스고에서 기구를 제작하던 기술자로서 다양한 기구를 제작하고 수리하는 데 재능을 가지고 있었다. 대학의 강의실에서 학생들을 가르치는 데 뉴커먼 기관의 모형을 사용하고 있었던 블랙은 와트의 실력을 인정하고 그를 고용하여 대학에서 증기 기관 모형을 수리하는 일을 맡겼다.

뉴커먼(Thomas Newcomen, 1664-1729)은 18세기 초에 증기력을 이용해 광산에서 물을 퍼 올릴 수 있는 기관을 만들었다. 이 기관은 증기의 힘을 이용해서 다른 일을 할 수 있는 본격적인 의미에서 최초의 기계라는 점에

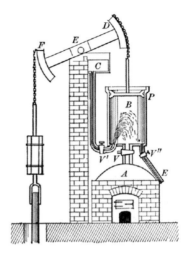

9-2. 뉴커먼 기관의 모형도

서 많은 관심을 모았지만, 그 성능은 그다지 만족스럽지 못했다. 뉴커먼 기관의 높이는 사람 키의 몇 배에 달할 정도로 그 규모가 대단히 컸다. 이렇게 큰 규모의 기계를 작동시키기 위해서는 엄청난 땔감이 필요했고, 뉴커먼 기관의 문제는 바로 여기에 있었다. 열효율이 너무 낮아 물을 끓이는 데 드는 땔감에 비해 실제로 수행하는 일의 양이 너무 적었던 것이다.

블랙과 와트의 만남은 여러 가지 면에서 의미 있는 만남이었다. 먼저 와트는 블랙을 통해 루나협회에 가입하게 되었고, 이 모임에서 나중에 자신의 사업 동료가 될 볼턴을 비롯한 다양한 사람들과 친분을 쌓을 수 있는 기회를 잡을 수 있었다. 그리고 와트는 블랙과의 대화를 통해 증기기관을 개선할 수 있는 단서를 포착할 수 있게 되었다. 이 단서의 성격에 대해서는 블랙 쪽의 의견과 와트 쪽의 의견이 너무도 달랐고, 이후 과학사학자들 사이에서 논쟁거리가 되기도 했다.

블랙의 제자였던 존 로빈슨의 증언은 다음과 같다. 와트는 블랙의 모형을 수리하는 과정에서 뉴커먼 기관이 낮은 열효율을 보이는 원인이 차가운 공기가 피스톤의 실린더 안에서 응축되기 때문이라는 점을 발견했다. 와트와 블랙이 이에 대해 이야기를 나누는 과정에서 블랙은 그러한 현상이 일어나는 원인이 자신이 말한 잠열 때문에 생기는 현상이라고, 즉 물에서 수증기로 변하는 동안 상당한 열을 흡수하기 때문에 생긴다고 설명해 주었다. 이에 와트는 증기를 원래 실린더 안에서가 아니라 외부로 뽑아내 응축시킨다면 열효율이 훨씬 개선될 것이라 착안하게 되었다는 것이다. 하지만 이 증언을 접했던 만년의 와트는 로빈슨의 설명이 전혀 근거 없는 주장이며, 자신의 증기기

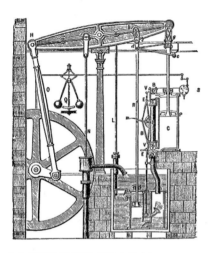

9-3. 와트의 증기기관 와트가 1775년 Matthew Boulton과 함께 설립한 회사인 〈Boulton and Watt〉에서 설계한 와트의 증기기관의 모습.

관은 혼자 연구한 끝에 만들어낸 산물이라고 주장했다. 과학사학자들은 누구의 주장이 더 옳은가에 대해서는 의견이 다양하지만, 대체적으로 와트와 블랙이 자유롭게 의견을 주고받을 수 있는 분위기가 형성되어 있었고 간접적으로나마 와트가 블랙의 영향을 받았으리라는 점에는 동의하고 있다.

와트가 증기기관을 개선할 수 있었던 열쇠는 가열되었다가 다시

냉각된 공기를 외부로 뽑아내 실린더 안의 온도를 계속 높게 유지해야 한다는 생각이었다. 뉴커먼 기관에서는 보일러에서 불을 지펴 실린더에 들어 있는 물을 수증기로 변화시켜 기계를 작동시킨 후, 다음 동작을 위해서 실린더를 냉각시켜 수증기를 다시 물로 변하게 만드는 과정을 거쳤다. 와트는 이 과정에서 쓸모없는 열이 과도하게 소모된다고 생각했으며, 실린더를 냉각시키지 않고 뜨겁게 유지한다면 효율이 상당히 높아질 수 있을 것이라 결론 내렸다.

와트의 이러한 생각은 분리식 응축기(separate condensor)라는 장치를 통해서 구현되었다. 분리식 응축기는 실린더 옆에 부착된 장치로 실린더에서 뜨거워진 수증기를 빼내서 따로 냉각시키는 역할을 했다. 이렇게 되면 실린더 자체는 뜨거운 상태를 유지시킬 수 있고, 실린더 안에서 연속적으로 물의 기화가 이루어지면서 증기기관을 작동시킬 수 있게 된다. 분리식 응축기를 장착한 증기기관의 효율은 이전보다 훨씬 개선되었다. 기계를 사용하는 이익이 더 커지게 된 것이다. 이러한 기술적 개선 덕택으로 증기기관은 여러 공장에 본격적으로 설치되어 산업혁명의 상징이 될 수 있었다.

와트는 평생 동안 증기기관의 효율을 더 개선하기 위해 노력했다. 그 성과 중 하나가 피스톤의 상하 운동에 의해 수직 방향으로만 작동되던 증기기관의 작동 방향을 수평 방향으로 전환하는 보조 기구의 고안이었다. 동력의 전달 방향을 자유자재로 전환할 수 있다는 것은 증기기관이 공장의 기계 외의 다양한 분야에도 활용할 수 있게 되었다는 것을 의미했다. 가장 먼저 새로운 기술의 혜택을 본 것은 운송 기계였다. 증기기관차와 증기선의 등장은 이러한 성과의 결과였다.

와트의 사례는 영국 과학의 다양한 특징을 보여준다. 우선 와트는 기술자임에도 불구하고 루나협회와 같은 과학단체에서 자연철학자를 비롯한 다양한 사람들과 교류할 수 있었다. 분리식 응축기라는 장치 자체의 고안은 와트의 업적일지 몰라도 루나협회의 구성원들은 이후 증기기관의 개선과 활용처의 확대 과정에서 와트에게 중요한 정보를 제공하였다. 루나협회 회원들의 주된 관심사가 열의 활용이었기 때문이다. 그리고 블랙과의 교류가 와트의 증기기관의 혁신에 어느 정도 도움이 되었다. 대학 교수인 블랙과 기술자 와트의 교류는 영국에서 두 분류의 사람들이 서로 편안한 분위기 속에서 의견 교환을 할 수 있었음을 보여주는 예이다. 과학자와 기술자 사이의 교류가 가능했던 영국 과학계의 특징. 이것이 산업혁명이 영국에서 일어나게 된 배경의 하나라고 말할 수 있을 것이다.

10 ★
계몽사조와 프랑스의 과학

프랑스의 과학아카데미

영국에서 왕립학회가 창설된 직후 프랑스에서도 과학 단체가 만들어졌다. 영국의 왕립학회가 과학자들의 자발적인 모임으로부터 시작되어 왕에게 승인을 얻어 창설되었던 것과 달리 프랑스의 과학 단체는 정부의 주도로 만들어졌다. 이러한 태생적인 차이로 인해 프랑스 과학 단체의 성격은 왕립학회와는 상당히 달랐으며, 결과적으로 프랑스 과학 전반의 분위기도 영국과는 상당히 달랐다.

프랑스의 과학 단체인 왕립과학아카데미(Académie Royale des Sciences)는 1666년에 파리에 세워졌다. 과학아카데미는 루이 14세 때의 재상이었던 콜베르(Jean-Baptiste Colbert, 1619-1683)의 주도로 입안되어 설립된 기관이다. 루이 14세는 강력한 절대왕정을 추구하여 태양왕(太陽王)이란 별명을 얻었던 인물이고, 콜베르는 루이 14세가 절대왕정 체제를 구축할 때 가장 측근에서 그를 보좌했던 인물이다. 절대왕정 체제가 구축되는 과정에서 과학 활동도 예외가 될 수는 없었다. 루이 14세와 콜베르는 자연에 대해 연구하는 프랑스의 대표적인 학자들도 국왕의 명령을 받는 체제 아래로 묶어 놓을 수 있는 제도적 장치를 원했고, 이를 위해 과학아카데미를 창설했다.

영국의 왕립학회와 달리 프랑스의 과학아카데미는 처음부터 국가기관의 성격을 가지고 있었다. 과학아카데미의 회원들은 국가로부터 봉급을 받았으며, 그에 따라 부여되는 임무들도 수행해야 했다. 국가의 최고 과학기관이라는 명칭에 걸맞게 개설 당시 과학아카데미에서는 프랑스에서 활약하고 있던 최고의 과학자 12명만을 회원으로 임명했으며, 외국에서 명성을 떨치고 있던 몇몇 과학자들을 특별회원으로 초빙했다. 데카르트주의자로서 이미 대단한 명성을 얻고 있던 네덜란드의 회이헌스와 이탈리아 출신의 저명한 천문학자 카시니(Giovanni Domenico Cassini, 1625-1712)가 특별회원이었다.

과학아카데미는 크게 수학 분과와 자연학 분과로 나뉘어 조직되었다. 급료를 받는 회원들은 수시로 열리는 소규모 회합은 물론이고 매주 수요일과 토요일에 열리는 전체 회합에 참여해야 했다. 게다가 회원들은 국가에서 발주한 연구 과제에 참여해 공동 연구를 진행해야 했다. 과학아카데미에서 수행했던 유명한 공동 연구의 사례로는 프랑스 혁명기 때 진행되었던 미터법 제정 프로젝트를 들 수 있다. 이와 더불어 회원들은 장인들이 특허를 받기 위해 제출한 서류를 심사하는 일도 맡았다.

이처럼 수행해야 할 임무가 많았던 만큼 정부로부터 받는 지원도 대단했다. 정부는 회원들에게 최고의 과학자에 걸맞은 상당한 수준의 급료를 지급했으며 천문대, 식물원, 도서관 등의 부속기관들도 설치해 주었다. 그리고 무엇보다도 과학아카데미 회원으로 임명되었다는 사실 자체가 국가로부터 최고 과학자라고 공인 받은 것이었기 때문에 회원들의 자부심은 대단했다.

과학아카데미에 모인 회원들은 각 분야의 최고 전문가들이었고 그들은 정기적인 회합을 통해 서로의 연구 성과에 대해 활발한 토론을 벌였다. 과학아카데미에서는 왕립학회와 달리 어려운 내용의 발표를 기피하는 일은 벌어지지 않았다. 전문가 중심의 분위기 속에서 과학아카데미에서는 과학의 전 분야에 걸쳐 수준 높은 연구와 토론이 진행되었으며, 특히 수리과학 분야에서 많은 성과를 올렸다.

계몽사상

과학아카데미의 설립으로 형성되기 시작한 중앙집권적이고 전문가 중심적인 프랑스 과학의 독특한 특성은 18세기를 거치면서 확고하게 자리를 잡게 되었다. 그리고 프랑스 과학은 계몽시대를 맞이하며 뉴턴주의라는 사조를 채택한다. 이러한 프랑스 과학의 성격을 명확히 이해하기 위해서 먼저 계몽사상과 계몽사상이 뉴턴주의와 어떻게 연결되었는가를 살펴볼 필요가 있다.

역사가들은 18세기를 계몽사상(Enlightenment)의 시대 또는 계몽시대라고 한다. 계몽사상은 18세기 프랑스에서 시작되어 전 유럽으로 퍼져 나갔던 새로운 사고방식과 문화적 조류를 지칭한다. 계몽사상은 그 말이 의미하듯 어떤 대상을 깨우치게 만들어 더 긍정적인 방향으로 전환을 꾀했다. 깨우칠 대상은 바로 인간이었다. 계몽사상 가들은 자신들의 사상 체계의 출발점을 유럽 사회가 크고 작은 문제 들로 혼란스럽고 모순에 가득 차 있다는 현실 파악에 두었다. 그들은 왜 이러한 모순이 가득한 세상에서 살 수밖에 없는가를 규명해 보고 자 했다. 그리고 인간은 그 자체로 뛰어난 능력을 지닌 존재이지만, 인간을 둘러싼 법, 제도, 종교, 관습 등의 사회적인 요소들이 잘못되 었기 때문에 사회의 혼란이 야기된다는 결론에 도달했다. 따라서 바 꾸어야 할 것은 인간을 둘러싼 다른 요소들이었다. 계몽사상가들은 인간을 '계몽'시켜 올바른 방식으로 사고하고 행동하게 만들면 모든 문제가 해결될 수 있을 것이라고 믿었다. 그들에게 인간은 이성이라 는 뛰어난 능력을 가진 계몽될 수 있는 존재이기 때문이다.

계몽사상가들은 인간을 계몽시키기 위해서는 제대로 된 교육이 중 요하다고 여겨 교육 체계의 개선을 주장했다. 그리고 사회 전체의 윤 리에 대해 큰 관심을 보이며 개선을 추구했다. 계몽사상가들은 기본 적으로 낙관적인 미래상을 가지고 있었다. 그들은 이렇게 인간을 계 몽시키면 결국 잘못된 사회의 여러 제도나 관습들도 개선되리라 믿 었다.

과연 어떻게 하면 그 개선이 이루어질 수 있을까? 이에 대한 현실적 인 방안을 제시하기 위해서는 본받을 만한 사례가 필요했다. 만약 어 떤 영역에서 이성적인 사고 및 행동에 의해 잘못된 체계가 올바른 방 향으로 정립된 경우가 있다면, 그 과정을 학습한 뒤 그것을 다른 영 역에 적용함으로써 개선이 가능할 것이기 때문이었다. 계몽사상가 들은 그 사례를 어렵지 않게 찾아냈다. 바로 과학혁명이었다. 그들의 눈에 과학혁명은 이성적인 토론을 통해 잘못된 아리스토텔레스적 과학을 뒤집고 올바른 방향의 과학을 정립한 사건으로 보였다. 과학혁명과 계몽사상이 연결되기 시작한 것이다. 그리고 과학혁명에 대한 관심은 자연스럽게 과학혁명의 완성자인 뉴턴에게로 이어졌다.

볼테르와 뉴턴주의

계몽사상과 뉴턴주의를 본격적으로 연결한 인물은 초기 계몽사상가인 볼테르(François-Marie Arouet, Voltaire, 1694-1778)였다. 프랑스에서 태어난 볼테르는 곤란한 사건에 휘말리게 되어 1725년에 영국으로 망명했다. 프랑스에서 제대로 정착하지 못했던 볼테르의 눈에는 영국의 모든 것이 긍정적으로 보였다. 프랑스와 다르게 영국은 의회의 합의를 거쳐 국가가 운영되고 있었으며 종교를 박해하는 일도 없었다. 또 영국은 해상 무역을 통해 전 세계를 누비고 있었으며, 뛰어난 과학자를 포함하여 자신의 분야에서 성공한 사람들이 사회적으로 인정을 받고 있었다. 이에 비해 자신이 떠나 온 프랑스는 여전히 왕이 독재하고, 가톨릭에 대한 박해가 남아 있으며, 아직도 농업 사회에 머무르고 있었다. 또한 프랑스에서 사회적으로 성공하기 위해서는 개인의 능력보다 신분이 중요했다. 볼테르의 눈에 영국은 프랑스와 정반대로 가장 발전한 사회였다.

볼테르가 영국에 머무는 동안 뉴턴이 사망했고, 그의 장례식이 열렸다. 영국인들은 뉴턴의 죽음을 진심으로 애도했으며, 뉴턴의 장례식은 성대하게 거행되었다. 뉴턴의 매장지는 사회의 저명인사들만

묻힐 수 있던 웨스트민스터(Westminster)였다. 볼테르는 이 과정을 모두 목격했다. 볼테르는 뉴턴처럼 소지주의 아들로 태어난 사람도 평생 동안 업적을 쌓으면 영국에서는 대단한 존경을 받게 된다는 점에 다시 한 번 감명 받았다. 이후 볼테르는 뉴턴의 저술들을 읽고 그에 대한 정보들을 모으기 시작했다. 뉴턴의 과학에 대한 방법론과 태도 그리고 연구 결과를 파악한 볼테르는 뉴턴이야말로 위대한 인간 이성의 상징이라 생각하게 되었다.

프랑스로 돌아오게 된 볼테르는 자신이 영국에서 경험하며 생각했던 사안들을 묶어 『철학적 편지들』(*Lettres Philosophiques sur les Anglais*, 1734)이라는 책을 출판했다. 이 책에서 볼테르는 계몽사상의 기본이 될 내용을 제시했다. 연이어 그는 뉴턴의 자연철학에서 주요한 사항들을 자신이 이해한 대로 설명한 『뉴턴철학의 요소들』 (*Eléments de la Philosophie de Newton*, 1745)을 펴냈다. 이 책을 통해 프랑스의 일반 지식인들 사이에서 뉴턴의 사상이 알려지기 시작했다.

볼테르의 계몽사상에 동조하는 사람들 역시 그의 글을 통해 점차 뉴턴과 과학에 관심을 가지게 되었다. 볼테르는 뉴턴을 제대로 알리기 위해서는 『프린키피아』에 대해서 정확한 설명을 해야 한다고 생각했다. 하지만 볼테르는 이 작업에 쉽게 착수하지 못했는데, 그 이유는 『프린키피아』가 수학 지식이 부족한 사람이 읽고 이해하기에 너무 어려운 책이었기 때문이다. 이러한 상황에서 볼테르에게 도움을 준 인물은 그의 연인이었던 샤틀레 부인(Mmn. du Châtelet, 1706-1749)이었다. 거의 독학으로 매우 뛰어난 수학적 소양을 보유하고 있던 이 여성은 볼테르를 대신해서 『프린키피아』를 프랑스어로 번역해 냈다. 프랑스어판 『프린키피아』의 출판은 뉴턴의 이름이 프랑스에서 더 급속하게 퍼지는 데 크게 기여했다.

백과전서 운동

볼테르에 의해 뉴턴주의가 프랑스에 널리 알려지게 된 후, 많은 계몽사상가들은 이성의 상징으로써 과학을 강조하는 내용이 담긴 저술들을 출판했다. 계몽사상가들이 펴낸 과학을 옹호하는 출판물들이 홍수를 이루었으며, 몇몇 계몽사상가들은 직접 과학 연구를 수행하기도 했다. 예컨대 달랑베르(Jean le Rond d'Alembert, 1717-1783)는 수학을 연구했으며, 콩도르세(Nicolas de Condorcet, 1743-1794)는 통계와 수학에 대한 연구를 수행했다.

10-1. 볼테르와 『백과전서』 왼쪽은 프랑스의 화가 Nicolas de Largilliere가 그린 볼테르의 초상화. 오른쪽은 Denis Diderot와 Jean le Rond d'Alembert가 편집한 『백과전서』(*Encyclopaedia or a Systematic Dictionary of the Sciences, Arts and Crafts*)의 표지.

과학과 계몽사상의 상호 관련성을 가장 극명하게 보여준 사례는 『백과전서』(*Encyclopédia*, 1751)였다. 『백과전서』는 지금의 백과사전과 비슷한 형식을 갖추고 정치, 경제, 문화에서부터 과학과 기술에 이르기까지 각 분야의 중요한 지식들에 대해 자세하게 설명한 책이다. 『백과전서』가 계몽시대에 중요했던 것은 그 집필진들 때문이다. 약 15년에 걸친 집필과 출판 과정에서 디드로(Denis Doderot, 1713-1784)와 달랑베르가 편집 책임을 맡았고, 계몽사상가들을 중심으로 한 당시의 지식인들 거의 모두가 집필진으로 참여했다. 이 작업에서 계몽사상가들이 중추적 역할을 했기 때문에, 계몽사상가들을 백과전서파(Encyclopédiste)라고도 부르기도 한다.

계몽사상이 강하게 반영된 『백과전서』는 과학과 기술에 많은 분량을 할애했다. 그리고 이 부분을 서술한 집필자들은 뉴턴주의와 과학을 적극적으로 소개했다. 이는 과학과 뉴턴주의에 우호적이었던 계몽사상가들의 의도가 적극 반영된 결과였다. 물론 『백과전서』는 단순히 지식 전달을 목적으로 한 것이 아니라 궁극적으로는 사회 변혁을 목표로 했다. 이 역시 이성을 바탕으로 한 교육을 통해 최종적으로 사회의 모순을 개혁하겠다는 집필진의 의도에 의해 정해진 방향이었다. 예를 들어 정치체계를 설명할 때 왕정에 관한 항목에서는 부정적인 측면을 강조했고 공화정에 관한 항목에서는 바람직한 체제라는 말을 덧붙임으로써 『백과전서』는 독자로 하여금 사회가 어떠한 방향으로 변해야 할지를 제시해 주었다. 『백과전서』는 2만 부가 넘는 판매고를 올리며 지식인들 사이에서 엄청난 인기를 끌었다. 『백과전서』를 통해 계몽사상가들은 일반 지식인들에게 자신들의 생각을 설파할 수 있었고, 그 안에서 강조되었던 과학과 뉴턴주의는 전문적인 과학자 집단을 넘어 일반 지식인 전체로 널리 퍼져 나가게 되었다.

플로지스톤 이론과 프리스틀리

뉴턴주의는 계몽사조라는 사상 체계와 결합하며 사회 전반의 변화에도 영향을 미쳤지만, 당연히 18세기 과학의 구체적인 변화에도 큰 영향을 미쳤다. 이를 잘 보여주는 사례로 18세기 화학 분야에서 일어난 변화를 들 수 있다. 화학은 18세기 말 라부아지에에 의해 프랑스에서 큰 변화를 맞았고, 과학사에서는 이 과정을 화학혁명이라고 부른다. 화학혁명은 연소 현상을 해명하는 과정에서 산소가 발견되며 본격화되었는데, 이 과정을 이해하기 위해 먼저 라부아지에 이전에 연소 현상을 설명했던 이론을 살펴보자.

라부아지에 이전, 연소 현상은 연소 현상을 일으키는 입자인 플로지스톤(phlogiston) 이론을 통해 설명되고 있었다. 이 이론은 독일의 슈탈(Georg Stahl, 1660-1734)에 의해 처음 제시되었다. 슈탈은 연소 현상을 물체 안에 결합되어 있던 플로지스톤이 빠져 나가는 과정으로 설명했다. 나무가 탈 때 그 안에 있던 플로지스톤을 방출하게 되고, 그 결과 나무가 부스러져 재가 된다는 설명이었다.

플로지스톤은 18세기 과학의 큰 흐름이었던 뉴턴주의에 아주 적합한 이론이었다. 먼저 플로지스톤은 입자라는 점에서 뉴턴주의의 설명을 따르고 있었다. 여기에 더해 플로지스톤은 불에 잘 타는 물체와 잘 타지 않는 물체를 구분하는 기준이 되었다. 나무가 불에 잘 타는 것은 플로지스톤을 많이 함유하고 있기 때문이었다. 게다가 플로지스톤은 연소 현상 이후의 무게 변화도 훌륭하게 설명해 낼 수 있었다. 무거웠던 나무가 불에 탄 후에 재로 변해서 가벼워지는 것은 그 안에 들어있던 플로지스톤이 빠져나갔기 때문이다. 이렇듯 당시의 과학 흐름에 적합한 플로지스톤 이론은 추종자들을 만들어 냈다. 영국의 화학자이자 강연자였던 프리스틀리는 이 이론으로 유명해진 대표적인 과학자였다. 그는 직접 연소에 대한 실험도 많이 수행했고, 그 결과를 강연을 통해 널리 알리면서 플로지스톤 박사라는 별명을 얻을 정도였다.

프리스틀리는 밀폐된 좁은 공간에서 어떤 물질을 태우면 완전히 다 타 버리기 전에 연소 과정이 멈추는 경우가 있다는 점에 집중해서 실험을 수행했다. 그는 물체가 연소되는 과정은 플로지스톤이 빠져나오는 과정이고, 연소가 멈춘다는 것은 플로지스톤이 더 이상 빠져나오지 못하기 때문이라는 결론을 얻었다. 즉 주위의 공기에 플로지스톤이 포화된 상태가 되면 연소가 멈춘다는 것이었다. 그렇다면 공기에 플로지스톤이 하나도 들어 있지 않다면 어떻게 될 것인가? 그 경우에는 아마도 물질의 연소가 엄청나게 잘 일어날 것이다. 프리스틀리는 여러 가지 기체를 분리해 그 안에서 물체를 연소시켜 본 결과를 토대로 가장 연소를 잘 일으키는 공기를 찾아 냈다. 그리고 그 공기를 '플로지스톤이 빠져나간 공기'라고 이름 붙였다.

프리스틀리와 그 동조자들은 플로지스톤 이론을 철석같이 믿고 있었지만, 플로지스톤 이론에 전혀 문제가 없는 것은 아니었다. 가장 대표적인 골칫거리는 금속재의 무게 문제였다. 플로지스톤 이론에 따라 금속을 설명해 본다면, 금속은 플로지스톤을 조금밖에 함유하고 있지 않기 때문에 불에 잘 타지 않는다. 하지만 고열로 가열하면 금속도 타게 되는데, 금속재는 이렇게 만들어진다. 금속은 소량의 플로지스톤만을 함유하고 있었기 때문에 금속재의 무게는 빠져 나간 플로지스톤의 무게만큼 조금 줄게 될 것이다. 하지만 금속재의 무게가 원래 금속보다 조금 가벼운 것이 아니라 조금 무겁다는 사실이 문제였다. 이 문제를 해결하기 위해 프리스틀리를 비롯한 여러 플로지스톤 이론 추종자들은 보조적인 설명들을 제시했지만 모든 사람을 만족시킬 수 없었다.

라부아지에와 산소 그리고 화학혁명

플로지스톤 이론의 문제점을 인식하고 있던 화학자 중 한 명이 프랑스의 라부아지에(Antoine Lavoisier, 1743-1794)였다. 파리에서 태어난 라부아지에는 1760년대 후반부터 화학에 대한 연구를 시작했고, 이후 프랑스 대혁명 시기에 처형될 때까지 과학아카데미를 비롯한 프랑스 과학계의 중심에서 활발한 활동을 벌였다.

1773년 라부아지에는 플로지스톤 이론에서 문제가 되었던 실험들을 반복해서 수행했다. 그는 수은을 가열해서 수은의 금속재를 얻어내는 실험을 수행하면서 그 무게가 얼마나 증가하는지 정확히 측정했다. 이 실험에서 라부아지에는 당시 사람들이 간과하고 있던 점에 주목했는데, 그것은 주위 공기의 무게였다. 라부아지에는 매우 정밀한 실험 장치를 고안해 수은이 금속재로 변할 때 주위 공기의 무게가 조금 줄어드는 것을 측정했다. 그는 수은재에서 늘어난 무게의 양과 공기가 줄어든 양을 비교하는 보충 실험을 통해, 수은재는 줄어든 만큼의 공기가 수은과 결합해서 만들어진 산물이라는 결론을 내렸다. 이후 라부아지에는 도대체 어떤 공기가 수은이 타는 과정에서 결합했는가를 규명하는 연구에 몰두했다.

문제가 되는 공기를 찾기 위해 라부아지에가 다양한 실험을 수행하고 있던 1774년 프리스틀리가 파리를 방문하게 되었다. 프리스틀리는 파리에서 다양한 실험들을 선보였는데, 그 중에는 그가 최근에

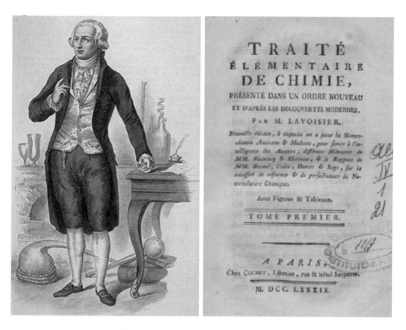

10-2. 라부아지에와 그의 『화학원론』 왼쪽은 Julien Leopold Boilly와 Louis Jean Desire Delaistre가 판화로 새긴 앙투안 라부아지에의 모습이다. 오른쪽은 1789에 출판된 『화학원론』 표지이다.

성공한 아주 어려운 실험이 포함되어 있었다. 프리스틀리는 라부아지에를 만나 자신이 발견한 플로지스톤이 빠져나간 공기에 대해 설명해 주었고, 이 새로운 공기를 사용해 자신이 성공한 실험에 대해서도 알려 주었다. 프리스틀리는 한번 가열해서 만들어 낸 수은재를 다시 엄청난 고온에서 가열시킴으로 다시 수은을 얻어 내는 실험에 성공했었다. 프리스틀리는 수은재가 일반 공기 중에 포함되어 있는 플로지스톤을 흡수해 내면서 다시 수은으로 돌아가게 되었고, 주위에 있던 공기는 수은재에 플로지스톤을 모두 빼앗겨 버려 '플로지스톤이 빠져나간 공기'가 되었으며, 이 플로지스톤이 빠져나간 공기는 연소를 엄청나게 잘 일으키는 성질을 가진다고 라부아지에에게 설명해 주었다. 이 대화에서 라부아지에는 프리스틀리의 플로지스톤이 빠져나간 공기가 자신이 찾고 있던 바로 그 공기라고 생각했다.

라부아지에는 후속 실험을 통해 이 공기가 금속재를 만들어 낸다는 것이 확실하다는 점, 이 공기가 나무와 같은 일반 물질의 연소에도 반드시 필요하다는 점, 그리고 이 공기가 비금속물질들과 반응하여 산(acid)를 만들어 내는 능력을 가지고 있다는 점 등을 확인했다. 라부아지에는 이 공기의 이름을 산을 만드는 원리라는 뜻을 가진 oxygéne으로 붙였다. 라부아지에의 산소가 발견된 순간이었다.

라부아지에를 근대적 화학 체계의 형성 과정에서 중요한 기여를 한 인물로 평가하는 이유는 산소를 발견했을 뿐만 아니라 후속 작업들을 통해 연금술을 근대적인 화학으로 변화시키는 데에 큰 기여를 했기 때문이다. 과학사에서는 이러한 라부아지에의 작업을 화학혁명이라는 용어로 설명한다. 라부아지에를 거치면서 화학은 산소를 중심으로 하는 이론 체계의 변화뿐만 아니라 연구 실행의 방식, 성격, 언어 등 다양한 방면에서 변혁을 거쳤기 때문이다.

라부아지에의 화학 연구의 방식 중 특이한 점은 정확한 계량을 통해 물질의 특성을 파악하는 방법을 중시했다는 것이다. 기체의 무게까지 측정할 정도로 정량적인 작업을 중시했던 라부아지에는 화학 분야의 기본 법칙이 될, 반응에 참여하는 물질들의 무게의 합은 반응 이전과 이후에 동일하다는 이른바 물질보존의 법칙, 즉 지금의 질량보존의 법칙을 제시했다.

라부아지에는 연소 현상을 지배하는 원소에 산소라는 이름을 붙였다. 그는 이러한 방식을 확장하여 다른 원소들에도 이름을 붙이고,

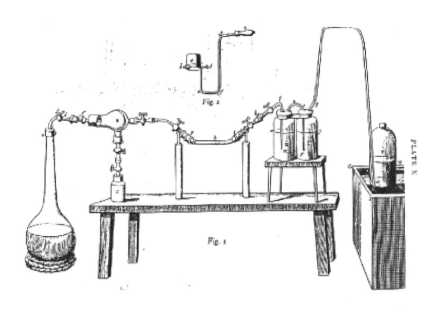

10-3. 플로지스톤 실험과 정밀 측정 기구 라부아지에가 화학 연구 과정에서 실시한 플로지스톤 실험과 당시 사용했던 정밀 측정 기구. 이것들은 모두 그의 『화학원론』에 실려 있다.

화합물을 읽어 내는 방식인 명명법(nomenclature) 체계를 완성했다. 산소를 비롯하여 수소, 탄소, 질소 등이 새로운 이름을 얻어서 새로운 체계 안으로 들어갔으며, 화합물은 그것을 구성하는 원소들의 이름을 사용해 새롭게 명명되었다. 과거에 고정된 공기라 불렸던 기체는 산소와 탄소가 결합된 것이기에 산화탄소(carbon oxide)가 되었고, 초석의 공기라 불렸던 기체는 산소와 질소가 결합한 것이므로 산화질소가 되었다. 라부아지에가 제안한 명명법으로 인해 화학자들은 이름만 보아도 그 구성 성분을 확인할 수 있는 새로운 체계를 손에 넣게 되었다.

라부아지에는 화학을 표현하는 방식에도 변화를 주었다. 그는 반응을 말로 설명하던 과거에 관행에서 벗어나 대수적 방정식을 활용해서 화학 반응을 표현하는 화학 반응식을 사용했다. 이는 화학이 형식적인 면에 있어서도 당시 가장 앞서 가던 물리 과학의 수학적인 표현 방식과 유사하게 변모했음을 의미했고, 화학의 위상이 강화되는 데에 적지 않게 기여했다. 화학 방정식의 도입은 과학아카데미에서 여러 분야의 학자들이 같이 연구를 진행한 결과이기도 했다.

라부아지에의 기여로 마지막으로 거론할 점은 그가 '화학'이라는 용어를 본격적으로 사용했고, 화학이라는 학문 분야 형성에 기초가 될 만한 여러 작업들을 수행했다는 것이다. 라부아지에는 연금술이라는 용어를 버리고 자신과 당대 연구자들의 결과를 묶어 낸 교과서적인 저술을 『화학원론』(*Traité élémentaire de chimie*, 1789)이라는 제목으로 펴냈다. 수학에 에우클레이데스의 『원론』이 있다면 화학에는 자신의 『원론』이 있음을 강조하기 위해 라부아지에가 의도적으로 이런 제목을 선택한 것이었다. 또한 라부아지에는 동료 화학자들의 연구 결과를 모아 『화학연보』(*Annale de Chimie*)라는 학술지도 창간했다. 화학은 독자적인 법칙, 방법론, 언어 체계, 교과서, 학술지까지 갖춘 과학 분과로 탄생하게 되었고, 화학혁명이란 용어는 이러한 변화를 전체적으로 설명하고 있는 것이다.

프랑스혁명기의 과학

산업혁명이 공장제 대량생산에 기반을 둔 산업사회의 출현을 알린 사건이었다면 프랑스혁명은 자유와 평등사상에 입각한 민주사회의 출현을 알린 사건이었다. 프랑스 혁명의 사상적 배경은 계몽사조였다. 18세기 내내 계몽사상가들은 인간 이성의 계발과 잘못된 사회 구조에 대한 개혁을 주장했었다. 프랑스혁명은 이들이 주장했던 사회 구조에 대한 개혁이 급진적인 방식으로 가시화된 사건이었다. 1789년 7월 시민군이 정치범 수용소였던 바스티유 감옥을 습격한 사건이 발발한 후, 약 25년 동안 프랑스는 엄청난 정치적 변혁을 거쳤다. 혁명파의 집권과 자유와 평등을 내세운 인권선언의 발표, 국왕의 공개 처형과 공화국의 선포, 혁명파의 실각, 나폴레옹의 집권과 황제 등극, 대규모 전쟁 수행, 구 왕조의 복귀까지 많은 일들이 일어났다.

이러한 정치적 변혁의 과정에서 과학계 역시 영향을 받을 수밖에 없었다. 과학은 이미 사회 속에 깊숙이 뿌리내려 있었고, 과학과 정치의 관련성이 깊었던 프랑스에서 과학은 사회 변화와 결코 무관할 수 없었다. 혁명 기간 동안 과학자들은 정권의 변화에 따라 상당한 영향을 받았다. 그들의 위상은 정권에 따라 상승하기도, 하락하기도 했으며, 원래 하던 연구를 중단하면서 새 정권에서 요구하는 연구를 진행해야 했다. 심지어는 과학자가 대중 앞에서 공개 처형되는 일이 벌어지기도, 반대로 장관으로 임명되어 큰 성공을 거두기도 했다.

프랑스혁명 기간 동안 프랑스 과학계에서 일어난 가장 놀라운 사건은 과학아카데미의 폐쇄와 라부아지에의 공개 처형이었다. 사실 이것은 과학에 대한 적대감에 의해 빚어진 사건이라기보다 구 왕정 시대의 프랑스 과학계가 너무 정부와 관련이 깊었던 데서 비롯된 정치적인 사건의 성격이 강했지만, 당시 프랑스 과학계는 이 일을 충격적으로 받아들였다.

정권을 잡은 강경 혁명파는 이전 시대에 왕으로부터 지원을 받던 국왕 산하의 모든 아카데미의 문을 닫고 이를 통폐합해서 새로운 기관을 세우겠다는 계획을 수립했다. 혁명파의 눈에 문학 아카데미나 예술 아카데미와 같은 기관은 국가의 발전을 위해 봉사하기 보다는 국왕에게 아첨하는 기관으로 보였기 때문이었다. 그런데 문제는 이러한 국왕 산하의 아카데미 가운데 과학아카데미도 포함되어 있었다는 점이었다. 혁명파는 계몽사상에 동의하는 사람들이 다수를 차지하고 있었고, 그렇기 때문에 과학에도 호의적인 입장을 취하고 있었다. 이에 따라 과학아카데미를 통폐합 대상에서 예외로 할 것인가에 대한 고민이 시작되었고, 당시 과학아카데미와 프랑스 과학계를 대표하는 라부아지에는 과학이 국왕이 아닌 국가를 위해 봉사해 왔다고 의견을 피력하며 과학아카데미의 폐쇄를 막기 위해 혁명파를 설득하기 시작했다.

하지만 몇몇 급진적인 혁명당원들은 과거에 세금징수원 일을 겸했던 라부아지에의 개인 이력을 들추어내어 그를 민중을 핍박한 인물이라 비판했고, 과학아카데미의 폐쇄를 강행해야 한다고 주장했다. 여기에 장인 계층도 동조하고 나섰다. 과학아카데미의 회원들은 장인들이 신청한 특허 서류를 심사하는 일을 업무의 하나로 수행하고 있었는데, 이 과정에서 과학자들과 장인들은 의견 다툼이 많았다. 장인들은 아카데미의 과학자들에 대해 왕의 비호를 받으며 쓸데없는 이론 연구나 하는 사람들이라고 비판하며, 라부아지에의 체포와 과학아카데미의 폐쇄를 주장했다. 이러한 반대 의견들이 점점 더 힘을 얻게 되면서 결국 과학아카데미는 문을 닫게 되었고, 대표자로 여겨졌던 라부아지에는 단두대에서 공개 처형을 당했다.

비록 과학아카데미에 대한 폐쇄 결정을 내리고 라부아지에를 사형시켰지만 혁명파가 과학 자체에 반대한 것은 아니었다. 그들은 과거의 정부와 너무나 밀접하게 연관되어 있던 과학에 대해서 반대했던 것이다. 모든 아카데미를 없애버린 후 혁명파는 프랑스 학사원(Institute de France)이라는 기관을 창설하여 여기에 과거의 아카데미들을 통폐합하여 재배치했다. 이 학사원의 1부로 가장 큰 규모를 자랑하던 분과가 과학이었다. 학사원 1부는 명칭만 새로워졌을 뿐 과거 과학아카데미의 구조와 인원을 거의 그대로 승계했다. 혁명 정부에서도 과학은 여전히 필요하고 중시해야 했던 분야였다.

혁명기에 있었던 과학계의 또 다른 변화는 전문적으로 과학을 교육하는 학교의 개교였다. 제대로 된 교육을 통해 인간 이성을 계발하겠다는 계몽사상에 동조하던 혁명파는 교육 체계의 개혁에 박차를 가했다. 이러한 생각에 따라 문을 연 학교가 에콜 폴리테크닉 (École Polytechnique)이었다. 에콜 폴리테크닉은 처음에는 토목학교로 개교했으나 곧이어 성격을 변화시켜 최고급 교육을 통해 국가의 엘리트를 양성하는 학교로 자리 잡았다. 이 학교의 교수진을 살펴보면, 라플라스가 물리학과 수학을 가르쳤고, 라그랑주가 새로운 수학인 해석학(analysis)을, 몽주(Gaspard Monge, 1746-1818)가 기하학을 가르쳤다. 에콜 폴리테크닉에는 당대 최고의 과학자들이 교수로 포진해 있었던 셈이다. 이들은 자신들의 연구 결과를 바탕으로 강도 높은 교육을 시켰다. 에콜 폴리테크닉을 졸업한 학생들은 사회의 각 분야로 진출했는데, 그 중 하나가 과학 분야였다. 최고급 과학 교육을 받은 학생들 중 다수는 자신의 직업으로 과학자의 길을 선택

10-4. 닥터 플로지스톤 프리스틀리에 반대하는 사람들이 그를 풍자하여 그린 만화. 프리스틀리가 성경을 밟고 영국의 자유를 표현한 문서를 태우는 것을 보여주고 있다.

했으며 향후 뛰어난 과학 활동을 벌였다.

에콜 폴리테크닉은 학사원과 더불어 혁명기 프랑스 과학의 중심지 역할을 수행했다. 이는 많은 과학자들이 교수로 소속되어 있어

서 가능한 일이었다. 이 학교에서는 교수들의 연구 성과와 학생들의 우수한 과제들을 묶어서 『에콜 폴리테크닉 저널』(*Journal de l' École Polytechnique*)이라는 정기 간행물을 출간했는데 이것의 수준은 유럽 내의 어느 학회지보다도 우수했다. 이 간행물은 또한 많은 과학자들의 데뷔 무대가 되기도 했다.

과학의 전문직업화

프랑스혁명을 거치며 과학계는 많은 변화를 겪었지만, 마지막으로 언급해야 할 의미 있는 변화는 과학이 전문 직업의 반열에 올라서게 되었다는 점이다. 과거에 전문 직업으로 대접받은 직종은 중세 대학에서 전문 학부에 소속되어 있던 세 직종, 즉 성직, 법률직, 의사직 세 가지 뿐이었다. 전문 직업으로 대접받았다는 말은 아무나 그 직업을 택할 수 없고 자격이 인정된 사람들만이 그 직업을 택할 수 있었음을 의미한다. 프랑스혁명을 거친 이후 과학은 앞의 세 직종과 더불어 전문 직업으로 인정을 받게 되었다.

전문 직업으로 인정받기 위해서는 보통 다음의 세 가지 정도의 요건이 충족되어야 한다. 첫째로 전문 직업은 단순한 업무가 아니라 체계적인 학문적 지식 습득을 가지고 일을 수행함을 전제로 한다. 이는 전문 직업이 육체노동이나 경험에 의해 숙련된 기술과 구별된다는 뜻이다. 둘째로 전문 직업은 그 직종에 종사함으로써 경제적인 문제가 해결될 수 있어야 한다. 과학으로 말하자면 연구가 되었건 교육이 되었건 간에 과학만 가지고 수입을 올려서 생계를 유지할 수 있어야 한다는 의미이다. 세 번째 요건은 그 직업에 종사하는 사람들이 스스로 배타적인 권한을 소유하고 있어야 한다는 점이다. 이는 그 직업군에 들어갈 수 있는 사람들의 자격을 판단할 수 있는 권한을 전문 직업 자체가 지닌다는 것을 의미하는데, 예를 들자면 의사협회에서 의사 자격증을 발급할 수 있는 것과 같다.

프랑스혁명기 이전 프랑스에서는 위의 세 가지 요건 중 첫 번째만 충족된 상태였다. 과학혁명을 거치면서 과학의 수준이 상당히 높아졌고, 18세기에는 과학자로 활약하기 위해서 상당히 체계적인 교육이 필요한 상황에 도달해 있었다. 둘째와 셋째 요건은 프랑스혁명을 거치면서 충족되었다고 할 수 있다. 둘째 요건은 혁명기 동안 에콜 폴리테크닉과 같은 기관들이 생겨나면서 과학자들이 과학의 연구와 교육만을 통해 돈을 벌 수 있는 여건이 만들어지면서 충족되었다. 프랑스에는 많은 고급 학교들과 경도국, 자연사 박물관과 같은 기관들이 연이어 생기며 과학자들이 자신들의 지식을 활용해 생계를 유지할 수 있는 일자리가 많아졌다.

마지막 세 번째 요건은 혁명기 동안 과학자들이 행정직을 맡고 정책 결정 과정에 참여하면서 스스로의 위상을 높여 가는 과정에서 달성되었다. 라부아지에는 화약의 제조와 수급을 책임지는 화약 행정직을 수행한 적이 있으며, 수학자 몽주(Gaspard Monge, 1746-1818)는 해군장관으로 임명되어 전쟁 준비 및 물자수급을 총괄하는 일을 수행했다. 물리학자 라플라스(Pierre-Simon Laplace, 1749-1827)는 내무부장관직을 수행했고, 수학자 푸리에(Joseph Fourier, 1768-1830)는 오랜 기간 동안 도지사직을 맡았다. 혁명 기간 내내 과학자들의 행정 참여는 계속되었다. 이 과정에서 과학자들은 자신들의 능력을 보여 주며 정치권으로부터 인정을 받을 수 있었고, 정부는 과학이 여러모로 쓸모 있는 분야이며 법관이나 의사처럼 특별한 권한을 부여해 줄 필요가 있는 직종임을 점차 깨닫게 되었다.

혁명기에 추진된 미터법 개혁 프로젝트는 이러한 믿음을 더욱 강화시켰다. 프랑스 전역에서 수십 가지가 넘는 단위가 사용되고 있음에 문제의 심각성을 느낀 프랑스 혁명 정부는 도량형을 통일하기 위한 프로젝트를 진행할 것을 과학아카데미에 지시했다. 10만 리브르라는 당시로서는 어마어마한 금액이 투입된 이 프로젝트에서 과학아카데미는 지구의 둘레를 기준으로 하는 단위의 제정을 결정했다. 이 프로젝트는 과학아카데미가 폐쇄된 이후에도 학사원을 중심으로 계속 추진되었으며, 결국 지구 둘레의 4천만분의 1을 1m로 정한 표준단위가 제정되었다. 이러한 종류의 프로젝트는 과학자가 없었다면 달성하기 힘든 종류의 거대한 사업이었고, 이 결과는 국가 운영에 큰 도움을 주는 성과이기도 했다.

프랑스혁명기에 과학은 국가가 필요로 하는 지식과 과학자라는 인력을 제공했고, 그 대가로 전문 직업으로 전환하기 위한 정치적, 법률적 권한을 국가로부터 부여 받았던 것이다. 과학의 전문 직업으로의 전환은 곧이어 다른 국가들에서도 이루어지게 되었다. 유럽 내의 국가들은 프랑스의 모델을 따라 과학을 전문 직업으로 전환해 나갔고, 과학의 전문직업화는 곧이어 미국으로, 그리고 결국에는 전 세계로 퍼져 나가게 되었다.

11
다윈과 진화론

흔들리기 시작한 종에 대한 고전적인 생각

19세기 초반까지 사람들은 신이 세상을 창조할 때 같이 만들어 낸 생물들이 당시까지 이어지고 있다고 생각했다. 물론 신이 만들어 낸 생물들 중 세상에서 사라진 것도 있었다. 성서에 나오는 대홍수 때 세상에서 사라져 버린 생물들도 있었고, 신의 뜻에 따라 멸종이 된 경우도 있었다. 하지만 원래 없었던 생물 종이 새롭게 생겨나는 것이나 원래의 종이 다른 종으로 변화하는 것은 불가능하다 여겼다. 당시 사람들에게 생물 종은 고정되어 있었다.

19세기 영국에서는 이러한 생각을 신학적으로 체계화한 입장이 널리 인정되고 있었다. 이것을 자연신학(natural theology)이라 하는데, 자연신학은 윌리엄 페일리(William Paley, 1743-1805)에 의해 널리 알려졌다. 페일리는 자신의 저서에서 세상에 존재하는 모든 것은 아무리 하찮아 보일지라도 신의 깊은 뜻을 담고 있다고 말했다. 그는 심지어 벌레조차도 신이 의도를 가지고 창조한 결과물로 여겼으며, 따라서 자연 안에서 신의 뜻을 찾아낼 수 있음을 강조했다. 이러한 입장에서 보면, 현재의 모든 생물들은 창조 당시 신의 뜻을 담고 있는 결과물이다. 그리고 이러한 생물들은 갑자기 생겨나거나 변화할 수 없었다.

하지만 신학계에서 자연신학이 상당한 영향력을 발휘하고 있던 것과는 별개로 과학계에서는 종의 고정성에 대한 의문이 간간이 제기되고 있었다. 우선 근대 이후 유럽 사람들이 아시아나 아프리카로 이주를 시작하면서 발견하게 된 새로운 생물들이 문제가 되었다. 몇몇 새로운 생물들은 유럽인들이 가지고 있던 분류 체계에 들어맞지 않는 경우가 있었던 것이다. 게다가 분명하게 확인되는 잡종의 문제도 골칫거리였다. 말과 당나귀를 교배시켜 노새가 나올 수 있다면 다른 잡종도 불가능하지 않을 것이라는 의문이 계속되었다. 이러한 상황 속에서 분류학 체계를 새롭게 제시했던 자연사학자 린네(Carl von Linné, 1707-1708)는 종의 변화 가능성을 완전히 받아들이지는 않았지만, 그것을 완전히 부정할 수도 없다는 애매한 입장을 취하기도 했다.

여기에 더해 18세기부터 본격적으로 연구되기 시작한 화석도 새로운 문제들을 던져 주었다. 18세기부터 광산 개발이 본격화되며 땅속 깊은 곳을 살피는 과정에서 과거 생물들의 흔적을 보여주는 화석들이 많이 출토되었다. 화석은 생성될 당시의 지질학적인 특징을 보여줌과 동시에 과거 생물들의 모습을 보여 주었기 때문에 자연사학자들의 관심의 대상이 되었다. 화석에서 출토된 과거 생물들의 모습은 현재에 생존해 있는 생물들과는 사뭇 달랐다. 여기에서 두 가지의 의문이 제기되었다. 그 하나는 화석은 언제 생성된 것인가 하는 문제였고, 다른 하나는 왜 화석에서 나오는 생물은 현재의 생물과 다른가의 문제였다. 지질학자들은 첫 번째 문제에 집중하며 지구의 역사에 대한 탐구를 본격적으로 시작했다. 그리고 비교해부학자들은 두 번째 문제를 규명하기 위해 노력했다.

19세기 초의 대표적인 비교해부학자로는 프랑스의 퀴비에(Georges Cuvier, 1769-1832)가 있었다. 퀴비에는 프랑스의 과학아카데미와 자연사 박물관 등에서 상당한 명성을 쌓으며 비교해부학을 연구하는 자연사학자였다. 퀴비에는 당시 발견된 화석에서 출토된 동물들의 뼈를 연구하여, 과거 생물들의 모습을 복원하는 연구와 현재 생물과 과거 생물의 구조를 해부학적으로 비교하는 연구를 수행했다. 퀴비에의 유명한 연구 결과 중에는 코끼리를 닮은 과거 생물의 복원이 있었다. 퀴비에는 이 화석을 분석하면서 이 생물이 코끼리와 생김새가 비슷하기는 하지만 분류학적으로 별개인 다른 종이라고 주장했다.

퀴비에는 코끼리와 비슷하게 생긴 과거의 생물체가 현재에는 멸종했으며, 코끼리와는 차이가 많기 때문에 다른 종이라고 주장했다. 그는 이러한 화석 증거를 토대로 과거 지구에 생물들을 멸종시킬 정도의 큰 변혁이 있었다는 격변설을 옹호했다. 이러한 격변설은 대홍수를 강조하는 신학적인 설명과 일치하는 것이었다. 하지만 퀴비에가 과거 생물과 코끼리의 해부학적인 차이점을 강조한 것과는 달리, 모양새의 유사점을 강조하는 사람들도 있었다. 똑같지는 않지만 상당히 유사한 형태의 두 가지 생물이 과거와 현재에 지구상에 존재했다는 화석 증거는 과거 생물이 변화하여 지금의 생물이 된 것이 아닌가라는 생각의 가능성을 열어 놓았기 때문이다. 몇몇 자연사학자는 변화를 통한 새로운 종의 탄생을 심각하게 받아들이기 시작했다.

종의 변화 가능성, 즉 진화의 가능성을 심각하게 받아들였던 자연사학자 중 한 명은 프랑스의 라마르크(Jean-Baptiste Lamarck, 1744-1829)였다. 라마르크는 1809년 발표한 『동물철학』(*Philosophie Zoologique*)에서 자주 사용하는 기관은 점점 발달하고 잘 사용하지 않는 기관은 퇴화하는데, 오랜 시간 동안 이러한 변화가 누적되면 처음 생물과는 사뭇 다른 형태의 생물이 나타나게 되고 이러한 과정을 통해 진화가 일어난다는 주장을 제기했다. 기린의 목이 처음에는 길지 않았지만 높은 나무에 열린 열매를 먹다보니 목이 발달해서 지금의 기린이 되었다는 설명이 이에 해당한다. 라마르크의 진화론은 '용불용설(用不用說)'이라 불린다.

라마르크의 용불용설은 진화론을 본격적으로 제시했다는 점에서 의미를 가지고 있었으나 당시에는 상당한 비판을 받았다. 특히 당시 프랑스 자연사학계에서 상당한 영향력을 행사하던 퀴비에는 라마르크의 이론에 대해 해부학적인 근거를 제시하며 강하게 비판했다. 라마르크가 학자들을 대상으로 논문을 발표하지 않고 일반인을 대상으로 책을 통해 이론을 제시한 것도 문제시되었다. 하지만 라마르크의 이론에 수긍하는 사람들도 생겨났고, 그의 이론은 영국에도 알려졌다. 영국에서 라마르크의 이론을 본격적으로 소개한 사람은 루나협회의 회원이기도 했던 이래즈머스 다윈이었다. 이래즈머스 다윈은

『동물학』(*Zoonomia*)이란 저서를 발표했고, 여기서 라마르크의 용불용설을 옹호하는 입장을 보였다. 프랑스에서 시작된 진화론이 영국까지 전파되기 시작한 것이다. 그리고 진화론은 이래즈머스 다윈의 손자인 찰스 다윈에 의해 완성된다.

찰스 다윈과 그의 비글호 항해

찰스 다윈(Charles Darwin, 1809-19882)은 1809년 의사 집안에서 태어났다. 그의 할아버지와 아버지도 의사였다. 다윈의 아버지는 자식들에게 가업을 물려주기 위해 찰스 다윈과 그의 형을 의대에 입학시켰다. 이렇게 아버지의 바람대로 다윈은 에딘버러 대학 의대에 입학했으나 곧 그는 의학에 흥미가 없음과 자신이 의사로서의 자질이 부족함을 깨닫고 학업을 포기하게 된다. 다윈은 그 후 다시 신학을 공부하라는 아버지의 뜻에 따라 케임브리지 대학에 입학했다. 케임브리지 대학 시절 다윈은 페일리의 『자연신학』등을 읽으며 신학에 관심을 잠시 보이기도 했지만, 곧 그의 관심사는 다른 분야로 급격하게 이동하였다. 평소에 관심이 있어서 수강을 시작했던 식물학 수업에서 큰 흥미를 느꼈던 것이다.

다윈이 수강했던 수업을 담당한 인물은 헨슬로우(John Stevens Henslow, 1796-1861) 교수였다. 헨슬로우는 식물학 및 곤충학 전문가로의 자연사 분야 전반에 대한 해박한 지식을 바탕으로 강의를 진행했다. 다윈은 헨슬로우의 강의를 수강하면서 자연사 분야에 대한 본격적인 지식을 습득하기 시작했다. 헨슬로우는 자신의 수업을 계속해

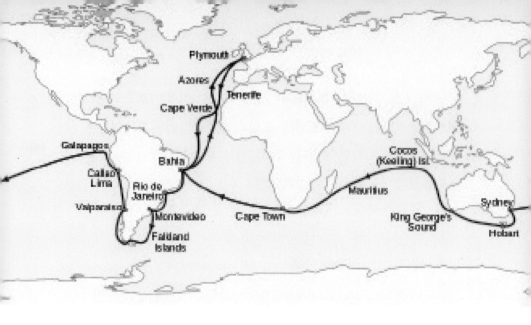

11-1. 비글호 여행 루트 찰스 다윈이 1831－1836년 사이에 비글(Beagle)이라는 배를 타고 탐사 여행을 했던 경로이다.

서 수강하는 다윈을 눈여겨보게 되었고, 결국 이들 사제는 채집 여행을 같이 나갈 정도로 급속히 가까워졌다. 헨슬로우는 다윈에게 실제 자연사 연구의 대상이 되는 식물이나 동물, 그리고 광물을 어떻게 관찰하고 수집해야 하는지에 대한 현실적인 조언들을 해주었고, 이러한 가르침은 다윈이 자연사학자로 성장하는 데 밑거름이 되었다.

　헨슬로우는 자연사 지식과 연구 방법을 전수해 주었다는 것 이외에도 다양한 면에서 다윈의 삶에 영향을 미쳤다. 먼저 헨슬로우는 다윈이 케임브리지 대학의 다른 유명 인사들과 친분을 쌓을 기회를 만들어 주었다. 헨슬로우는 학자들의 모임에 다윈을 대동하고 참석하여 젊은 다윈을 다른 교수들에게 소개했다. 이러한 모임을 통해 다윈은 지질학자인 애덤 세지웍(Adam Sedgwick, 1785-1873)을 만나고 그로부터 지질학 탐사에 대한 현실적인 조언을 받을 수 있었다.

헨슬로우의 도움은 여기에 그치지 않았다. 헨슬로우는 다윈의 삶을 바꾸어 놓을 여행을 제안한 장본인이었다. 다윈이 졸업을 얼마 남겨 놓지 않았을 때, 헨슬로우에게 영국 해군에서 의뢰가 하나 들어오게 된다. 영국 해군에서는 남아메리카 남단 쪽의 지형 및 식생을 조사하기 위한 탐사선을 출항시키기 위해 준비하는 도중, 이 배에 자연사학자가 한 명 탔으면 좋겠다는 선장의 의견에 따라 헨슬로우 교수에게 적절한 인재 추천을 의뢰했던 것이다. 추천 제안을 받은 헨슬로우는 지체 없이 다윈을 추천했고, 결국 다윈은 여행을 떠나게 되었다. 다윈의 비글호 항해는 이렇게 시작되었다.

다윈이 탑승한 배인 비글호는 1831년 12월 27일 영국의 데번포트 항을 출발했다. 비글호의 선장은 피츠로이(Robert Fitzroy, 1805-1865)였다. 피츠로이는 자연사 및 과학에 상당한 관심을 가지고 있던 인물이었으며, 항해 기간 동안 다윈과 어울려 지내며 다윈의 조사를 적극 지원했다. 비글호는 카나리아 제도와 카보베르데 제도를 거쳐 브라질에 도착한 후 목적지인 남미 최남단의 푸에고 섬을 향했다.

비글호가 남아메리카 동쪽 해안선을 따라 남하하는 항해 동안 다윈은 틈나는 대로 육지에 상륙하여 남아메리카 대륙의 식생 및 지질을 조사했다. 다윈은 팜파스 평원을 가로지르는 여행을 통해 그곳의 동물과 식물, 그리고 지형을 탐사했다. 다윈은 배를 빌려 타고 강을 거슬러 올라가는 여행도 했으며, 이러한 내륙 답사 여행에서 지형과 생물의 분포 사이에 어떠한 상관관계가 있음을 관찰했다. 다윈은 강을 기준으로 서로 다른 지역에 다른 색깔의 토끼가 분포함을 확인했고, 높은 언덕이 구분선이 되어 서로 다른 색깔의 소들이 서식하고 있

11-2. 찰스 다윈 위쪽부터 순서대로 젊을 때의 다윈의 모습과 1868년의 다윈의 모습이다. 마지막은 『인간의 유래』를 출판한 후 1871년 다윈을 원숭이로 풍자한 그림이다.

다는 것도 관찰했다. 다윈은 어렴풋이나마 환경과 생물의 관계를 파악하기 시작했던 것이다.

대륙의 가장 남쪽에 위치한 푸에고 섬에서 원주민을 관찰한 경험 또한 다윈에게 큰 자산이 되었다. 비글호는 이전에 한번 푸에고 섬으로 항해한 적이 있었고, 선장 피츠로이는 비글호 1차 항해 때 푸에고 섬의 원주민 3명을 영국으로 데려왔었다. 다윈이 탑승한 비글호의 2차 항해 때 바로 이 원주민들이 같이 승선하고 있었다. 피츠로이 선장이 이들을 고향을 데려다 주기로 했던 것이다. 하지만 고향에 발을 디딘 원주민들의 반응은 다윈에게 충격으로 다가왔다. 원주민들은 자신의 고향 사람들이 너무 미개해서 같이 살 수 없으니 제발 자신들을 떼어 놓지 말라고 울먹였던 것이다. 아쉬움을 남기고 이들을 내려놓고 몇 개월 지난 후, 다시 푸에고 섬에 들러서 확인한 원주민들의 변한 모습은 다시 다윈에게 놀라움을 안겨 주었다. 단 몇 개월 사이에 원주민들은 다시 부족 생활에 완전히 동화되어 이번에는 영국으로 절대 돌아가지 않겠다고 말했던 것이다. 이러한 경험을 통해 다윈은 인간도 주어진 환경에, 그것이 자연 환경이건 문화적 환경이건 간에, 영향을 받는다는 점을 깨달았다.

다윈을 태운 비글호는 대륙의 서쪽 해안선을 따라 북상했으며, 이번에도 다윈은 틈나는 대로 상륙하여 탐사를 계속했다. 다윈은 안데스 산맥을 횡단하는 등정을 통해 고도에 따른 생물의 변화를 관찰했고, 산맥의 동쪽과 서쪽 지역의 생물 분포가 어떻게 다른지에 대해서도 조사했다.

칠레와 페루 해안선을 따라 북상한 비글호는 갈라파고스 제도, 타

히티 섬에 방문한 후, 뉴질랜드와 호주, 인도네시아 남부, 아프리카 남부까지 이르는 항해를 계속했다. 갈라파고스 섬에서 다윈은 거북이와 핀치 새의 분포가 섬에 따라 다르다는 점을 관찰했다. 특히 수십 킬로미터 정도 떨어져 있는 섬들에 서식하는 핀치 새의 부리 모양이 먹이에 따라 상당히 다르다는 관찰은 나중에 그가 자연선택이라는 개념을 만들어 내는 데 중요한 역할을 하였다. 하지만 갈라파고스 제도의 경험만이 다윈의 진화론에 큰 영향을 준 것은 아니다. 다윈은 남미 대륙에서 한 엄청난 관찰과 경험을 통해 자신 이론의 단초들을 마련했기 때문이다.

비글호는 다시 브라질을 거쳐 1836년 10월 2일에 영국으로 돌아왔다. 꼬박 5년 정도 걸린 여행 기간 동안 다윈은 진화에 대한 생각을 진지하게 하게 되었으며, 나중에 활용하게 될 엄청난 증거 자료들을 수집했다. 그는 저녁에 숙소에 머무르는 시간에는 각 지역 사람들에게 그곳의 사회와 문화, 그리고 생물들의 특징에 대한 질문을 던지며 정보를 수집했다. 이러한 경험들은 다윈이 나중에 인간의 유래에 대해 고민을 하게 되는 배경이 되었다.

또한 그는 배가 이동하는 동안에는 독서를 통해 자신의 부족한 부분을 채워 나갔다. 항해 기간 동안 다윈이 꼼꼼히 탐독한 책은 영국의 유명한 지질학자 찰스 라이엘(Charles Lyell, 1797~1875)의 『지질학 원리』(*Principles of Geology,* 1830)였다. 라이엘은 자신의 저서에서 지표면의 변화를 설명하는 이론으로 동일과정설을 제시했다. 점진적인 지구의 변화를 주장한 동일과정설을 통해 라이엘은 퇴적, 침식, 풍화 작용과 같은 미세하지만 점진적으로 일어나는 변화들이 누적되어 지형이 형성되었음을 주장했다. 다윈은 라이엘의 동일과정설을 진지하게 받아들이며, 여행 기간 동안 동일과정설을 지지하는 증거들을 수집했다. 다윈은 동일과정설을 수용하게 되면서 그 이론에 바탕이 되는 다른 한 가지 주장 곧 점진적인 미세한 변화가 누적되어 지형이 형성되기 위해서는 엄청난 시간이 필요하다는 것도 받아들이게 되었다. 이에 라이엘은 지구의 나이를 당시 신학적인 계산에 의해 6,000년 정도라고 받아들였던 것과는 달리 억 년 단위로 늘렸다. 다윈은 긴 지구의 나이를 받아들였고, 이는 나중에 진화가 일어날 충분한 시간을 설명하는 과정에 활용되었다.

『종의 기원』과 자연선택설

비글호 항해에서 귀환한 후 다윈은 본격적인 자연사학자로의 삶을 시작했다. 그는 먼저 자신이 여행 중에 감명 깊게 읽었던 『지질학 원리』의 저자 라이엘을 찾아 나섰다. 라이엘을 만난 다윈은 자신이 남아메리카로 탐사 여행을 수행하는 동안 동일과정설을 지지하는 많은 증거들을 확인했음을 설명했다. 유럽의 지형을 바탕으로 이론을 제시한 라이엘에게 지구 반대편에서도 자신의 이론을 지지하는 증거를 확인했다는 다윈의 설명은 너무나 기쁜 소식이었다. 이후 라이엘과 다윈은 급속하게 친해졌고, 다윈은 라이엘의 소개로 지질학회에 참석하면서 자연사학자로서의 경력을 쌓아 가기 시작했다. 자신의 여행 경험을 정리해 출판한 『비글호 항해기』(*The Voyage of the Beagle*, 1839)가 출판되자 학계에서 다윈의 명성도 올라갔다.

학회 활동을 지속하면서 다윈은 자신이 항해 기간 동안 어렴풋이 생각한 환경과 생물의 관계에 대해 심각하게 고민하기 시작했다. 그는 자신이 모은 증거들의 의미를 다양한 분야의 전문가들에게 자문을 거치면서 차례대로 확인했다. 특히 다윈이 저명한 조류 분류학자인 존 굴드(John Gould, 1804-1881)에게 의뢰한 갈라파고스 군도의 핀치 새에 대한 자문은 향후 그의 연구에 큰 영향을 주었다. 다윈은 여행에서 각 섬에 살고 있는 핀치 새의 부리가 상당히 다르다는 점을 확인했고, 이의 원인으로 먹이의 차이 정도를 생각했었다. 그런데 자문을 맡았던 굴드는 이 핀치 새들이 서로 다른 종이라고 확인해 주었던 것이다. 다윈은 환경의 차이, 형태의 변화, 그리고 종의 분화의 관계에 대한 설명 체계를 고안하기 시작했다.

　이때부터 다윈은 식물원 등의 기관을 방문하여 다양한 정보를 수집했고, 여러 부류의 사람들을 만나서 조언을 구했다. 다윈이 조언을 구한 사람 중에는 원예가나 육종가도 있었다. 원하는 형태의 식물을 길러 내는 원예가와 특이한 품종의 동물을 사육해 내는 육종가는 교배를 통해 자신들의 목적을 이루어 내고 있었다. 다윈은 이들에게 구한 자문을 통해 원예가나 육종가는 원하는 품종을 선택해서 번식시키고 그렇지 않은 품종은 번식하지 못하게 함으로써 새로운 형태나 특성을 가진 품종을 만들어 냄을 확인했다. 즉 이들은 인공적인 선택(artificial selection)의 과정을 통해 목적을 이루어 내고 있었던 것이다.

　다윈은 인공 선택에 대응되는 과정이 자연에서 일어난다고 생각했다. 그런데 품종 개량의 과정에서는 인간이 선택을 하지만 자연에서는 그 선택을 누가 하는가? 이 문제에 대해 고민하던 다윈은 우연하게 읽게 된 책에서 해결의 실마리를 찾게 되었다. 그 책은 경제학자이자 인구학자인 맬더스(Thomas Robert Malthus, 1766-1834)의 책 『인구론』(*An Essay on the Principle of Population*)이었다. 맬더스는 자신의 저서에서 인류가 아무리 다양한 방법을 동원해 식량 증산에 힘쓰더라도, 식량 생산은 2, 4, 6배 등의 산술급수적으로만 증가하지만 인구수는 2, 4, 16배 등의 기하급수적으로 증가하기 때문에 필연적으로 식량 확보를 위한 생존 경쟁이 일어날 수밖에 없다고 주장했다. 이 책에서 다윈은 '경쟁'이라는 단어를 찾아낸 것이다.

다윈은 자연세계에 사는 생물들이 필요 이상으로 많은 번식을 한다는 점을 깨달았다. 예를 들어 물고기 한 마리가 부화시키는 새끼 물고기의 수는 수만 마리에 이른다. 이렇게 많은 수의 생물은 모두 다 생존할 수 없으며 대부분은 사망한다. 생존한 생물은 살아남기 위한 경쟁에서 승리한 개체들이다. 생존 경쟁에서 살아남을 가능성은 주어진 환경에 적합한 특징을 가질수록 유리하다. 자연에서는 자연 스스로가 환경에 적합한 특성을 가진 생물을 선택적으로 생존시키는 셈인 것이다. 이러한 생각에서부터 다윈은 자신의 진화 이론인 '자연선택'(natural selection)을 명료하게 떠올리게 되었다.

다윈의 자연선택설은 다음과 같은 이론이다. 자연세계에서 생물은 필요 이상으로 너무 많은 후손을 생산한다. 그런데 이 자손들은 아주 미세한 부분에서 조금씩 다른 특징들을 가지고 있다. 이 미세한 특징들은 수많은 자손들이 주어진 환경에서 살아가는 데 긍정적 혹은 부정적으로 작용한다. 따라서 환경에 적합한 특성을 가진 개체만이 경쟁에서 살아남게 된다. 살아남은 개체는 다시 후손을 생산하게 되고,

부모 세대가 가진 특성은 후손들에게 유전된다. 이 과정이 장시간 반복되게 되면 처음 생물과 상당히 다른 특성을 가진 생물이 나타나게 될 것이다. 이렇게 해서 자연선택의 과정에 의해 새로운 종이 출현하게 된다.

다윈은 상당한 고민과 정보 수집, 독서, 자문 등을 통해 결국 자연선택설을 구체적인 수준까지 생각해 냈지만 바로 발표하지는 못했다. 그 이유는 다윈 스스로도 자신의 이론이 상당히 급진적인 면이 있다고 여겼기 때문이다. 다윈의 생각대로 자연선택에 의해 새로운 종이 출현한다면 이는 기독교의 신학적 설명과 정면으로 배치되는 것이었기 때문이다. 게다가 다윈의 가장 든든한 조력자가 되어 있었던 라이엘의 견해도 다윈이 자신의 이론 발표를 미루는 원인이 되었다. 라이엘은 자신이 지표면의 점진적인 변화를 주장했지만 그 변화를 생물까지 적용할 생각은 추호도 없다고 밝히고 있었기 때문이다. 게다가 1844년에 일어난 하나의 사건은 다윈을 더욱 주저하게 만들었다. 그해 영국에는 『창조의 자연사에 관한 흔적들』(*Vestiges of the Natural History of Creation*)이란 이름의 책 한 권이 출판되었는데, 이 책은 종의 변화 가능성을 주요 내용으로 삼고 있었다. 이 책은 출판됨과 동시에 대중적으로 대단한 인기를 끌었는데, 저자가 밝혀지지 않았기 때문에 더욱 논란거리가 되었다. 당시 지질학회에서도 이 책에 대한 토론회가 열렸는데, 연사로 나선 라이엘은 터무니없는 내용을 근거도 없이 주장하는 쓰레기 같은 책이라고 혹평을 쏟아냈다. 이 광경을 옆에서 지켜 본 다윈은 진화를 주장하는 자신의 이론이 발표될 경우의 논란을 예상할 수 있었다. 나중에 밝혀진 일이지만 『창조의 자연사에 관한 흔적들』은 그 책을 출판했던 출판업자가 인기를 끌 목적으로 일부러 익명으로 출판한 책이었다.

다윈은 자신의 이론이 논란 없이 인정받기 위해서는 수많은 증거를 제시할 필요가 있다고 생각했다. 그는 자연선택을 뒷받침해 줄 만한 다양한 증거 자료를 수집하기 위해 왕립식물원을 수시로 방문했고, 전 세계의 자연사학자들과 서신을 교환했다. 그러던 중 1858년 6월 다윈은 월러스(Alfred Russel Wallace, 1823-1913)라는 젊은 학자가 쓴 논문 한 편을 배달 받았다. 월러스는 아시아의 말레이시아와 인도네시아 지역에서 탐사 여행을 수행하는 과정에서 확인한 여러 증거를 통해 자연에서는 환경에 적합한 특징을 가지고 있는 개체가 살아남게 되며, 이 개체들이 자신이 가진 특성을 후손에게 물려주는 과정이 긴 시간 반복되면 새로운 종이 만들어질 수 있음을 알게 되었다고 논문에 동봉된 편지에서 말하고 있었다. 논문은 그 내용을 정리한 형태로 집필되어 있었다. 월러스는 저명한 자연사학자인 다윈이 자신의 견해를 한번 검토해 줄 것을 요청하고 있었다.

월러스의 논문을 받은 다윈은 충격을 받을 수밖에 없었다. 월러스의 논문에 담긴 내용은 정확히 자신이 십년 넘게 발표를 망설이던 자연선택설과 동일했기 때문이다. 다윈은 이 문제에 대해 라이엘과 긴급히 상의했고, 라이엘은 두 명의 자연사학자의 중재에 나섰다. 라이엘은 월러스에게 사실 다윈이 이미 오래 전에 그 이론을 완성한 단계였음을 설명하는 편지를 보냈고, 공식적으로는 다윈과 월러스 두 명 모두의 발견으로 인정할 계획임을 밝혔다. 한편으로 라이엘은 다윈에게는 충분한 논의를 담은 책을 서둘러 집필할 것을 권유했다. 월러

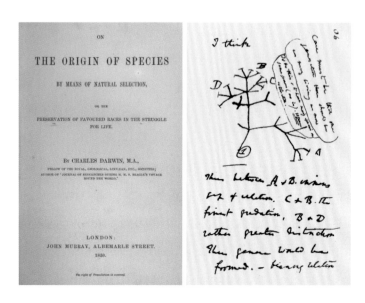

11-3. 『종의 기원』과 다윈의 메모 왼쪽은 1859년 출판된 『자연선택에 의한 종의 기원』의 표지이다. 『종의 기원』을 출판하기 전인 1837년부터 다윈은 진화론에 대한 생각을 메모하기 시작했다. 오른쪽은 그가 그린 evolutionary tree이다.

스의 편지를 받은 지 한 달 후 다윈은 자신의 자연선택설에 대한 요약문을 월러스의 논문과 함께 발표했다. 그리고 서둘러 책을 쓰기 시작했다. 책은 1년 정도의 시간이 흐른 후인 1859년에 완성되어 출판되었다. 제목은 『자연선택에 의한 종의 기원』(*On the Origin of Species by Means of Natural Selection*)이었다.

자연선택설의 제안에 영향을 준 요소들

다윈이 자연선택설을 담은 『종의 기원』을 출판하는 데에는 실로 다양한 요인들이 영향을 미쳤다. 당시 자연사 학자들의 지질학적 연구와 화석 연구 결과들은 다윈이 진화의 가능성을 생각하는 데 영향을 주었다. 물론 진화론을 옹호했던 할아버지의 영향과 자연사에 대한 관심을 묵인했던 가족의 영향도 중요하게 작용했다.

이와 더불어 영국 특유의 과학 분위기도 다윈의 이론 형성에 영향을 미쳤다. 영국의 과학 분위기 중 하나는 젠틀맨 계층의 고급문화로 자리 잡은 과학 활동과 실험과 자연사에 대한 관심이었다. 이러한 분위기 속에서 성장한 다윈은 큰 거부감 없이 자연사에 대한 관심을 지속시킬 수 있었고, 가족들도 다윈의 선택을 존중해 주었다. 대학 시절 다윈이 헨슬로우 교수와 여러 유명 인사들이 참석한 회합에 참여할 수 있었던 것도 상류 문화로서 과학이 자리 잡고 있었기 때문이다. 왕립학회와 비슷한 형태로 조직된 지질학회에서 다윈이 환영을 받았던 것도 같은 이유로 생각할 수 있다.

고급문화로서 과학 이외에 영국의 베이컨주의도 다윈에게 영향을 미쳤다. 영국에서는 베이컨의 영향이 상당히 오랜 동안 지속되었는데, 다양한 정보를 수집하여 이론을 구축하라는 베이컨의 가르침은 많은 학자들에게 받아들여지고 있었다. 다윈은 비글호 항해 시기부터 시작해 영국으로 돌아온 후에도 자신의 이론을 구축하기 위해 수많은 증거 자료들을 수집했다. 일단 이론을 정립한 후에도 그는 식물원 등의 기관을 방문해서 증거를 보충했고, 많은 사람들에게 자문을 통해 정보를 수집했다. 심지어 다윈은 원예가나 육종가와 같은 과학자가 아닌 사람들에게까지 정보를 수집했다. 다윈은 어떤 의미에서 베이컨의 가르침을 몸소 실천한 과학자였던 셈이다.

여기에 덧붙여서 거론해야 할 요소는 다윈이 활동할 당시의 시대적 분위기의 영향이다. 다윈이 연구를 진행한 시기는 소위 빅토리아 시대라고 부르는 영국 제국주의의 전성기였다. 18세기에 해상 주도권을 놓고 경쟁을 벌였던 네덜란드를 따돌린 후 영국은 19세기에 본격적인 식민지 개척에 나서며 제국주의 시대를 열었다. 특히 빅토리아 여왕의 재임 시기 영국의 식민지 개척은 큰 성공을 거두며 '해가 지지 않는 나라'라는 별명을 얻었다. 바로 이러한 시대적 상황이 다윈의 연구에 영향을 미쳤다.

우선 다윈에게 값진 경험을 제공했던 비글호는 식민지 개척을 위한 준비 단계에서 새로운 지역을 탐사하는 영국 해군 소속의 배였다. 다윈이 남아메리카에서 탐사 여행을 하는 동안 비글호는 해안 지형과 상륙이 가능한 지점 등에 대한 정보를 수집했다. 이러한 분위기를 반영하듯 『비글호 항해기』에서 다윈은 끊임없이 영국의 식민지 경영을 칭송하는 언급을 남겼다. 영국으로 귀환한 후 다윈이 정보 수집을 위해 방문했던 식물원도 제국주의 맥락에서 설립된 기관이었다. 영국은 세계 각지에 식민지를 건설한 후 그 지역의 생물 정보를 취합하는 기관인 식물원을 세웠다. 각 지역의 식물원에서 조사된 정보들과 샘플들은 영국으로 보고되었다. 영국의 왕립식물원인 큐 가든(Kew Garden)은 전 세계의 생물에 대한 정보가 모이는 기관이었다. 이 덕택에 다윈은 왕립식물원만 방문해도 전 세계로부터 들어온 정보를 획득할 수 있었다.

『종의 기원』의 영향력

『종의 기원』은 다윈이 예상한 대로 출판되자마자 학계는 물론이고 일반인들 사이에서도 큰 관심을 불러일으켰다. 다윈의 책을 읽은 후 진화론을 수용하는 쪽으로 생각을 전환한 자연사학자들이 생겨나기 시작했다. 라이엘이 그 대표적인 인물이며, 큐 가든의 책임자였던 후커(Joseph Dalton Hooker, 1817-1911), 미국의 대표적 자연사학자 에이서 그레이(Asa Gray, 1810-1888)등이 진화론으로 전향하며 다윈의 이론을 알리기 시작했다. 하지만 모든 학자들이 자연선택설을 수용한 것은 아니었다. 당시 과학계에서 큰 영향력을 가지고 있던 허셀(John Herschel, 1792-1871)은 다윈의 이론에 대해 우연적인 요소들을 적당히 조합해서 생명을 설명하려는 뒤죽박죽 엉망인 법칙이라 비판했다. 다른 자연사학자들도 다윈의 이론은 검증이 불가능하다는 점을 들어 자연선택설을 비판했다.

그렇지만 다윈의 이론에 대해 가장 격렬한 반응을 보인 쪽은 종교계였다. 종교계에서 적대적인 반응을 보인 가장 주된 이유는, 예상할 수 있듯이 자연선택설이 신의 창조를 부인하고 있기 때문이었다. 하지만 당시의 논란을 자세히 들여다보면 단순히 창조를 부인했다는 점 외에도 여러 주제와 관련해서 기독교계가 자연선택설에 대해 불편한 심기를 감추지 않았음을 알 수 있다.

먼저 다윈은 진화에 의한 생물 변화를 주장함으로써 성서에 나오는 신에 의한 생물 창조와는 다른 주장을 폈다. 성서에 따르면 신은 세상을 창조하는 동안 생명체를 만들어냈고, 이 생물 중 일부가 대홍수 때 살아남아 지금까지 유지되고 있는 것이었다. 하지만 다윈은 이러한 창조와 신의 은총에 선택받은 결과로서의 생물이 아닌 진화의 결과로서의 생물상을 제시했다. 게다가 다윈은 『종의 기원』에서 의도적으로 인간을 거론하지 않았지만 후속작인 『인간의 유래』(*The Descent of Man, and Selection in Relation to Sex*, 1871)에서 결국에는 인간도 진화의 결과물로 포함시켰다. 이는 신이 자신의 형상을 본떠서 인간을 창조했다는 기독교 성서의 설명과 정면으로 배치되는 주장이었다.

자연선택설의 문제는 창조 여부뿐만 아니라 일단 생명체가 만들어진 이후의 변화 과정의 방향성과도 관련이 있었다. 기독교의 신은 "만사를 둘러보시고 모든 것을 알고 계시는 분"이며, "모든 변화는 신의 계획 및 뜻에 의해 일어난다."는 것이 기독교 신학자들의 설명 방식이었다. 하지만 다윈은 자연 내에 일어나는 변화에서 신의 의도 및 목적성, 그리고 방향성을 삭제해 버렸다. 다윈에 따르면 생물이 진화를 통해 변화하는 과정에서 중요한 것은 그 생물이 살고 있는 환경이다. 즉 생물이 어떤 환경에 둘러싸여 살고 있느냐에 따라 살아남는 개체의 특징이 다르며, 결과적으로 진화의 방향은 전혀 다르게 결정될 수 있다는 것이다. 예를 들어 똑같은 초식동물이라도 강력한 육식동물이 주위에 도사리고 있는 환경에서는 빨리 도망치는 능력을 가진 개체가 살아남지만, 포식자는 없어도 먹이가 부족한 환경이라면 느리더라도 힘이 강해서 먹이를 확보할 수 있는 능력을 가진 개체가 살아남을 것이다. 두 경우 진화의 결과는 사뭇 다르게 나타난다. 이렇다면 자연세계에서 신의 의도나 뜻보다는 우연적인 요소가 훨씬 중요해진다. 신학자들은 바로 이런 면에 주목해서 다윈을 비판했다.

다윈에 대한 기독교계의 불만은 많은 논쟁을 통해 표출되었다. 그중 가장 유명한 사례는 1860년 영국과학진흥협회 연례모임에서 벌어진 진화론자 헉슬리(Thomas H. Huxley, 1825-1895)와 영국 성공회 주교였던 윌버포스(Samuel Wilberforce, 1805-1873)의 논쟁이다. 이 논쟁에서 윌버포스 주교는 진화론은 타당하지 않은 이론이며 성서의 설명과 전혀 부합하지 않는다고 지적했고, 과학자 헉슬리는 진화론이 타당한 근거들에 입각하여 제안된 옳은 이론임을 주장했다. 즉 당시 논쟁의 주제는 진화론이 타당한 이론인지 여부였다. 전혀 다른 이론 틀에 입각해서 논쟁을 벌인 두 당사자는 거의 인신공격에 가까운 언사까지 퍼부었다. 윌버포스가 진화론을 주장하는 헉슬리에게 "당신이 원숭이의 자손이라고 주장한다면 그 조상은 할아버지 쪽에서 왔습니까, 아니면 할머니 쪽입니까?"라고 물으며 조롱하자, 헉슬리가 "중요한 과학 토론을 단지 웃음거리로 만드는 데 자신의 재능을 사용하려는 그런 인간보다는 차라리 원숭이를 할아버지로 삼겠습니다."라고 대답하면서 서로 얼굴을 붉혔다는 일화는 상당히 격렬하게 진행된 당시 논쟁의 분위기를 잘 보여준다.

하지만 시간이 지나면서 점점 자연선택설을 받아들이는 사람이 증가했다. 우선 다윈 자신이 비판을 지속적으로 수용하며 내용을 수정한 『종의 기원』 개정판을 계속해서 출판했다. 그는 또한 전 세계의 자연사학자들과의 서신 교환을 통해 자신의 이론을 설득해 나갔다. 다윈이 공식석상에 모습을 드러내지 않고 편지 네트워크를 동원해서 학자들을 대상으로 자신의 이론을 알려 나갔다면, 대중 앞에서는 헉슬리, 라이엘, 후커, 그레이 등이 자연선택설을 설파했다. 이들은 다원의 4인방이라고 불릴 정도로 열성적으로 자연선택설을 알렸다. 나중에 유전학이 정립된 후 자연선택설의 마지막 미해결 문제인 부모 세대의 특성이 자식 세대로 전해진다는 과정이 해명되자 대부분의 자연사학자 나아가 생물학자들이 자연선택설을 받아들이게 되었다.

학계에서 자연선택설을 수용하는 방향으로 입장이 정리되자 종교계에서도 진화 자체에 대해서는 받아들이는 분위기가 우세해졌다. 물론 우연성에 입각한 진화 등 세부적인 내용에 대해서는 20세기에 들어서도 논쟁이 계속되었지만 말이다.

다윈의 자연선택설이 일반인들 사이에 알려지기 시작하자 그 이론을 나름대로 해석하여 확장하려는 시도들도 나타났다. 그 대표적인 사례는 사회다윈주의의 출현이다. 영국의 대중 철학자였던 허버트 스펜서(Herbert Spencer, 1820-1903)는 자연선택이론에서 적자생존(survival of the fittest) 부분을 약간 변형시켜 사회 현상을 설명하는 이론으로 확장시켰다. 사실 다윈의 자연선택설에서 살아남은 개체가 절대적으로 우수한 것은 아니었다. 단지 주어진 환경에 적합한 몇몇 특징을 가지고 있기 때문에 그 개체는 살아남을 수 있었다. 하지만 스펜서는 환경에 적합하다는 특징을 슬쩍 가장 우수한 성질로 바꾸어 다윈의 이론을 변형시켰다. 사람들 사이의 경쟁에서 혹은 국가들 사이의 경쟁에서 살아남은 존재는 그럴 만한 특징을 가진 우수한 존재라는 방식의 설명이 제안되었고, 스펜서의 견해를 추종한 사람들은 이러한 설명을 사회다윈주의라 불렀다.

사회다윈주의적인 설명에 따르자면 한 사회 내에서 강자가 약자를 지배하는 것은 비난받을 일이 아닌 자연법칙에 따르는 일이었다. 이러한 설명은 유럽 열강의 식민지에 대한 지배에도 적용되었다. 국가 간의 경쟁에서 살아남은 강대국이 다른 나라를 지배하는 제국주의는 사회다윈주의에 따르자면 정당화될 수 있기 때문이었다. 이러한 종류의 설명은 20세기로 접어들면서 우생학 운동과 결합되면서 더욱 힘을 얻었다. 다윈의 자연선택설은 변형되어 수용되면서 인종차별의 근거로 심지어 나치 치하의 독일에서는 유태인 학살의 근거로도 활용되었다. 다윈 자신은 결코 이러한 방식으로 자신의 이론을 남용하는 것을 원치 않았지만 말이다.

다윈의 자연선택설은 그만큼 사회 전반에 큰 영향을 미친 이론이었다. 물론 다윈이 이 이론을 고안해 내는 과정에서도 다양한 사회적인 분위기가 영향을 미쳤다. 자연선택설은 나중에 생물학 분야를 통합하는 기여를 했다는 점에서 과학사적으로 의미가 있는 이론이지만, 과학과 사회의 관계를 보여 준다는 점에서도 큰 의미를 가지고 있는 이론이었다.

12 *
현대 생물학의 발전

멘델과 멘델주의자

멘델(Gregor Johann Mendel, 1822-1884)은 오스트리아 제국의 작은 마을에서 소작농의 아들로 태어났다. 1843년 브륀(Brünn)에 있는 아우구스티누스회 토마스 수도원에 입회하였고 이후 사제 서품을 받았다. 어릴 때부터 멘델은 농사와 원예에 관심이 많았고 성직자가 된 후에도 지속적으로 과학에 많은 관심을 가지고 있었다. 그는 빈 대학에서 과학을 공부하기도 하였으며, 빈의 동식물학회에 가입하고 완두콩의 해충에 관한 연구를 학회에서 발표하기도 했다. 브륀으로 돌아온 멘델은 1856년부터 7년 동안 완두의 유전적 형질에 관한 집중적인 연구를 수행했다. 길이 35m 폭 7m의 밭에서 2만 8천여 그루의 완두를 대상으로 한 멘델의 실험 결과는 1865년 브륀 지방의 자연학 학회에서 "식물 잡종에 관한 실험"이라는 제목으로 발표되었다. 여기에

12-1. 멘델의 우표와 그의 유전 법칙 왼쪽은 멘델 서거 100주년을 맞아 추모하기 위해 발행한 우표. 오른쪽은 멘델의 완두 실험 결과를 보여주는 도식.

서 멘델은 완두의 유전 형질 곧 여러 세대에 걸쳐 나타나는 일곱 가지의 형질에 대한 자신의 관찰 결과를 바탕으로 유전 형질이 분리된 단위로 존재하며 하나의 형질은 다른 형질보다 우월하다고 주장했다. 이는 유전이란 하나씩 쌍을 이룬 형질 유전자에 의해 이루어지며, 개체는 부모로부터 각각 하나씩의 형질 결정 인자를 물려받고 또한 자신의 형질 결정 인자 하나를 후손에게 전해 준다는 것을 의미하였다.

멘델의 이런 주장은 학회 발표 때는 호평을 받았음에도, 이듬해 『브륀 자연학연합학회지』에 44쪽 분량으로 실린 멘델의 논문은 당시 과학계로부터 주목을 받지 못하였다. 무엇보다 멘델은 과학계에서 인정받는 뛰어난 과학자가 아니었으며, 그의 논문 역시 영향력이 크지 않은 지방의 학회지에 발표되었기 때문에 어떤 과학자도 그의 실험 결과를 눈여겨보지 않았다. 멘델은 자신의 논문을 당시 유명한 과학자에게 보내기도 했지만 그 누구도 멘델의 논문이 가지는 중요한 가치를 알아보지 못했다. 멘델이 사용한 통계적 방법론이 당시로서는 매우 생소한 것이었으며, 멘델의 주장이 당시 유전과 발생에 대한 일반적인 이론들과 너무 달랐기 때문이었다. 즉, 당시 유전과 관련하여 아주 작게 축소된 신체 부위들이 모여 배아가 만들어진다는 범생설이나 생식세포에 호문쿨루스(homunculus)라는 완전한 개체가 이미 들어 있다는 전성설이 널리 퍼져 있었는데, 이와 달리 멘델은 부모에게서 자손으로 형질 결정 인자가 전달된다고 하였던 것이다. 멘델의 논문을 진지하게 받아들인 단 한 사람의 과학자인 카를 폰 네겔리조차 멘델에게 같은 방법으로 복잡한 유전적 특징을 가진 조팝나무를 분석해 보라고 했을 뿐이었다.

하지만 1900년을 전후해서 멘델의 실험에 대한 재조명이 시작되었다. 식물의 잡종교배 실험을 했던 드프리스(Hugo de Vries, 1848-1935)와 코렌스(Carl Correns, 1864-1933)는 돌연변이 현상을 발견하였는데, 이 과정에서 멘델의 논문을 다시 발견하고 멘델을 유전법칙을 발견한 선구자라고 치켜세웠다. 1905년 유전학(genetics)이라는 용어를 만들어 국제 학회에서 처음 사용한 베이트슨(William Bateson, 1861-1926)은 멘델의 유전이론이 새로운 유전학의 기초가되어야 한다고 주장하였다. 초기 멘델주의자들은 돌연변이설을 지지하고 있었는데, 이들에 따르면 새로운 형질은 멘델이 언급한 유전인자들에 극적인 변화가 일어나서 갑자기 생기는 것이며, 이런 형질은 후손에게로 이어진다고 보았다. 한편, 1900년대 초기 멘델주의 유전학은 보다 세련되어 갔다. 예컨대 강낭콩의 변이 유전을 통계적으로 연구하던 요한센(Wilhelm Ludwig Johannsen, 1857-1927)은 1909년 멘델의 인자에 유전자(gen)라는 이름을 붙였으며, 유전자만

이 개체의 형질을 후손 세대로 전달하는 데 관여하는 유일한 요소라고 주장하였다.

모건 학파의 고전 유전학

토마스 모건(Thomas Morgan, 1866-1945)과 그의 동료들은 1910-1915년 사이에 고전 유전학이라는 분야를 개척하였다. 모건은 처음에는 멘델의 유전 법칙을 받아들이지 않았다. 멘델의 유전 법칙이 완두콩 이외의 다른 생물 특히 동물에도 적용될 수 있는지 의문이었고, 멘델의 법칙으로는 일 대 일로 나타나는 성비를 설명할 수 없었으며 멘델이 말한 유전 인자의 존재를 증명할 수도 없었기 때문이다. 하지만 난자와 정자가 결합하여 한 쌍의 염색체가 만들어지는 방식과 멘델의 유전 법칙이 적용되는 형질의 유전이 놀라울 정도로 유사하다는 사실을 확인하고 멘델주의에 관심을 가지기 시작했다. 그리고 초파리를 대상으로 본격적으로 유전 연구를 진행했다. 초파리는 염색체의 크기가 커서 관찰하기에 용이하며, 2주라는 매우 짧은 기간마다 다음 세대를 수백 개씩 생산하므로 유전 현상을 살펴보기에 매우 적합한 대상이었다. 초파리의 유전을 연구하면서 모건은 멘델이 말한 유전 인자란 개체의 발생 과정에서 대응 형질이 발현하도록 암호화되어 있는 염색체의 한 부분이라고 보는 것이 유전을 이해하는 가장 적절한 방식이라는 것을 알아냈다.

이러한 생각에서 모건과 그의 동료들은 대응 형질을 발현시키는 각각의 유전 인자가 자리하고 있는 염색체의 구체적인 위치를 보여

주는 초파리의 유전자 지도를 작성할 수 있었고, 자신들의 연구 결과를 정리하여 1915년『멘델주의 유전의 메커니즘』(*The Mechanism of Mendelian Inheritance*)을 출판하였다. 이 책은 흔히 고전 유전학의 이론적 체계를 확립한 것으로 평가되는데, 이 책에서 그들은 멘델주의식 설명은 유전에 대한 인과적 설명이라고 주장했다.

1920년경 모건 그룹은 멘델의 인자를 유전자(gene)라고 부르면서 유전자와 염색체에 대한 이론을 더욱 굳건히 하였다. 그리고 돌연변이로 인해 새로운 유전 형질이 생성되는 과정을 탐구하였다. 그들은 X선을 쐬어 주면 돌연변이 빈도가 급격히 변화되는 현상을 발견하고, X선으로 인해 새로운 형질의 암호를 저장하게 된 돌연변이가 유전

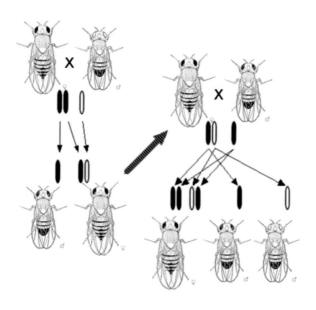

12-2. 모건의 초파리 연구 초파리의 성에 따라 흰눈 돌연변이 인자가 유전되는 것을 보여주는 도식.

자가 다음 세대로 전달되어 돌연변이가 생기기 전의 유전자를 대체한다는 사실을 입증하였다. 하지만 모건의 고전 유전학은 염색체에 있는 유전자를 통한 형질 전달에만 중점을 두었을 뿐, 형질 발현과 관련된 유전 암호의 본질에 대해서는 다룰 수 없었다. 또한 세포가 분열할 때 유전자가 자신을 어떻게 정확히 복제하여 다른 세포로 전달할 수 있는지 전혀 알지 못했다. 당시에는 유전자의 행동과 배아세포 초기의 발생 과정을 연결할 수 없었기 때문이다. 이런 문제는 다음에 등장하는 분자생물학에서 본격적으로 다루어지게 되었다.

하나의 유전자는 하나의 효소를

생화학은 유전학과 더불어 분자생물학의 형성에 중요한 배경이었다. 20세기 들어서 생화학 진영은 복잡한 물질대사의 경로를 발견하기 시작하였으며 효소와 단백질이 지닌 중요성을 보여주었다. 1941년 비들(George Beadle, 1903-1989)과 테이텀(Edward Tatum, 1909-1975)은 붉은빵곰팡이를 활용한 실험을 통해 특정 효소 합성에 특정 유전자가 관여한다는 점을 밝히면서 이른바 하나의 유전자는 하나의 효소 합성만을 조절한다고 하는 이른바 일유전자-일효소설을 주장하였다.

유전자와 효소 합성의 관계는 이미 1902년 무렵 영국의 의사였던 개로드(Archibald Garrod, 1857-1936)가 배설된 오줌이 공기 중에서 검게 변하는 이른바 알캅톤뇨증(alkaptonuria)에 대한 연구에서 제기한 바 있다. 개로드는 유전적 물질대사성 질병인 알캅톤뇨증에 대해 연구하면서 열성 유전자로 인해 알캅톤을 분해하는 효소가 결핍되었다는 사실을 발견하고, 유전자가 효소의 생성과 그 기능에 영향을 미친다는 가설을 제안했다. 하지만 개로드의 성과는 영국에서만 주목받았을 뿐 당시 유전학 연구의 중심이었던 미국의 생물학 진영에서는 그의 성과에 별다른 관심을 보이지 않았다. 당시 유전학은 유전자 전달에만 초점을 맞추고 있었을 뿐 유전자의 생화학적 작용에는 무관심하였기 때문이다.

이러던 중 비들과 테이텀의 붉은빵곰팡이 실험은 유전학과 생화학을 연결시켜 유전의 문제를 생화학적으로 접근할 수 있는 중요한 기회를 제공하였다. 모건의 실험실에서 초파리를 대상으로 연구하던 비들은 1931년 에프뤼시와 함께 초파리의 눈색소 합성에 대한 연구를 진행하였다. 그들은 여러 효소들이 관여하는 일련의 작용으로 눈색소 합성이 이루어지며 여러 유전자들이 효소 작용을 조절한다는 것을 알아냈지만, 생화학적으로 매우 복잡한 이 과정을 당시에는 증명하기 어려웠다. 유전자 작용에 대한 화학적 분석을 위해서는 유전자 분석에 적합하고 생화학적으로 단순한 생물체가 필요하였다. 1937년 노련한 미생물학자 테이텀을 연구팀으로 끌어들인 비들은 초파리보다 연구에 적합한 붉은빵곰팡이를 새로운 연구 대상으로 선택했다.

비들과 테이텀은 더운 지역의 빵에서 생기는 붉은색의 곰팡이인 붉은빵곰팡이에 초파리에서 했던 것처럼 X선을 쬐어 돌연변이를 유도한 다음, 그 돌연변이 유전자가 어떻게 작용하는가를 알아내고자 하였다. 정상적인 붉은빵곰팡이는 기본 영양소만 있는 최소 배지에서 살 수 있었다. 최소 배지의 단순한 분자들을 이용하여 자신이 살아가는 데 필요한 거대 분자들을 모두 생화학적으로 합성할 수 있었기 때문이다. 비들과 테이텀은 붉은빵곰팡이에 돌연변이가 생겨 특정한 유전자에 문제가 생기면 붉은빵곰팡이의 합성 과정에도 특정한 문제가 생기고, 그에 따라 붉은빵곰팡이가 최소 배지에서 더 이상 생존할 수 없을 것이라고 생각했다. 이들은 약 5천 개의 시료에 X선을 쬔 다음, 각각의 붉은빵곰팡이가 최소 배지에서 생존할 수 있는지 조사했다. 이 과정에서 최소배지에서 살 수 없는 돌연변이를 찾아내고, 그 돌연변이가 상실한 것이 비타민 B6를 합성하는 능력이라는 사실을 알아냈다. 생화학 합성 경로는 각 단계마다 화학 반응을 촉진하는 단백질 효소의 통제를 받아서 이루어지므로, 이는 곧 돌연변이가 특정 단백질 효소의 작용을 막는 것이다. 이로써 돌연변이 유전자가 효소를 만들어 낸다는 사실을 확인했다. 특정 유전자에 생긴 문제가 특정 효소를 만들어내지 못하고, 그것이 결국 비타민 B6를 만들어 내는 생화학 합성을 일어나지 못하게 한 것이다. 1941년 이런 연구 결과를 발표된 후, 그들의 연구 결과는 '유전자 하나에 효소 하나'라는 이름으로 알려졌다.

파지 그룹과 에이버리의 폐렴쌍구균 연구

독일 출신의 이론 물리학자였던 막스 델브뤽(Max Delbrück, 1906-1981)은 록펠러 재단의 지원을 받아 1937년부터 미국 캘리포니아 공과대학에서 생물학 연구를 시작했다. 그는 처음에 초파리를 대상으로 유전학 연구를 시작했지만, 점차 초파리보다 더 단순한 대상을 찾아 연구하고자 했다. 물리학이 원자를 대상으로 연구하여 새로운 입자를 찾아내고 핵분열과 같은 원리를 알아낸 것처럼, 생물학에서도 원자와 같이 단순한 시스템을 가진 대상을 찾는다면 생명 현상을 더 잘 이해할 수 있다고 생각했기 때문이다. 1938년 델브뤽은 같은 건물에 있었던 에모리 엘리스(Emory Ellis, 1906-2003)의 실험실에서 자가 복제를 하는 박테리아를 숙주 세포로 하는 바이러스인 박테리오파지(bacteriophage)를 보게 되었다. 이후 델브뤽은 엘리스와 함께 박테리오파지의 성장 곡선을 정확히 규명하는 작업을 진행하면서 박테리오파지가 자신이 찾고 있던 대상임을 확신했다.

1940년 테네시 주의 내슈빌에 있는 벤더빌트(Vanderbilt) 대학으로 옮긴 델브뤽은 그곳에서 인디애나 대학에 있던 살바도르 루리아(Salvador Edward Luria, 1912-1991)를 만났다. 둘은 친구가 되어 박테리오파지의 유전학적 연구를 공동으로 진행했다. 그리고 1943년부터 앨프리드 허시(Alfred Day Hershey)가 이들의 연구에 동참했으며, 이들은 박테리오파지 연구의 공로를 인정받아 1969년 노벨 생리의학상을 공동으로 수상했다.

1940년대 중반 델브뤽을 중심으로 박테리오파지를 연구하는 과학자들이 콜드 스프링 하버 연구소(Cold Spring Harbor Laboratory, CSHL)에 모여 파지 그룹을 형성하였다. 파지 그룹에는 엘리스, 루리아, 허시를 비롯하여 둘베코(Renato Dulbecco, 1914-2012), 스탈(Franklin Stahl, 1929-), 비글(Jean Weigle, 1901-1968), 왓슨 등 분자생물학의 중요 인물들이 다수 포함되어 있었다. 파지 그룹의 초기 연구자들은 서로 연구 정보를 공유하며 파지가 박테리아를 잡아먹고 복제하는 현상, 파지의 유전적 재결합 현상 등을 밝히는 성과를 거두었다. 파지 그룹의 연구는 물론 유전자의 구조와 기능을 밝히는 정도까지 나아가지 못했지만, 박테리오파지를 이용하여 생명 현상을 연구하는 새로운 영역을 개척하여 현대 생물학의 발전에 많은 기여를 하였다.

한편, 1928년 프레드 그리피스(Fred Griffith, 1876-1941)는 폐렴을 일으키는 폐렴쌍구균을 연구하여 유전자의 형질 전환 현상을 밝혔다. 폐렴쌍구균은 폐렴을 일으킬 수 있는 S형과 그렇지 않은 R형이 있는데, S형을 열처리하여 죽인 다음 살아 있는 R형과 섞어 주면 R형은 S형과 같은 모습으로 바뀌어 폐렴을 일으키는 능력도 얻게 된다는 사실을 알아낸 것이다. 이 실험은 열처리한 S형 균에서 어떤 물질이 폐렴을 일으키는 능력을 갖게 되는 유전자를 R형 균에게 전해 준 것이라고 생각할 수 있다. 하지만 열처리한 S형 균에 있는 여러 물질 중에 어떤 것이 R형을 S형으로 형질 전환시키는지는 알 수 없었다. 당시에는 이러한 작용을 하는 유전 물질은 단백질과 같은 대단히 복잡한 물질일 것이라고 생각했기 때문에, 구조적으로 단순한 DNA와 RNA에는 주목하지 못했기 때문이다. 이런 문제를 해결한 과학자가 미국의 세균학자 에이버리(Oswald Avery, 1877-1955)였다.

에이버리와 그의 동료들은 그리피스가 해결하지 못한 형질 전환을 일으키는 물질을 밝히는 연구를 수행했다. 그는 열처리한 S형 균을 단백질 분해 효소를 처리하여 단백질을 제거하고 R형과 섞었다. 그렇지만 형질 전환은 여전히 일어났다. 다음에는 열처리한 S형 균에

DNA 분해 효소를 처리하여 DNA를 제거하고 R형과 섞었더니 형질 전환은 일어나지 않았다. 또한 열처리한 S형 균에서 여러 물질을 순수하게 분리하는 작업을 했다. 그리고 각각 분리해 낸 물질을 R형과 섞어 주고, 어떤 물질이 R형을 S형으로 형질 전환시키는가 살펴보았다. 결과는 단백질, 탄수화물, 지질, RNA 모두 형질 전환을 일으키지 못했고, DNA만이 형질 전환을 일으켰다. 드디어 DNA가 유전 물질이라는 사실을 확실하게 밝혀낸 것이다.

DNA의 이중 나선 구조

런던 유니버시티 칼리지의 대학원에서 물리학을 전공하고 있었던 프랜시스 크릭(Francis Crick, 1916-2004)은 제2차 세계대전이 발발

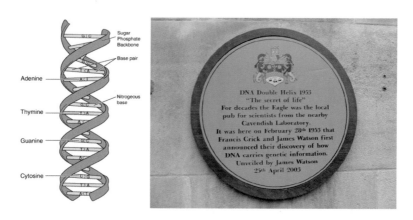

12-3. DNA의 이중 나선 구조 왼쪽은 DNA 이중 나선 구조를 보여주는 도식. 오른쪽은 DNA 이중 나선 구조 발견을 기념하여 술집 이글(Eagle)에 붙어 있는 기념 표식. 왓슨과 크릭은 1953년 2월 28일 DNA 이중 나선 구조를 발견했다는 사실을 이글에서 처음 발표했다.

하자 군대에 들어가서 새로운 레이더와 자기 기뢰와 같은 연구를 했다. 하지만 전쟁 말엽 슈뢰딩거(Erwin Schrödinger, 1887-1961)의 『생명이란 무엇인가』(*What is life?*, 1944)를 접하고 큰 감동을 받았다. 크릭은 물리학과 화학의 개념을 사용해 생명 현상을 설명할 수 있다는 생각에서 전공을 생물학으로 바꾸기로 결정하고, 전쟁이 끝나자 케임브리지 대학에서 박사 학위 과정을 시작했다. 케임브리지 대학의 캐번디시 연구소에서 박사 학위 논문을 위해서 폴리펩티드와 단백질에 대한 X선 연구를 진행하고 있었던 크릭은 그곳에서 미국에서 건너온 제임스 왓슨(James D. Watson, 1928-)을 만나게 되었다.

어릴 때부터 총명했던 왓슨은 시카고 대학에서 동물학을 전공한 후, 인디아나 대학에서 파지 그룹 생물학자인 루리아의 지도를 받아 22살의 나이에 파지 유전학으로 박사 학위를 취득했다. 1951년 봄 왓슨은 박사후연구원으로서 캐번디시 연구소로 갔다. 사실 왓슨은 캐번디시로 가기 전에 이미 코펜하겐 대학의 생화학자 실험실에서 박사후 연구원으로 지내고 있었다. 하지만 그 실험실의 연구에 별다른 흥미를 느끼지 못했던 왓슨은 우연히 X선 회절 분석법으로 분자의 3차원 구조를 규명하는 모임에 참석하게 되었다. 그때 모리스 윌킨스(Maurice Wilkins, 1916-2004)가 보여준 DNA의 X선 회절 분석 사진을 접하고, 왓슨은 DNA가 매우 규칙적인 구조를 가지고 있으며, 그것을 밝힐 수 있다면 유전자의 본질이 드러날 것으로 기대하게 되었다. 이런 생각을 가지고 있었던 왓슨은 지도교수 루리아의 주선으로 캐번디시 연구소로 자리를 옮길 수 있었다. 그리고 그곳에서 크릭을 만나게 된 것이다.

왓슨과 크릭은 캐번디시 연구소에서 함께 지내면서 유전자의 역할을 제대로 이해하기 위해서는 DNA의 구조를 밝혀야 한다는 데 뜻을 모았다. 크릭은 왓슨과 서로 긴밀하게 협력하면서 DNA의 구조에 대한 공동 연구를 본격적으로 시작했다. 이들이 공동 연구를 시작할 무렵, DNA의 기본 조성은 이미 어느 정도 알려져 있었다. 즉, DNA는 뉴클레오타이드(nucleotide)라고 불리는 더 작은 단위로 이루어진 긴 분자이며, 각각의 뉴클레오티드는 질소 함유 화합물, 당, 인산으로 이루어져 있다는 사실이 잘 알려져 있었다. 그리고 대부분의 과학자들은 당과 인산은 뉴클레오타이드라는 긴 분자를 지탱하고 결합시키는 틀이나 뼈대와 같은 역할을 하고 있으며, 유전의 핵심은 아데닌(A), 구아닌(G), 티민(T), 시토신(C) 등의 네 가지 질소 함유 화합물 곧 염기에 있다고 짐작하고 있었다. 한편, 라이너스 폴링은 분자의 구조를 알아내기 위해 나무 조각을 끼워 맞추는 방법을 개발하여 사용하고 있었다. 즉, 분자를 구성하고 있는 각각의 원자들의 특징을 맞게 나무 조각을 만들고, 그것을 이리저리 끼워 맞추면서 나무 조각을 어떻게 맞추는 것이 다시 말해 어떤 구조가 가장 적절한지를 파악하여 분자의 구조를 추론하는 방법을 사용하고 있었다.

왓슨과 크릭 역시 염기 조각을 가지고 DNA의 구조를 찾아보고자 하였으나 실패만 계속될 뿐이었다. 더욱 1952년 12월에는 폴링이 DNA의 구조를 밝혔다는 소식이 전해지기도 했다. 하지만 폴링이 제시한 DNA의 구조가 사슬 가닥 세 개가 서로 엮인 3중 나선 형태라는 것을 보고, 왓슨과 크릭은 폴링의 모델이 잘못되었다는 것을 알아차렸다. 그리고 자신들이 폴링보다 앞서서 정확한 DNA의 구조를 밝히기 위해 연구에 박차를 가했다. 이때 로절린드 프랭클린 (Rosalind Franklin, 1920-1958)이 찍은 선명한 DNA의 X선 회절 사진을 보고, DNA의 모습이 나선 형태라고 확신하고 DNA의 조각을 제대로 맞추기 위한 시도를 계속했다. 이 과정에서 1952년 캐번디시를 방문했던 샤가프(Erwin Chargaff, 1905-2001)가 예전에 발견했던 내용 곧, DNA 안에 있는 아데닌과 티민의 양은 같고 시토신과 구아닌도 같다는 것에 주목했다. 이러한 정보들을 종합하여 왓슨과 크릭은 1953년 3월 DNA 분자가 이중 나선 형태로 꼬여 있는 완벽한 DNA 모형을 완성했다.

1953년 4월 25일자 『네이처』(Nature)에는 세 편의 논문이 나란히 실렸다. 하나는 왓슨과 크릭의 논문이다. 9백 단어로 되어 있는 1쪽짜리의 짧은 논문에서 이들은 DNA 모형을 자세히 설명했는데, 샤가프의 연구 결과를 강조했지만 X선 사진은 중요하게 다루지 않았다. 과학자들은 이 논문이 발표되자마자 이들이 제시한 DNA 모형이 너무나 논리적이고 설득력이 있어서 이들의 발견이 매우 타당하다고 인정하였다. 두 번째 논문은 윌킨스와 그의 동료들의 논문으로 DNA 분자의 이중 나선 구조를 일반적인 차원에서 설명하는 X선 사진을 제시했다. 그리고 프랭클린과 동료가 쓴 세 번째 논문은 DNA의 이중 나선 구조를 강력하게 암시하는 선명한 X선 회절 사진을 제시했다. 사실 프랭클린은 왓슨과 크릭의 발견에 큰 도움을 주었고, 그 자신이 독립적으로 DNA의 이중 나선 구조를 발견했던 것으로 보이지만 당시에는 그의 업적을 제대로 인정하는 사람은 거의 없었다. 그리고 1958년 38세의 나이로 프랭클린이 사망한 후, 왓슨과 크릭 그리고 윌킨스는 1962년 노벨 생리의학상을 공동으로 수상하게 되었다.

분자생물학의 발전

　DNA의 이중 나선 모형을 제시한 왓슨과 크릭은 곧바로 1953년 5월 30일자 『네이처』에 또 하나의 논문을 발표했다. 여기에서 왓슨과 크릭은 자신들이 제시한 이중 나선 모형이 실제 유전 과정에서 작동하는 방식에 대한 논의했다. 이에 따르면 이중 나선 모형에서 서로 꼬여 있는 두 개의 사슬을 따라서 늘어서 있는 염기들이 상보적이라는 사실은 사슬 하나의 염기 서열을 알면 다른 사슬의 염기 서열도 자동으로 알게 된다는 것을 말한다. 이는 생명체의 자기 복제 과정에서 세포 분열에 앞서 염색체가 두 배로 늘어날 때 유전자들의 유전부호가 정확히 복제될 수 있는 이유이다. 즉, DNA가 이중 나선으로 꼬여 있다가 마치 지퍼가 열리는 것처럼 두 개의 사슬로 분리되어 떨어지고, 다음 세대의 DNA를 만들 때 각각의 사슬은 그에 꼭 들어맞는 짝을 찾아 새로운 이중 나선을 만든다. 새로 만들어진 이중 나선은 부모 세대와 똑같으므로 복제가 이루어진 것이다. 그리고 대부분의 복제는 아주 성공적으로 이루어지지만 어쩌다 한번 복제가 잘못 이루어지는 경우가 발생할 수 있는데, 그것이 바로 돌연변이라는 것이다.

　하지만 왓슨과 크릭은 모형을 제시하고 복제 과정을 추정했을 뿐, 실제 실험을 통해 그것을 증명한 것은 아니었다. 이들이 제안한 복제 모델은 1957년 폴링의 제자였던 메셀슨(Matthew Meselson, 1930-)과 파지 그룹의 스탈이 대장균을 이용한 DNA 복제 과정을 추적하는 실험에 의해 증명되었다. 그렇지만 아직도 분자생물학이 나아가야 할 길을 멀었다. 예컨대 당시에는 유전에서 정작 중요한 유전자에 들어 있는 정보 곧 유전 암호에 대한 정확한 이해도 하지 못하고 있었고, 단백질 합성에 중요한 역할을 하는 RNA에 대해서도 잘 모르고 있었다. 한마디로 유전자가 수많은 단백질을 합성하는 구체적인 메커니즘을 밝혀내는 작업이 남아 있었던 것이다.

분자생물학자들은 단백질 합성이 DNA가 있는 염색체에서 일어나는 것이 아니라 리보솜(ribosome)으로 알려진 세포 속의 다른 곳에서 일어난다는 사실을 알아냈다. 그리고 리보솜에는 RNA라는 또 다른 핵산이 포함되어 있으며, 이것이 단백질 합성에 직접 관여한다는 사실이 알려졌다. 그렇다면 DNA의 유전 정보는 RNA를 통해 단백질을 합성하는 것이 된다.

한편, 1954년 가모프(George Gamow, 1904-1968)는 DNA의 염기 3개가 하나의 짝을 이루어 20개의 아미노산 각각을 지정한다는 제안을 했다. 그리고 니른버그(Marshall W. Nirenberg, 1927-2010)는 페닐알라닌이라는 아미노산이 우라실(U) 염기 3개로 이루어져 있다는 사실을 찾아냈다. DNA가 아데닌, 구아닌, 티민, 시토신 등 4개의 염기를 지니고 있는 데 비해 RNA는 티민 대신 우라실을 가지고 있었기 때문에 이런 결과를 얻었던 것이다. 니른버그에 이어 홀리(Robert William Holley, 1922-1993)와 코라나(Har Gobind Kohrana, 1922-)는 20개 아미노산의 염기 서열을 모두 밝혔고, 이들 세 사람은 유전 암호를 해독한 공로로 1968년 노벨 생리의학상을 공동으로 수상했다.

또한 모노(Jacques L. Monod, 1910-1976)와 자콥(Francois

Jacob, 1920-2013)은 DNA의 염기 서열과 상보적인 염기 서열을 갖는 m-RNA의 존재를 발견하고, 유전자가 단백질을 합성하는 과정에서 특정한 정보만을 발현시키도록 하는 조절유전자(regulator gene)와 억제인자(repressor)의 개념을 제시했다. 이에 따라 유전 과정에 대한 보다 자세한 이해가 가능해졌다. 즉, 유전 과정에서 DNA의 이중 나선은 새로운 DNA의 이중 나선을 만드는 것이 아니라, 이중 나선 중 사슬 하나에 있는 정보만이 m-RNA 사슬로 전달되고 DNA의 이중 나선은 다시 닫히게 된다. DNA의 유전 정보를 간직한 m-RNA는 그 정보를 리보솜에 전달하고, 리보솜은 그 정보에 따라 단백질을 합성하는 것이다. 이때 조절유전자와 억제인자의 작용으로 똑같은 정보를 가지고 어떤 경우에는 근육 세포가 만들어지고 어떤 경우에는 피부 세포가 만들어지는 것이다.

분자생물학은 여기에서 살펴본 것 외에도 많은 과학자들의 연구 성과가 축적되면서 지속적으로 발전하게 되었다. 그 결과 멘델의 완두콩에 대해 다음과 같은 분자생물학적인 이해가 가능해졌다. 즉, 완두콩이 주름지게 된 까닭은 완두콩에 저장되는 탄수화물인 전분을 가공하는 데 관여하는 특정한 효소가 없기 때문이다. 이는 그 효소를 만드는 유전자에 엉뚱한 유전 정보가 삽입되어 돌연변이가 일어났기 때문이다. 이로 인해 완두에서 그 효소를 만들지 못하게 되고 결과적으로 그 완두콩은 다른 완두콩에 비해 전분이 줄어들고 수분 함량도 적게 되었다. 이에 따라 완두콩의 부피도 줄어들게 되어서 주름진 모양의 완두콩이 나타나게 되었다는 것이다.

유전공학의 시대

분자생물학의 성과는 생물학 분야에서 커다란 변화를 가져왔다. 개체나 종의 수준에서 생명체를 이해하는 것에서 생명 현상을 분자 수준에서 이해하게 된 것이다. 하지만 현대 생물학은 또다시 새로운 영역을 개척하였다. 생명 현상을 분자 수준에서 관찰하는 것을 넘어서 생명 현상에 직접 개입하기 시작했는데, 이것을 흔히 유전공학(genetic engineering)이라고 부른다.

유전공학은 크기가 매우 큰 분자인 DNA 연구를 용이하게 하기 위해 DNA 분자를 자르고 이어 붙이고 대량으로 복사하는 방법이 개발되면서부터 시작되었다. 이 가운데 DNA의 복제는 1950년대 중반에서 콘버그(Arthur Kornberg, 1918-2007)에 의해 DNA 중합효소(DNA polymerase)가 발견됨으로써 가능해졌다. 콘버그는 DNA 중합효소를 이용하여 시험관 내에서 처음으로 DNA를 20배로 복제하였으며, 이후에는 바이러스를 연구하다가 바이러스 DNA의 염기쌍과 똑같은 DNA를 5,300개 복제하는 데 성공했다. 하지만 그가 복제한 DNA는 원래의 바이러스와 염기 서열이 같기는 했으나 생물학적으로는 불활성 상태였다. 이 문제는 1967년 국립보건연구소의 마틴 젤러트와 스탠퍼드 대학의 밥 레먼(Bob Lehman)이 DNA를 이어 붙일 수 있는 연결효소(DNA ligase)를 발견하면서 해결되었다. 콘버그는 DNA 중합효소로 복제해 낸 바이러스 DNA의 양 끝을 연결효소로 연결하여 그것을 생물학적으로 활성화시켰다. 이렇게 만들어 낸 인공의 바이러스 DNA는 자연 상태의 바이러스와 같은 움직임을 보였다.

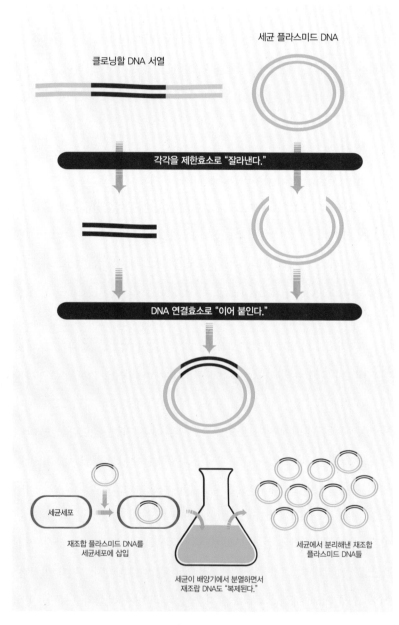

클로닝할 DNA 서열

세균 플라스미드 DNA

각각을 제한효소로 "잘라낸다."

DNA 연결효소로 "이어 붙인다."

세균세포

재조합 플라스미드 DNA를
세균세포에 삽입

세균이 배양기에서 분열하면서
재조합 DNA도 "복제된다."

세균에서 분리해낸 재조합
플라스미드 DNA들

12-4. 재조합 DNA와 유전자 클로닝

DNA 분자를 자르는 방법은 1960-70년대 초 아르버(Werner Arber, 1929-), 스미스(Hamilton Smith, 1931-), 네이선스(Daniel Nathans, 1928-1999) 등이 DNA의 특정 서열을 인식하여 절단하는 제한효소(restriction enzyme)를 발견함으로써 해결되었다. 제한효소는 주로 박테리아에 존재하는데, 박테리아의 제한효소는 바이러스가 박테리아에 들어왔을 때, 그 바이러스 DNA를 절단하여 바이러스가 박테리아에서 살지 못하게 하는 역할을 한다. 이러한 특성을 가진 제한효소들을 이용하면 DNA 분자에서 특정 서열이 있는 곳만 잘라 낼 수 있다. 예컨대 처음 발견된 제한효소 중 하나인 EcoR1은 DNA 분자에서 GAATTC라는 서열만을 골라서 잘라 낸다. 동시에 EcoR1은 또 다른 종류의 효소를 만들어서 자신의 DNA 분자에 있는 GAATTC라는 서열에 화학적인 변형을 일으킨다. 자신의 DNA 분자에 있는 GAATTC라는 서열은 잘라 내지 못하게 보호하는 것이다.

이와 같이 DNA 분자를 자르고 이어 붙이고 대량으로 복사하는 방법을 이용하면 생물체의 DNA 분자 가운데 일부를 잘라 내고, 여기에 다른 생물체에서 자른 DNA를 이어 붙여 새로운 DNA를 만드는 것도 가능하다. 이것을 DNA의 재조합 기술이라고 하는데, 이를 이용하면 특정한 종의 DNA를 다른 종의 세포로 옮겨 넣을 수 있다. 이러한 DNA의 재조합 기술은 1973년에 코헨과 보이어가 최초의 재조합 DNA인 박테리아 플라스미드를 만들게 되면서 완성되었다. 플라스미드(plasmid)는 주로 박테리아 속에서 발견되는 작고 둥근 고리 모양의 DNA 조각으로서 그 자체가 독립적으로 복제될 수 있다. 또한 플라스미드는 박테리아의 생존에는 필수적이지 않으면서 다른 종

12-5. 무르지 않는 토마토 몬산토 회사가 개발하여 1994년 미국 식품의약청(FDA)의 승인을 받은 무르지 않는 토마토(Flavr Savr).

12-6. 유전 공학의 상징 복제 양 돌리 세계 최초 체세포 복제를 통해 1996년에 태어난 복제 양 돌리(Dolly). 폐선종에 걸린 돌리는 2003년 안락사되어 현재 에든버러 왕립 박물관에 박제된 모습으로 전시되어 있다.

의 세포로 쉽게 이동할 수도 있는 성질을 가지고 있어서, 박테리아에서 플라스미드만 빼어 내어 그 일부를 다른 DNA로 바꾼 뒤에 다시 박테리아 속으로 집어넣고 박테리아를 증식시키면 원하는 DNA를 얻을 수 있다. 유전공학의 클로닝(cloning)이 이와 같은 방식으로 이루어지는 것이다.

유전공학은 1970년대 중반 이후 생물학과 관련된 다양한 분야에서 응용되기 시작하여 생명공학기술(biotechnology, BT)라는 새로운 영역을 형성하였다. 특히 의약품 분야와 식품 관련 산업 분야에서 많은 결과를 얻었다. 예컨대 유전공학을 이용하여 인슐린과 같은 유용한 단백질을 대량으로 생산할 수 있게 되어 의료 산업을 크게 성장시켰다. 세포 안에서 바이러스가 증식하는 것을 막아서 면역 반응을 도와주는 인터페론(Interferon) 역시 유전공학을 이용한 성과이다. 유전공학은 콩, 옥수수, 감자, 토마토 등의 식품에도 적용되었다. 식용 작물에 유전공학을 이용하여 제초제나 해충 저항성 같은 유용한 형질을 집어넣은 재배하기 쉽고 많은 양을 수확할 수 있는 새로운 품종을 만들어 냈다. 유전자 조작 식품(genetically modified organism, GMO)이 바로 그것이다.

이처럼 유전자를 직접 조작할 수 있는 가능성을 실현하고 있는 유전공학은 한편으로 그 동안 해결하지 못했던 여러 문제를 비교적 손쉽게 해결할 새로운 과학으로 크게 주목받고 있다. 하지만 다른 한편으로, 과연 과학은 충분한 준비와 검토를 거치지 않고도 인간을 포함한 생명 현상 자체를 조작할 수 있는 권리를 가지고 있는 것일까. 유전공학의 연구 과정이 윤리적인 문제를 포함하고 있다면 어떻게 할 것인가. 유전공학의 결과 전혀 예측하지 못했던 심각한 질병과 같은 재앙이 벌어진다면 어떻게 감당할 수 있을까와 같은 여러 논쟁의 여지를 가지고 있기도 하다.

13 *
새로운 물리학과 원자폭탄의 개발

새로운 물리학의 태동

20세기에 들어서면서 물리학은 새롭게 변하기 시작했다. 그 포문을 연 과학자는 알버트 아인슈타인(Albert Einstein, 1879-1955)이었다. 1905년 그는 빛의 속도는 항상 일정하다는 광속도 불변의 원리를 전제로 한 특수상대성 이론(special theory of relativity)을 발표했다. 특수상대성 이론은 관측자가 정지 상태인지 등속도 운동 상태인지와 무관하게 고전 전자기법칙이 성립되는 시공간 개념이다. A가 정지 상태에 있고, B가 등속도 운동을 하고 있는 상황을 가정해 보자. 갈릴레오의 상대성 원리에 따르면, B가 등속도 운동을 하고 있다는 것은 A의 시점에서만 관찰되며, B 자신은 속도의 변화가 없는 운동을 하고 있기 때문에 스스로의 움직임을 자각하지 못하고 정지해 있다고 생각하게 된다. 즉 A와 B가 스스로에 대해 인식하는 상태는 똑같이 정지 상태이다. 따라서 A에서 적용되는 물리법칙이 갈릴레오 변환이라고 부르는 수학적 변환을 거치면 등속 운동을 하는 B에 대해서도 적용될 수 있다. 뉴턴에 의해 제시된 고전 역학 법칙들은 이러한 갈릴레오 변환을 거치면 A와 B 모두에 동일하게 적용될 수 있었다. 하지만 19세기 중반 영국의 물리학자 맥스웰(James Clerk Maxwell, 1831-1879)이 제안한 전자기학 법칙은 이 갈릴레오 변환을 통해 적용될 수 없었다. 정지 상태에서 적용되는 전자기학 법칙과 등속 운동 상태에서 적용되는 전자기학 법칙이 달랐던 것이다. 아인슈타인의 상대성 이론은 여기서부터 출발했다. 그의 이론이 상대성이라는 이름을 가지게 된 것도 갈릴레오의 상대성 원리를 전자기학에 적용한 결과를 고찰하고 있었기 때문이다.

13-1. 알버트 아인슈타인과 닐스 보어

갈릴레오와 뉴턴의 고전 역학 체계에서는 정지 상태에서 측정된 물리법칙과 달리면서 측정한 물리법칙이 같을 뿐만 아니라 그 물리량도 같다고 보았다. 하지만 아인슈타인은 역학 법칙뿐만 아니라 전자기학 법칙까지 포함한 물리법칙을 동일하게 유지하기 위해서는 시간과 공간에 대한 새로운 인식이 필요함을 주장했다. 이전까지 공간은 3차원 에우클레이데스 좌표계로 표현될 수 있다고 생각되었고, 시간은 공간과는 독립된 1차원 변수로 여겨져 왔다. 하지만 아인슈타인은 공간과 시간이 서로 독립된 것이 아니라 연결되어 있는 4차원 시공간 개념을 제안했던 것이다. 아인슈타인은 뉴턴 이래 200년간 지속되어 온 시간과 공간의 절대성을 무너뜨렸다.

1916년 아인슈타인은 특수상대성을 보다 더 확장시킨 일반상대성 이론(general theory of relativity)을 발표했다. 특수상대성 이론에서 물리법칙이 등속 운동 경우에도 동일하게 적용되는 체계를 제시했다면, 이번에는 가속운동을 하는 경우에도 물리법칙이 동일하게 적용될 수 있는 체계를 제시했다. 아인슈타인의 일반상대성 이론에 따르면 중력이란 질량을 가진 물체가 서로 끌어당기는 힘이 있기 때문이 아니라, 이들 물체가 시공간을 휘게 만들었기 때문에 나타나는 현상이다. 사과가 지구로 떨어지는 것에 대해 뉴턴은 지구와 사과 사이에 서로 잡아당기는 힘이 존재하기 때문이라 설명했으나, 아인슈타인은 지구를 중심으로 휘어져 있는 시공간의 장을 따라 사과가 굴러가기 때문이라고 보았다. 일반상대성 이론은 영국의 천문학자 에딩턴(Arthur Eddington, 1882-1944)이 일식 관측 중 태양 주변의 빛이 휘는 현상을 발견하면서 검증되었다. 이로써 일반상대성 이론은 뉴턴의 고전 역학 체계를 대체하는 새로운 물리학 이론으로 인정받게 되었다.

한편, 현대물리학의 발전에 있어 상대성 이론과 더불어 중요한 역할을 한 이론 체계는 양자론(quantum theory)이다. 양자론은 미시세계의 사물들이 거시세계의 그것들과 달리 불연속적이고 확률적 방식으로 존재한다고 주장하면서, 인과론적이고 결정론적 방식으로 자연 현상을 설명했던 뉴턴 물리학의 패러다임에 일격을 가한 이론이었다. 이 양자론은 1900년 독일의 과학자 막스 플랑크(Max Planck, 1858-1947)가 흑체복사의 에너지 밀도 주파수에 대한 함수를 도출하기 위해 양자 개념을 도입하면서 시작되었다. 이후 1905년 아인슈타인이 빛의 에너지가 양자(광자)로 되어 있다는 광양자설을 내놓고, 1913년 닐스 보어(Niels Henrik David Bohr, 1885-1962)가 양자설을 도입하여 수소 기체가 내는 스펙트럼 실험 결과를 성공적으로 설명하며 양자론을 구축해 갔다.

양자론이 발전하면서 과학자들은 빛의 성질, 즉 빛이 입자인지 파동인지에 대한 논의를 펼쳤고 1925년 드 브로이(Louis de Broglie, 1892-1987)에 의해 빛이 입자-파동의 이중성을 가지고 있음이 밝혀졌다. 이후 1927년 독일의 과학자 하이젠베르크(Werner Heisenberg, 1901-1976)는 운동하는 입자에 대한 위치와 운동량을 확정할 수 없다는 불확정성 원리를 발표하고, 비슷한 시기에 슈뢰딩거(Erwin Schrödinger, 1887-1961)가 미시적 세계의 운동과 에너지를 설명하기 위해 파동 역학을 도입함으로써 양자역학의 토대가 마련됐다. 특히 하이젠베르크는 불확정성 원리에 바탕하여 교환 법칙이 성립하지 않는 행렬을 이용해 양자론을 체계화했으며, 이러한 과정을 거쳐 양자론은 자체적인 개념과 연산법을 갖춘 양자역학(quantum mechanics) 체계로 발전했다. 양자역학 체계는 정확한 물리량의 측정이 불가능함을 지적하는 불확정성 원리에 기초하고 있다는 점에서 확실한 초기 조건을 바탕으로 답을 구해 내는 결정론적 고전 역학 체계와 전혀 달랐고, 교환 법칙이 성립하지 않는 연산 체계에 기초해 있다는 점에서도 고전 역학 체계와 전혀 다른 역학 체계였다.

이처럼 20세기 초의 물리학은 전 우주를 포괄하는 거시적 세계와 보이지 않는 미시적 세계를 보다 더 잘 이해하고자 하는 방향으로 나아갔다. 상대성 이론과 양자역학은 뉴턴의 고전역학 체계를 뛰어넘으며 새로운 과학의 시대를 열었던 것이다.

핵분열의 발견

상대성 이론과 양자론이 이론 물리학자들의 치열한 연구 속에서 현대물리학의 중심을 향해 발돋움하고 있을 무렵, 실험 물리학자들의 관심은 '원자'에 쏠렸다. 원자는 더 이상 쪼개지지 않는 가장 작은 알갱이라는 영국의 돌턴(John Dalton, 1766-1844)이 주장했던 원자론은 1896년 프랑스의 베크렐(Henri Becquerel, 1852-1908)이 우라늄에서 방사선이 나온다는 사실을 밝히고, 1898년 피에르 퀴리(Pierre Curie, 1859-1906)와 마리 퀴리(Marie Curie, 1867-1934) 부부가 방사선을 내는 다른 원자인 폴로늄과 라듐을 발견해 내자 더 이상 받아들여질 수 없게 되었다. 이후 20세기로 접어들어 실험 물리학자들은 원자의 구조와 그것의 변환에 대한 본격적인 연구에 돌입하게 되었다.

가장 먼저 원자에 대한 인상적인 연구 성과를 거둔 과학자는 어니스트 러더포드(Ernest Rutherford, 1871-1937)였다. 그는 1902년 우라늄을 비롯한 방사성 원소를 연구하여 방사선이 원자 내부의 붕괴에 의해 방출된다는 사실과 방사성 원소들이 절반으로 붕괴되는 시간이 일정하다는 반감기 현상을 발견하여 방사성 원소의 특성을 구체화했다. 그리고 1911년 방사성 원소에서 나오는 α입자 산란 실험을 통해 원자핵의 존재를 찾아내어 새로운 원자모형을 제시했으며, 1919년에는 대기 중의 질소에 알파 입자를 충돌시키면 수소 원자핵이 방출되면서 산소가 생성된다는 것을 발견하여 최초로 원자핵 분열을 증명했다. 이로써 원자는 쪼개지지 않을 정도의 작은 물질이 결코 아님이 드러났다.

핵분열 연구는 러더포드의 제자인 제임스 채드윅(James Chadwick, 1891-1974)이 중성자를 발견하면서 전환기를 맞이한다. 채드윅은 α입자를 베릴륨과 같은 가벼운 원자핵에 충돌시키는 실험을 반복한 결과, 양성자와 거의 같은 질량을 가지고 있지만 전기적으로 중성인 입자 즉 중성자를 찾아냈다. 채드윅의 중성자 발견이 발표되자 이것이 전기를 띠고 있지 않는다는 점에 주목한 물리학자들은 원소 변환 실험에 이 중성자를 이용할 생각을 하게 되었다. 그 대표적인 사람이 이탈리아의 엔리코 페르미(Enrico Fermi, 1901-1954)였다. 그는 핵분열을 일으키기 위해 여러 원자들 속에 전자와 양성자를 쏘아 봤지만 별 소득을 얻지 못하고 있었다. 이때 중성자 발견 소식을 알게 된 페르미는 그것을 여러 원소에 쏘아 40개가 넘는 새로운 방사성 원자핵을 만들어 내는 데 성공했다.

여러 방사성 원자 중 물리학계로부터 가장 큰 주목을 받은 것은 우라늄이었다. 1934년 페르미는 자연에 존재하는 가장 무거운 원소인 우라늄 원자에 중성자를 쏘아 우라늄보다 무거운 초우라늄 원소를 생산하기 위한 실험을 실시했다. 그 결과 페르미는 중성자를 흡수한 우라늄 원자핵이 불안정해져서 크게 흔들리다가 붕괴하는 우라늄 핵분열 현상을 목격했다. 여기서 재미있는 사실은 당시 페르미는 이 핵분열 현상을 초우라늄 원소가 생산된 것으로 착각했고, 자신이 핵분열 현상을 발견했다는 사실을 인지하지 못했다는 점이다. 그렇다 하더라도 페르미의 실험은 원자핵에 대해 많은 새로운 사실을 알게 해 준 것만은 분명하다.

페르미의 연구 결과를 들은 후 독일의 오토 한(Otto Hahn, 1879-1968), 리제 마이트너(Lise Meitner, 1878-1968), 프리츠 슈트라스만(Fritz Strassmann, 1902-1980)은 이를 확인하는 재연 실험을 했다. 그들도 페르미와 마찬가지로 우라늄에 중성자를 쏘았을 때 초우라늄이 나올 것이라 기대했다. 하지만 결과는 예상 밖이었다. 에너지가 거의 없는 중성자가 우라늄에 충돌하자 분열이 되었고, 우라늄보다 가벼운 원소인 바륨과 크립톤이 생겼던 것이다. 이 핵분열 결과를 확인한 한과 슈트라스만은 연구 중에 스웨덴으로 망명을 가 있던 마이트너에게 전했으나, 독일에 남아 있던 그들은 그녀와의 공동연구 사실을 밝힐 수 없어 둘의 이름만 넣어 논문을 발표했다. 대신 마이트너는 몇 주 후 그의 조카와 함께 최초로 핵분열이라는 단어를 사용하여 "중성자를 이용한 우라늄 분열 (Disintegration of Uranium by

Neutrons: A New Type of Nuclear Reaction)"이라는 논문을 1939
년 영국의 『네이처』(*Nature*)에 발표했다. 이 논문에서 마이트너는
우라늄 원자핵이 작은 원자핵으로 분열할 때 2억 전자볼트나 되는 엄
청난 에너지가 나온다는 것을 계산을 통해 밝혔다.

이렇게 핵분열 발견이 알려지자 마리 퀴리의 사위인 졸리오 퀴리
(Frédéric Joliot-Curie, 1900-1958)는 원자핵이 분열할 때 나오는 에
너지에 주목했다. 그는 핵분열을 할 때 중성자가 자연적으로 방출되
면 연쇄 반응이 일어나 엄청난 에너지를 낼 수 있을 것이라는 예상을
하고 이를 실험으로 증명했다. 이 연구 결과의 가치를 눈치챈 몇몇
과학자들은 핵분열 연쇄반응을 통해 폭탄을 제조할 수 있다는 생각
을 하게 되었고, 2차 세계대전이 일어나자 이는 더욱 구체화 되었다.

맨해튼 프로젝트의 진행 과정

핵분열 연쇄반응이 알려지자 레오 실라르드(Leo Szilard, 1898-
1964), 유진 위그너(Eugene Wigner, 1902-1995), 에드워드 텔러
(Edward Teller, 1908-2003) 등 유럽에서 미국으로 이주하거나 망명
했던 과학자들을 중심으로 미국 정부가 독일보다 먼저 원자폭탄을
개발하도록 설득하려는 움직임이 시작되었다. 1939년 8월 그들은 독
일에서 망명 후 미국 프린스턴 고등연구소에 있던 아인슈타인을 설
득하며 원자폭탄 개발을 촉구하는 탄원서에 서명을 부탁했고, 이것
이 루즈벨트 대통령에게 전달되면서 미국의 원자폭탄 개발의 서막이
올랐다. 미국 정부는 우선 우라늄 광석을 비축하고, 핵물리학의 권위

13-2. **그로브스와 오펜하이머** 맨하탄 프로젝트의 핵심적인 역할을 담당한 그로브스(Leslie Groves) 장군과 과학자 오펜하이머(J. Robert Oppenheimer).

자인 페르미로 하여금 핵분열 연쇄 반응 연구 추진을 요청했다. 그리고 그 해 11월 원자폭탄 개발의 가능성을 검토하기 위해 물리학자로 구성된 S-1위원회를 소집하고, 이미 원자폭탄 개발을 추진하고 있던 영국과 정보교환도 시작했다.

S-1위원회는 수차례 회의를 통해 우라늄이 그동안 알고 있던 어떤 것보다 파괴력이 큰 폭탄 재료가 될 수 있다는 결론을 내렸다. 이를 전해들은 루즈벨트는 1941년 6월 원자폭탄 개발을 보다 체계적으로 진행하기 위해 과학기술개발국(Office of Scientific Research and Development, OSRD)을 설치했다. 국장으로는 공학자 출신의 과학정책가인 바네바 부시(Vannevar Bush, 1890-1974)를 임명했고, S-1위원회를 산하기관으로 이동시켜 폭탄 개발을 주도하도록 했다. 그런데 사실 이 당시까지만 해도 기술적으로 확신이 없는 상태였기 때문에 미국 정부에게 원자폭탄 개발을 그리 서두를 생각은 없었다. 독일에 뒤쳐지지 않으면서 연합국들과 협력하여 차분히 개발을 진행하려 한 것이 미국의 입장이었다. 그러나 1941년 12월 7일 새벽 일본이 진주만을 갑자기 급습하자 미국의 태도가 달라지기 시작했다. 진주만 공습의 충격으로 전쟁을 반대해 왔던 미국 국민들의 대부분이 전쟁을 찬성하게 된 것이다.

이에 부시의 주도로 12월 18일 S-1위원회의 회의가 열렸다. 이 회의에서 빠른 시일 안에 원자폭탄 개발에 필요한 기술을 확보한다는 것이 의결되었다. 그리고 일련의 준비 과정을 거쳐 1942년 8월 원자폭탄 개발을 위한 비밀계획, 일명 맨해튼 프로젝트(Manhattan Project)가 수립되었다. 미국 육군이 주도한 이 프로젝트에는 막대한 자본을 토대로 실라르드, 위그너와 같은 망명 과학자를 비롯하여 동맹국인 영국과 캐나다를 대표하는 과학자들이 대거 참여했다. 거대 과학(Big Science)의 효시로 평가되는 맨해튼 프로젝트가 시작된 것이다.

맨해튼 프로젝트의 총책임자는 레슬리 그로브스(Leslie Groves, 1896-1970) 장군으로, 그는 미국의 여러 대학, 연구소, 산업체, 군대를 총동원하여 이 계획을 이끌었다. 연구개발 책임자는 버클리 대학의 이론 물리학자였던 오펜하이머(John Robert Oppenheimer, 1904-1967)였다. 오펜하이머는 미국의 부유한 유태계 집안에서 태어나 하버드 대학을 졸업 후 독일의 막스 보른의 지도를 받아 양자론 논문으로 박사 학위를 취득했던 인물이다. 미국에 돌아온 후 캘리포니아 공과대학의 교수가 되었고, 이 때 입자가속기를 개발한 어니스트 로렌스(Ernest Lawrence, 1901-1958)를 만났던 것이 계기가 되어 원자폭탄 개발의 책임을 맡게 된 것이다. 그는 1943년부터 2년 7개월간 원자폭탄 제작의 헤드쿼터(headquarter)였던 로스알라모스 연구소장으로 활약하며 원자폭탄의 설계와 제작을 총괄했다.

맨해튼 프로젝트는 미국 각지에 업무를 분산하여 매우 비밀스럽게 진행되었다. 로스알라모스 연구소의 몇몇 과학자와 고위층 인사를 제외하고는 맨해튼 프로젝트에 참여하고 있는 과학자들조차 자신이 원자폭탄을 개발하고 있다는 사실을 몰랐을 정도였다. 시카고에서는 1927년 노벨상을 받은 아서 컴프턴(Arthur Compton, 1892-1962)이 이끄는 금속연구소가 중심이 되어 원자로를 통해 우라늄238을 변환시켜 플루토늄239를 생산하는 일을 맡았다. 여기에는 페르미, 위그너, 실라르드 등 망명 과학자들과 미국의 민간 화학기업인 듀

폰사가 참여하여 도움을 주었다. 테네시주의 오크리지(Oak Ridge) 연구소에서는 우라늄235의 분리 농축과 무기 제조의 주요 공정을 연구했다. 이곳에서는 1934년 노벨상을 받은 해롤드 유어리(Harold Clayton Urey, 1893-1981)의 지도 아래 가스 확산 분리법을 이용한 우라늄 연구를 실시했고, 필립 에이벌슨(Philip Abelson, 1913-2004)의 열확산 분리법과 로렌스의 전자기 분리법을 도입하여 우라늄235의 분리 농축을 다각도로 시도했다.

이렇게 분리 농축된 우라늄235와 플루토늄239는 최종적으로 뉴멕시코주의 사막 한가운데 건설된 로스알라모스 연구소로 모아졌다. 여기가 오펜하이머를 중심으로 최종적으로 폭탄을 설계 제작하는 맨해튼 프로젝트의 중심부였다. 이곳에서 우라늄 폭탄과 플루토늄 폭탄이 제작되었다.

폭탄 제조 성공과 그 여파

맨해튼 프로젝트에서 원자폭탄의 원료로 사용된 것은 우라늄235와 플루토늄239였다. 우선 우라늄235는 핵분열이 활발하여 연쇄반응을 잘 일으키는 대신 천연우라늄인 우라늄238 속에 0.7%밖에 포함되어 있지 않아 폭탄 제조에 필요한 물질 자체를 확보하는 데 어려움이 있었다. 따라서 우라늄235를 폭탄의 원료로 이용하기 위해서는 천연우라늄을 분리 농축하는 작업이 필요했다. 반면 플루토늄239는 자연 상태로는 존재하지 않으나 천연우라늄의 절대적 비율을 차지하는 우라늄238이 중성자 하나와 결합했을 때 만들어지기 때문에 원료 확보는 우라늄235보다 유리했다. 다만 플루토늄을 생산하기 위해서는 원자로와 재처리 시설이 필요하기 때문에 더 많은 비용이 소요되었다.

이 두 원료가 로스알라모스에 모여들면서 폭탄 개발의 최종 단계인 폭탄 제작이 시작되었다. 당초 로스알라모스에서는 핵물질을 핵분열 연쇄 반응이 일어날 수 있는 한계량인 임계질량 이하의 두 개로 나눈 다음 빠른 속도로 서로 충돌시켜 임계질량이 넘게 만들어 기폭시키는 포격결합 방법으로 폭탄을 제조하려 했다. 그러나 로스알라모스의 연구팀에서는 플루토늄 폭탄은 불발될 위험이 있어 이 방법이 적합하지 않다는 것을 알아냈다. 다행히 이 방법이 우라늄 폭탄에는 활용될 수 있다고 밝혀졌지만, 확보할 수 있는 우라늄235의 양이 너무 적은 것이 문제였다. 1945년 여름까지 확보할 수 있는 우라늄235의 양은 폭탄 1개를 만들 수 있을 정도였다.

이에 로스알라모스의 연구자들은 포격결합 방식을 포기하고 새로운 방법을 모색하기 시작했고, 네더마이어(Seth Henry Neddermeyer, 1907-1988)라는 젊은 물리학자가 해결책을 제시했다. 네더마이어가 TNT폭탄과 같은 강력한 폭발물을 플루토늄 주변에서 동시에 폭발시킴으로서 플루토늄을 순간적으로 압축시켜 터지게 만드는 소위 내파법을 제안한 것이다. 수학자 폰 노이만(John von Neumann, 1903-1957)이 내파법의 가능성을 증명하자 처음 내파법에 대해 매우 회의적이었던 폭탄 전문가들은 바로 설계에 들어갔다. 그 결과 1945년 7월 우라늄 폭탄 리틀 보이(Little Boy) 1개와 플루토늄 폭탄 팻 맨(Fat Man) 2개가 완성되었다.

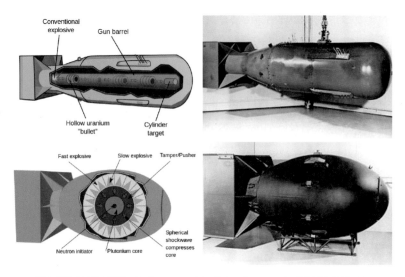

Conventional explosive
Gun barrel
Hollow uranium "bullet"
Cylinder target

Fast explosive
Slow explosive
Tamper/Pusher
Spherical shockwave compresses core
Neutron initiator
Plutonium core

13-3. 최초의 원자 폭탄 위쪽은 우라늄235로 만든 리틀보이(Little Boy). 아래쪽은 플루토늄239로 만든 팻 맨(Fat Man).

하지만 폭탄 개발이 거의 완성 단계에 이르렀을 때 예상치 못한 일이 발생했다. 1945년 5월 8일 독일이 항복을 선언한 것이다. 일본의 진주만 공격이 폭탄 개발의 계기가 되긴 했지만 당초 목적은 독일에 대한 공격이었기 때문에 미국 정부로서도 난감할 수밖에 없었다. 그렇다고 거의 완성이 되어가고 있는 계획을 중지하기도 어려웠기 때문에 일단 개발은 계속 진행되었고, 결국 플루토늄으로 만든 폭탄을 사용한 역사상 최초의 핵실험이 뉴멕시코주 사막 한가운데서 시행되었다. 비밀 암호명 트리니티라는 명칭을 가지고 진행된 이 실험의 결과는 대성공이었다. 시험 투하가 기대 이상의 성공으로 끝이 나자 그 위력에 대해 누구보다 잘 알고 있던 과학자들은 폭탄 투하를 염려하기 시작했다. 대표적인 과학자가 바로 원자폭탄 개발을 미국 정부에 처음 제안했던 실라르드였다. 그는 맨해튼 프로젝트에 참여했던 과학자 120명의 서명을 받아 이번에는 트루먼 대통령에게 일본이 항복을 한다면 투하를 하지 말아달라는 청원서를 보냈다. 하지만 그의 바람은 끝내 이루어지지 않았다.

독일이 항복한 후에 원자 폭탄이 완성되자 미국은 폭탄 투하 장소를 일본으로 선회했다. 오펜하이머를 주축으로 한 원자폭탄 투하 목표 도시 설정 위원회는 교토, 히로시마, 나가사키, 고쿠라를 투하 예정 도시로 선정했다. 선정 기준은 첫째 지름 3마일 이상의 중요한 역할을 하는 큰 도시인가였고, 둘째 기준은 원자폭탄 투하 시 효과적으로 손해를 입힐 수 있는 도시인가였다. 이 기준에 맞추어 교토는 일본 천황의 도시이자 오래된 군수공장이 있는 곳이었고, 히로시마는

13-4. 맨해튼 프로젝트 참여 연구소 분포도 맨해튼 프로젝트는 로스알라모스에서 뿐 아니라 미국 전역(일부는 캐나다 지역도 포함)에 분포되어 있는 다수의 연구소와 대학, 공장에서 동시에 진행되었다.

일본 해군 함대의 집결지이며, 나가사키는 전쟁 물자를 생산하는 도시였다. 그리고 고쿠라는 국영 제철소가 있는 군수품 조달 지대였기 때문에 선정됐다. 이렇게 미국은 일본으로 투하 장소를 바꾼 후 철저하게 폭탄 투하 준비를 내 나갔으며, 한편으로는 원자폭탄 개발 사실을 감춘 채 일본에 무조건 항복하라는 최후통첩을 보냈다.

그럼에도 일본이 항복하지 않자 미국은 8월 6일 히로시마에 우라늄 폭탄인 리틀 보이를 투하했고, 9일에는 나가사키에 팻 맨을 투하했다. 그 결과로 8월 15일 일본이 무조건 항복을 하면서 제2차 세계대전이 종료되었다. 하지만 수십만 명의 사망자가 나온 원자폭탄이 떨어진 도시의 참상은 많은 사람들에게 충격을 안겼고, 특히 원자폭탄 개발에 직간접적으로 관여했던 과학자들은 엄청난 충격을 받으면서 이후 반핵 운동에 가담하게 되었다.

핵무기의 가공할 위력이 인식되면서 전후에는 이것을 운영·관리하는 것이 커다란 문제로 대두되었다. 미국의 상원의원이었던 맥마흔은 1945년에 맨해튼 프로젝트의 전후통제 및 모든 핵관계를 통제할 민간기구인 원자력 위원회(Atomic Energy Commission, 이하 AEC) 설립을 목적으로 하는 맥마흔 법(McMahon Act)을 통과시켰다. 당초 이 법안은 핵을 평화적으로 이용하기 위해 AEC를 군부가 배제된 민간기구로 설립하는 내용을 담고 있었으나, 보수주의 상원의원들이 제출한 수정안에서 군사적 통제에 대한 내용이 삽입되었다. 그 결과 맨해튼 프로젝트의 생산설비들이 군부와 분리되지 못한 채 AEC로 이관되었다. 이 때문에 지금까지도 핵문제는 군사적 문제로 이해되고 있다.

새로워진 과학의 모습

상대성 이론과 양자역학은 응용과 거리가 먼 순수한 과학의 모습으로 등장했다. 상대성 이론을 만든 아인슈타인을 비롯하여 보어, 하이젠베르크, 슈뢰딩거 등 양자역학을 만들어낸 주역들 역시 자신이 하고 있는 연구가 기술과 깊은 연관성을 가질 수 있다는 생각은 처음에 전혀 하지 못했다. 그러나 제2차 세계대전을 겪으면서 이 순수한 과학을 하는 과학자들도 군사체제에 동원되었고, 그들의 순수했던 물리학 이론은 원자폭탄이라는 괴물을 만들어 냈다.

원자폭탄의 개발은 과학 활동에 큰 변화를 가져왔다. 무엇보다 과학 연구를 거대화의 길로 들어서게 만들었다. 거대 과학이란 원자폭탄 개발 당시에 시도되었던 것처럼 많은 과학자들이 모여서 한 가지의 큰 목표를 위해 서로 유기적으로 연관된 연구를 하는 것을 뜻한다. 원자폭탄 개발의 성공은 거대 과학의 위력을 제대로 증명해 주었고, 세계 곳곳에의 대규모의 연구기관들이 설립되어 과학 연구의 거대화를 촉진해 나가기 시작했다.

거대 과학을 위해서는 엄청난 규모의 예산, 조직, 행정의 뒷받침이 필요한 만큼, 과학은 정부, 산업체, 군대 등과 같은 조직과 손을 잡게 되었다. 그 결과 나사의 우주개발사업, 지구 속 탐사를 위해 세워진 모홀 계획, 입자 탐구를 위한 입자가속기 건설계획, 인간 유전체 지도를 그리는 인간 게놈 프로젝트 등이 진행되었고, 20세기 후반의 과학은 그 목적, 방법, 스타일에 이르기까지 거의 모든 부분에서 예전과는 다른 모습을 띄게 되었다.

참고자료

제3부 참고 자료

김덕호 외 지음,『근대 엔지니어의 탄생』(에코리브르, 2013).

리처드 로즈 지음, 문신행 옮김,『원자폭탄 만들기: 원자 폭탄을 만든 과학자들의 열정과 고뇌 그리고 인류의 운명』(사이언스북스, 2003).

미셸 모랑쥬 지음, 강광일 이정희 이병훈 옮김,『분자생물학: 실험과 사유의 역사』(몸과마음, 2002).

박민아, 김영식 편,『프리즘: 역사로 과학 읽기』(서울대학교출판문화원, 2013).

에르빈 슈뢰딩거 지음, 전대호 옮김,『생명이란 무엇인가: 정신과 물질』(궁리, 2007).

임경순 편저,『100년 만에 다시 찾는 아인슈타인』(사이언스북스, 1997).

임경순 지음,『현대물리학의 선구자』(다산출판사, 2001).

재닛 브라운 지음, 임종기 옮김,『찰스 다윈 평전: 종의 수수께끼를 찾아 위대한 항해를 시작하다』(김영사, 2010).

제임스 D. 왓슨 지음, 최돈찬 옮김,『이중나선: 생명에 대한 호기심으로 DNA구조를 발견한 이야기』(궁리, 2006).

제임스 D. 왓슨 · 앤드루 베리 지음, 이한음 옮김,『DNA: 생명의 비밀』(까치, 2003).

존 그리빈 지음, 강윤재 김옥진 옮김,『과학: 사람이 알아야 할 모든 것』(들녘, 2004).

찰스 길리스피 지음, 이필렬 옮김,『객관성의 칼날: 과학사상의 역사에 관한 에세이』(새물결, 2005).

찰스 다윈 지음, 권혜련 외 옮김,『찰스 다윈의 비글호 항해기』(샘터, 2006).

찰스 다윈 지음, 김관선 옮김,『종의 기원』(한길사, 2014).

카이 버드 · 마틴 셔윈 지음, 최형섭 옮김,『아메리칸 프로메테우스: 로버트 오펜하이머 평전』(사이언스북스, 2010).

토머스 핸킨스 지음, 양유성 옮김,『과학과 계몽주의: 빛의 18세기, 과학혁명의 완성』(글항아리, 2011).

피터 보울러 · 이완 리스 모러스 지음, 김봉국 외 옮김, 『현대 과학의 풍경』 (궁리, 2008).

제4부

동아시아 과학 산책

14
한국의 과학문화재

첨성대

우리나라 사람은 누구나 경주에 있는 첨성대에 대해 어느 정도는 알고 있을 것이다. 하지만 첨성대를 둘러싸고 과거 수십 년 동안 여러 분야의 학자들이 치열하게 논쟁을 벌였다는 사실을 아는 사람은 그리 많지 않을 것이다. 실례로 한국과학사학회는 1973년에 처음으로 첨성대 토론회를 개최하여 첨성대에 관한 본격적인 논쟁의 장을 열었다. 그리고 1979년에는 제2차, 1981년에는 제3차 토론회를 잇달아 개최하여 첨성대에 관한 치열한 논쟁을 벌였다. 그리고 카이스트의 주관 아래 제4차 첨성대 대토론회가 비교적 최근인 2009년에 열리기도 했다. 이런 점에서 첨성대에 대해 왜 이처럼 많은 논쟁이 벌어졌을까 그리고 그 논쟁에서 핵심적인 내용은 무엇이었을까 하는 문제를 살펴볼 필요가 있다.

첨성대에 관한 논쟁의 초점은 첨성대가 과연 무엇을 하는 것이었

을까 하는 점에 있는데, 1960
년대 이후 첨성대가 천문대가
아니었을 것이라는 의문이 싹
트면서 논쟁이 시작되었다.
첨성대가 천문대가 아니었을
것이라고 주장하는 학자들이
주목한 점은 다음과 같다. 먼
저, 역사 기록의 문제이다. 우
리나라 최초의 역사서로서 고
구려, 백제, 신라의 역사를 기
록한 『삼국사기(三國史記)』
(1145)에는 첨성대에 관한 언
급이 전혀 없다. 일반적으로

14-1. **첨성대** 국보 제31호. 경북 경주시 소재.
첨성대는 신라 선덕여왕 때 건립되었으며,
현존하는 가장 오래된 천문대로 알려져 있다.
저자 이문규가 직접 찍은 사진

전통시대 동아시아에서는 오늘날의 천문학에 해당하는 하늘에 관한
일 곧, 해와 달과 별 등에서 나타나는 여러 현상을 매우 중시하였고,
그것을 꼼꼼히 기록하여 후세에 전하는 전통을 가지고 있었다. 『사
기(史記)』를 비롯한 중국의 정사(正史)는 물론이고 『삼국사기』, 『고
려사』(1451), 『조선왕조실록』 등에도 일식 등 하늘에서 일어나는 여
러 천체 현상에 대한 기록이 상당히 많다. 만약 신라에서 천문대를
건립했다면, 그 사실 또한 당연히 당시 역사책에 기록되어야 할 것으
로 추정할 수 있다. 그럼에도 불구하고 『삼국사기』에 첨성대에 관한
언급이 전혀 없다는 사실은 첨성대가 천문대였다는 믿음에 의심을
품게 만들었다.

첨성대에 관한 최초의 기록은『삼국유사(三國遺事)』(1281)에 처음으로 나오지만, "이 왕[선덕여왕] 때 돌을 다듬어 첨성대를 쌓았다."는 것이 전부일 만큼 그 내용이 매우 소략하다. 첨성대가 선덕여왕(632-647년 재위) 때 세워졌으니, 첨성대가 세워진 후 6백 년도 더 지난 후에 그에 관한 최초의 기록이 나온 셈이다. 더구나 그것조차도 첨성대를 천문대라고 볼 수 있는 내용을 전혀 포함하고 있지 않다. 첨성대에서 천문을 살폈다는 분명한 기록은 15세기에 편찬된『동국여지승람(東國輿地勝覽)』(1486)에서 비로소 등장한다. 즉, 첨성대의 안이 비어 있어서 사람이 그 가운데로 오르내리며 천문을 관측했다는 기록이다. 하지만 이 기록은 첨성대가 만들어진 후 아주 오랜 세월이 지난 뒤에, 그것도 정확한 근거 없이 첨성대가 천문대라는 항간에 퍼져 있었던 속설을 그대로 옮긴 것에 불과하다는 지적을 받기도 하였다.

첨성대가 천문대가 아니라는 주장의 또 다른 근거로 첨성대의 독특한 구조를 들 수 있다. 9m가 넘는 첨성대의 꼭대기에 오르기 위해서는 먼저, 첨성대 바깥쪽에 사다리를 설치하여 중간에 있는 창문까지 올라가야 한다. 창문을 통해 첨성대 안으로 들어가면, 첨성대 안이 창문 높이까지 흙과 잡석으로 채워져 있으므로 그 높이에 설 수 있다. 첨성대 안에서는 별도로 사다리를 설치하여 꼭대기까지 다시 올라가야 한다. 첨성대 꼭대기의 반은 돌을 사용하여 덮어 놓았지만 나머지 반은 비어 있으므로 그 빈 곳으로 올라갈 수 있는 것이다. 이렇게 첨성대의 꼭대기에 올라가서 자신이 올라온 통로를 나무판 등을 이용하여 다시 막아야만 그 위에서 비교적 안전하게 관측 작업을 수행할 수 있었다. 이처럼 첨성대에서 실제 관측 작업을 수행하기 위해서는 매우 복잡하고 불편한 과정을 거쳐야 했다. 더구나 관측 작업을 할 때 크고 작은 관측기구라도 사용했다면 그 불편함은 더 커질 수밖에 없었을 것이 자명한 일이었다. 고대 동아시아 사회에서 하늘을 살피는 일은 하루도 거를 수 없는 매우 중요한 일이었으며, 신라의 천문 관측 역시 그러했을 것이다. 첨성대가 천문대였다면, 날마다 출입해야 하는 천문대를 왜 이처럼 복잡하고 불편한 구조로 만들었을까 하는 의문이 드는 것은 당연한 일이라 할 수도 있다.

첨성대가 천문대가 아니었다면, 첨성대는 과연 무엇이었을까. 7세기 신라인들은 왜 첨성대를 만들었던 것일까. 이에 대해서는 아주 다양한 해석이 제시되었다. 규표설도 그 가운데 하나이다. 규표(圭表)란 계절에 따라 변하는 해그림자 길이의 변화를 측정하기 위한 도구인데, 첨성대 자체가 하나의 규표로서 기능했다는 것이다. 첨성대 자체의 방위에 주목한 이른바 지자기설이라는 해석도 있다. 지자기설은 첨성대의 윗부분 정자석이 서쪽으로 약 13°, 기단부가 서쪽으로 16° 기울어져 있다는 실측 결과에 주목하여 나왔다. 즉, 첨성대의 기단부는 첨성대가 축조될 당시인 7세기의 편각과 일치하며, 위쪽의 정자석은 기단부를 그대로 둔 채 정자석의 방향만 다시 고쳐 놓았을 고려 성종 때인 10세기의 편각과 일치한다는 것으로, 이는 첨성대를 당시 과학기술로는 놀랄 만큼 정확하게 지자기의 편각과 일치하게 세운 것으로 구조물로 이해하는 해석이다.

세 번째는 이른바 주비산경설로 불리는 해석이다. 『주비산경(周髀算經)』은 중국의 후한 무렵 편찬되어 이후 동아시아에서 천문학과 수학 분야의 고전으로 중시되었던 문헌으로, 그 안에는 해그림자의 길이를 측정하여 여러 천문 상수를 구하는 방법 등이 들어 있다. 주비산경설에 따르면, 당시 신라의 천문학자들은 스스로 역법을 만들 수 있다는 능력을 과시하기 위해 『주비산경』의 내용을 반영하여 첨성대를 만들었다고 한다. 그에 따라 전통적인 천원지방(天圓地方)의 관념을 반영하여 첨성대의 형태를 둥글고 네모지게 만들었으며, 동아시아의 전통 별자리 체계인 28수를 반영하여 첨성대를 28단으로 했고, 1년의 날짜에 맞추어 366개의 돌을 사용했다는 것이다.

종교적인 측면에서 첨성대를 바라본 해석도 있다. 예컨대 첨성대의 전체적인 모양이 불교의 우주관에서 세계의 중앙에 있다고 말해지는 수미산과 닮았다는 것에 주목하여, 첨성대를 불교의 상징물이라고 해석하고 그 꼭대기에 불상과 같은 종교적 상징물을 안치했었을 것이라고 보았다. 이러한 해석을 흔히 수미산설이라고 하는데, 제단설 역시 수미산설과 유사하다. 제단설에 따르면, 첨성대의 겉모습은 수미산을 닮았지만, 그 내용은 불교가 아닌 토속신앙을 좇아 농업신인 영성(靈星) 숭배의 뜻을 담았다는 것이다.

이른바 도리천설이라는 해석은 첨성대의 모양이 우물을 닮았다는 점에 주목하였다. 당시 신라인들은 우물을 생명력과 풍요의 상징이자 땅 위의 세계와 지하세계를 연결해주는 통로로 여겼는데, 신라의 시조인 박혁거세와 그의 부인 알영이 모두 우물에서 탄생했다는 설화 역시 이러한 우물에 대한 관념과 무관하지 않다고 한다. 한편, 도리천은 불교의 우주관에서 세계의 중심인 수미산의 정상에 있는 33천으로 불교의 수호신인 제석천이 있는 곳을 말하는데, 첨성대를 만든 선덕여왕은 제석신앙을 가지고 있었다. 이에 따라 지상의 세계와 하늘의 세계인 도리천을 연결하는 도구로써 우물 모양의 첨성대를 쌓았다는 것이다. 이때 첨성대를 몸통 27단과 기단부와 정상부 각 2단씩을 더한 31단으로 세운 것은 첨성대 31단에 하늘과 땅을 합하여 33단으로 도리천의 세계를 드러낸 것이라는 해석이다.

첨성대(瞻星臺)라는 이름 자체가 별을 바라보는 높은 곳이라는 뜻임에도 불구하고, 그것에 대해 이처럼 다양한 해석이 나오게 된 것은 일차적으로 과학문화재로서 첨성대에 대한 우리의 관심은 매우 크지만 첨성대를 읽어 내는 시각은 서로 다르기 때문일 것이다. 물론 문화재를 다양한 시각에서 읽어 내는 일은 바람직한 현상이다. 하지만 첨성대에 관한 다양한 해석이 나오게 된 배경 즉, 기록의 소략함과 첨성대 구조의 독특함에 대해서 다시 생각해 볼 필요가 있다.

역사 기록의 소략함과 관련하여, 신라를 포함한 삼국의 기록이 모두 완전하게 전해지는 것은 아니라는 점을 고려할 필요가 있다. 모든 역사 기록과 마찬가지로 『삼국사기』나 『삼국유사』의 기록도 삼국의 역사를 완전하게 보여줄 수는 없다. 더구나 『삼국사기』의 일식 기록이 전 시기에 걸쳐 고르게 분포되어 있지 않다는 사실에서도 확인되듯이, 반드시 기록으로 남겼을 법한 중요한 사건이나 현상이 빠진 경우도 적지 않다. 이는 그런 사건이나 현상이 일어났을 당시에 그것들을 기록하지 않았을 가능성보다는 그 기록들이 『삼국사기』나 『삼국유사』를 편찬할 때까지 제대로 전해지지 않았기 때문일 것으로 보는 것이 더 타당하다. 이런 점에서 현재 첨성대에 관한 기록이 남아 있지 않다거나 또는 불완전하다는 이유 등이 첨성대 논쟁의 직접적이고 결정적인 근거라고 보기는 어렵다.

첨성대 구조의 독특함에서 가장 문제가 되는 것은 꼭대기까지 오르락내리락할 때 생기는 불편함이다. 하지만 첨성대에서 주목할 것은 꼭대기까지 오르내리는 데 불편하다는 점이 아니라 첨성대의 구조 자체가 꼭대기까지 올라갈 수 있도록 설계되어 있다는 점이다. 만약 수시로 첨성대 위에 올라갈 필요가 없었다면, 첨성대에 창문을 설치하고 내부를 비워 통로로 사용할 수 있게 설계할 필요조차 없었을 것이다. 천문대가 아닌 다른 목적에서 첨성대를 건립한 것이라면, 그 꼭대기에 올라갈 수 있는 구조를 택하지도 않았을 것이다. 다시 말해, 규표설, 지자기설, 주비산경설, 수미산설 등에서 말하는 것과 같은 이유에서 첨성대를 세운 것이라면, 첨성대의 구조를 굳이 꼭대기까지 올라갈 수 있도록 설계한 것이 오히려 어색하다. 또한 첨성대가 지상의 세계와 도리천을 연결하는 통로였을 것이라는 도리천설을 따른다면, 첨성대의 창문을 없애고 창문 아랫부분도 흙으로 채우지 않고 비워 두며 정상부도 전체가 열려 있도록 설계하는 것이 더 자연스러웠을 것으로 보인다.

첨성대가 건립될 때 의도적으로 그 꼭대기까지 오르내릴 수 있는 구조로 설계되었다고 해도, 첨성대 출입의 불편함 문제가 해소되는 것은 아니다. 아예 처음부터 첨성대 밖에 고정식 사다리나 계단을 설치했더라면 그러한 문제는 훨씬 줄어들었을 것이다. 또한 첨성대 위에서 행했던 천문관측 작업이 관측기구를 사용하지 않은 육안 관측이었다면 그 불편함이 다소 줄어들기는 하겠지만, 그래도 불편함이 모두 사라지지는 않는다. 그렇다면 이 문제 역시 다른 시각에서 접근할 필요가 있겠다.

앞에서도 언급했듯이, 우리나라를 포함하여 고대 동아시아 사회에서 하늘은 매우 특별한 존재였다. 그에 따라 일식을 비롯하여 태양의 흑점, 혜성의 출현, 유성과 운석 등 하늘에서 나타나는 모든 현상을 자세히 살피고 그것들이 가진 의미를 이해하기 위한 노력을 게을리하지 않았으며 나아가 그것들을 꼼꼼히 기록으로 남겨 후대에 전하고자 했다. 이 과정에서 하늘에 관한 일을 담당하는 오늘날 과학자라고 불러도 손색이 없을 전문가 집단이 출현하기도 했는데, 비록 그 일이 전문가 집단에 의해 수행되었을지라도 하늘에 관한 일을 매우 신성하게 여기는 관념은 결코 변하지 않았다.

하늘을 살펴보는 것이 신성한 일이었으므로 그 일을 수행하는 장소인 첨성대, 특히 그 꼭대기 역시 신성한 공간으로 여겼을 것이 당연하다. 이에 따라 세속에 구애를 받지 않고 오히려 세속과 어느 정도 격리되는 효과를 얻기 위해 의도적으로 첨성대의 구조를 9m가 넘는 높이에 그것도 출입하기에도 다소 불편한 형태로 설계했던 것으로 이해할 수 있다.

한국인이라면 누구나 알고 있는 첨성대. 7세기에 세워져 아직도 그 형태를 거의 완전하게 드러내고 있는 세계에서 가장 오래된 천문대. 그동안 이 첨성대의 실체를 밝히기 위한 여러 시도가 있었지만, 아직도 모든 사람들이 첨성대가 천문대였을 것이라는 주장에 동의하고 있지는 않다. 혹자는 첨성대 안을 채우고 있는 흙 속에 첨성대의 실체를 밝혀줄 수 있는 어떤 종류의 단서가 묻혀 있을지도 모른다는 기대를 갖고 있기도 하다. 만약 그러한 단서가 발견된다면 첨성대에 대한 전혀 새로운 해석이 나올 수도 있을 것이지만, 그때에도 첨성대가 우리의 소중한 과학문화재의 하나라는 점은 크게 달라지지 않을 것이다.

고려대장경과 직지

인쇄술이 인류의 문명 발달과정에서 매우 크게 기여를 했다는 점은 누구나 쉽게 동의할 수 있는 점이다. 그런 인쇄술의 역사에서 고려시대의 팔만대장경(八萬大藏經)과 직지(直指)는 가장 중요한 성과로 꼽기에 부족함이 없다. 팔만대장경은 목판 인쇄술의 결정판이며, 직지는 현존하는 가장 오래된 금속활자 인쇄물이기 때문이다.

경상남도 합천에 있는 해인사에 보관되어 있는 고려대장경은 총 81,258판의 목판에 새긴 대장경으로 흔히 팔만대장경으로도 불린다. 대장경이란 3개의 광주리라는 의미의 산스크리트어 트리피타카 (tripitaka)를 가리키는 것으로 삼장(三藏)이라고도 한다. 부처님의 가르침을 담은 세 개의 그릇을 뜻하는 삼장은 부처님의 가르침 자체를 그대로 보여주는 경(經), 승단의 계율을 모은 율(律), 고승과 학자들이 남긴 경에 대한 주석과 해설을 정리한 논(論) 등으로 이루어져 있다.

팔만대장경 이전에도 고려와 중국에서 대장경을 목판에 새겼던 사례는 여러 차례 있었다. 하지만 앞서 제작했던 대장경은 전란 등의 피해를 입어 거의 사라졌다. 이에 현재까지 온전하게 남아 있는 대장경 중에서 팔만대장경이 가장 오랜 역사를 가지게 되었다. 또한 팔만

14-2. 고려대장경 경남 합천 해인사에 있는 국보 제32호인 고려대장경판. 이 대장경판은 현존하는 대장경 중 가장 오래되었고 내용이 완벽하여 2007년 세계기록유산에 등재되었다.

대장경이 간직하고 있는 불경은 그 내용이 매우 정확하고 충실할 뿐만 아니라 오로지 팔만대장경에서만 찾아볼 수 있는 희귀한 판본도 다수 들어 있어서 불교 연구에도 귀중한 자료로 평가되고 있다.

팔만대장경 경판의 크기는 가로 70cm 정도, 세로 24cm 정도, 두께 3cm 정도이며 무게는 3-4kg가량인데, 이것들은 당대 최고의 인쇄술로 제작되었다. 경판을 제작하기 위해서는 먼저 산벚나무 등 목판 제작에 적합한 나무를 골라서 잘 말리고 다듬어 단단하면서도 비틀어지지 않게 판목을 준비해야 했다. 그리고 각 판목마다 앞뒤로 통일된 서체의 글자를 하나의 오자나 탈자 없이 고르고 정밀하며 아름답게 새겼다. 경판에는 옻칠을 하였으며, 경판의 양쪽에는 마구리를 대고 네 귀퉁이에는 동판을 부착하였다. 경판이 뒤틀리지 않고 온전한 모습으로 오래 보존하기 위한 이런 기법의 효과는 13세기 중엽에 제작되었음에도 오늘날까지 흠결 없이 완전한 판본을 찍을 수 있다는 사실에서 확인할 수 있다.

고려대장경은 바로 이런 점을 인정받아 2007년에 유네스코 세계 기록유산으로 선정되었으며, 그 대장경을 보관하고 있는 해인사 장경판전 또한 1995년에 유네스코의 세계유산으로 등재되었다. 물론 이보다 앞서 우리나라에서는 고려대장경을 국보 제32호로, 장경판전을 국보 제52호로 지정한 바 있다. 15세기에 지어진 것으로 알려진 장경판전은 정면 15칸이나 되는 큰 규모의 두 건물, 곧 남쪽의 수다라장과 북쪽의 법보전이 남북으로 나란히 배치되어 있다. 그리고 이 두 건물 사이의 동쪽과 서쪽 끝에도 각각 동사간판전, 서사간판전이라 불리는 작은 판전이 있다. 즉, 위에서 보면 가운데가 비어 있는 직사각형 모양의 건축물인 장경판전은 오로지 대장경의 보관을 위한 목적에서 건립된 것으로 전면과 후면의 창호의 위치와 크기가 서로 다르다. 이는 대장경판의 보존을 위해 통풍을 원활하게 하고 적절한 실내 온도를 유지하기 위한 매우 합리적이고 과학적인 설계로 평가되고 있다. 이처럼 고려대장경판과 그것을 온전하게 보존하고 있는 장경판전은 인쇄술과 건축술 분야에서 전통의 우수함을 잘 간직한 과학문화재인 것이다.

고려대장경과 마찬가지로 2001년에 유네스코 세계 기록유산으로 등재된 직지는 고려 말에 백운화상(白雲和尙, 1299~1374)이 엮은 『불조직지심체요절(佛祖直指心體要節)』이라는 책을 1377년 7월 청주의 흥덕사(興德寺)라는 옛 절에서 금속활자로 인쇄한 인쇄물이다.

상권과 하권으로 이루어져 있으나 상권은 아직 발견되지 않았다. 오직 하권만이 조선 말 주한 프랑스대사관에서 근무하던 한 외교관이 수집하여 프랑스로 가져간 후, 프랑스 국립도서관에 기증하여 현재까지 그곳에서 소장하고 있다.

직지가 현존하는 세계에서 가장 오래된 금속활자 인쇄본이라는 점이 인정되는 과정에서는 박병선(1928-2011) 박사의 역할이 중요했다. 우리나라 여성으로서는 최초로 프랑스에 유학을 떠났던 박병선은 학업을 마치고 프랑스 국립도서관에서 근무하면서 병인양요 때 프랑스 군이 약탈해 간 외규장각 의궤의 행방을 찾는 과정에서 직지를 발견하고, 1972년 파리에서 열린 유네스코 지정 세계 도서의 해 기념 도서전시회에 출품했다. 이를 통해 직지가 독일의 구텐베르크가 인쇄했던 성경책보다 70여 년이나 앞선 금속활자 인쇄본이라는 사실을 전 세계에 알리게 되었다. 이후 박병선은 프랑스 국립도서관 베르사유 별관 창고에 방치된 외규장각 도서도 찾아내어 그것을 한국에 알리고 그것을 반환시키기 위한 노력을 계속했다. 결국 프랑스 정부는 2011년 외규장각 의궤 297권을 대여 형태로나마 한국으로 다시 돌려보내게 되었다.

직지보다 먼저 금속활자로 인쇄한 책도 있다. 기록에 따르면 『남명천화상송증도가(南明泉和尙頌證道歌)』와 『상정예문(詳定禮文)』 등이 직지보다 수십여 년 앞서 주자(鑄字) 곧 금속활자로 인쇄했다고 한다. 현재 이것들은 전해지지 않지만, 이런 기록과 직지가 서울이 아닌 지방의 한 절에서 금속활자로 인쇄되었다는 사실을 종합하면 당시 금속활자 인쇄술의 상황을 짐작하는 데 도움이 된다. 직지가 인쇄될 무렵 고려의 금속활자 인쇄술은 지방에서도 금속활자 인쇄가 행해졌을 만큼 제법 널리 퍼져 있었다고 볼 수 있기 때문이다.

그렇지만 직지를 인쇄한 금속활자 인쇄술은 아직 완성된 모습을 보이지 않는다. 본문의 행렬이 곧바르지 않고 비뚤어진 경우도 있으며, 활자에 먹물이 고르게 묻지 않아 인쇄된 글자의 진하고 엷음이 일정하지 않기도 하다. 한마디로 당시 금속활자 인쇄술은 목판 인쇄술에 비해 인쇄 수준이 뒤져 있었던 것으로 보인다.

그럼에도 불구하고 당시 고려에서는 금속활자를 이용한 인쇄를 계속 시도했었다. 이에 대해서는 다음과 같은 설명이 설득력이 있다. 즉, 당시 고려는 연이은 전란으로 보유하고 있었던 장서를 대부분 잃어버렸으며, 중국 역시 송원(宋元) 교체기의 혼란에 빠져 있어

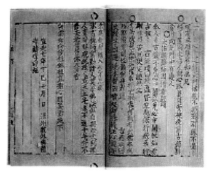

14-3. 직지 한국학중앙연구원에 소장되어 있는 보물 제1132호 목판본 직지. 직지는 본래 1377년 청주 흥덕사에서 금속활자로 인쇄되었다. 금속활자로 인쇄한 직지는 현재 프랑스 국립도서관에 소장되어 있으며 2001년 유네스코 세계기록유산에 등재되었다.

서 중국으로부터 책을 수입하는 것도 용이하지 않은 상황이었다. 이런 상황에서 적은 부수라 할지라도 여러 종류의 책을 시급히 인쇄해야만 했던 고려에서는 목판인쇄에 비해 시간이 덜 걸리고 경비도 절약할 수 있는 금속활자 인쇄를 발명했고, 이를 통해 많은 종류의 책을 빨리 인쇄해야만 하는 문제를 해결하려 했다는 것이다.

이와 같은 고려의 금속활자 인쇄술의 발명과 활용은 조선으로 이어졌다. 예컨대 조선 태종 때인 1403년에는 주자소(鑄字所)를 설치하고 보다 개선된 금속활자인 계미자(癸未字)를 만들었으며, 세종 때인 1420년에는 경자자(庚子字, 1420년)를 개발하였다. 그리고 마침내 1434년에는 금속활자의 백미라고 불리우는 갑인자(甲寅字, 1434년)를 개발하여 금속활자 인쇄술의 전통을 완성하게 되었다.

천상열차분야지도

우리가 사용하고 있는 만 원짜리 지폐의 뒷면에는 천상열차분야지도가 들어 있다. 얼핏 보면 눈에 잘 들어오지 않지만, 뒷면 도안의 전체 배경이 바로 천상열차분야지도의 일부이다. 지폐에는 천상열차분야지도의 중심 부분이 나타나 있는데, 아쉽게도 제작 과정의 실수 때문인지 그것이 거꾸로 되어 있어서 언젠가 바로잡을 수 있었으면 좋겠다는 바람이 있다.

도안의 원품, 곧 현재 국립고궁박물관에 소장되어 있는 천상열차분야지도는 두 개인데, 하나는 조선 태조 4년(1395)에 제작된 것으로 가로, 세로, 두께가 각각 약 122cm, 211cm, 12cm 정도인 검은색 돌에 새긴 천문도로서 국보 제228호로 지정되어 있다. 다른 하나는 숙종 13년(1687)에 앞의 천상열차분야지도를 다시 돌에 새긴 것으로 보물 제837호로 지정되어 있다.

천상열차분야지도(天象列次分野之圖)라는 독특한 이름을 풀어서 말하자면, 하늘의 형상을 차와 분야에 따라 표시한 그림이라는 뜻이

14-4. 천상열차분야지도 현재 국립고궁박물관에 소장되어 있는 국보 제228호인 천상열차분야지도 각석. 태조 4년(1395)에 제작되었다. 천문도와 함께 천상열차 분야지도를 제작하게 된 배경과 과정. 제작에 참여한 사람의 이름과 제작 시기가 밝혀져 있다.

다. 여기서 천상(天象) 곧 하늘의 형상은 둥그런 원과 그 안에 있는 별자리로 나타냈다. 즉, 하늘은 둥그런 모양이며 그 안에는 1,467개의 별이 약 300개 정도의 별자리를 이루며 자리 잡고 있다. 천상열차분야지도는 이러한 하늘의 형상을 그리면서 그것을 차(次)와 분야(分野)에 따라 늘어놓았다. 이때 차란 약 12년을 주기로 태양계를 공전하고 있는 목성을 기준으로 하늘을 12개의 구역으로 나눈 것을 말한다. 마치 12시간이 표시되어 있는 시계와 같이 목성이 몇 시 방향에 있는가에 따라 12년 주기의 시간의 흐름을 표시하는 방법과 같다. 한편, 목성은 예전에는 세성(歲星)이라는 이름으로 더 많이 불렸는데, 이는 목성이 시간의 흐름과 밀접하게 연관되어 있다는 점을 아주 오래 전부터 알고 있었기 때문이었다.

다음으로 분야란 하늘을 12개의 구역으로 공간적으로 나눈 것을 말한다. 하늘을 공간적으로 구획한다는 분야설의 관념 역시 꽤 오래 전부터 등장했던 것으로 보이는데, 이는 분야의 이름에 정(鄭), 송(宋), 연(燕), 오(吳), 제(齊), 위(衛) 등의 옛 중국의 여러 나라의 이름이 사용된 것에서 추정할 수 있다. 이후 우리나라에서는 중국의 지명 대신 조선의 지명이 표시되어 있는 천상열차분야지도가 제작된 경우도 있다.

천상열차분야지도는 기본적으로 별과 별자리를 표시한 천문도라 할 수 있지만, 그 안에는 여러 천문학 관련 지식이 들어 있다. 예컨대 12차와 12분야의 자세한 범위를 제시해 놓은 것은 물론이고, 계절에 따른 해의 움직임(태양중심설이 아니었으므로 지구가 공전하는 것이 아니라 해가 운행한다고 생각했다)이나 달의 운행궤도에 대한 설명이 들어 있다. 또한 하늘의 적도와 황도 부근에 늘어서 있는 28개의 별자리 곧 28수(宿)의 정확한 위치와 각 별자리를 구성하는 별의 개수, 24절기 각각의 동틀 무렵과 해 질 녘에 하늘 한가운데 있는 별인 중성(中星), 개천설(蓋天說), 혼천설(渾天說), 선야설(宣夜說) 등 동아시아의 전통 천체구조이론 등 동아시아 전통 천문학에서 중시했던 여러 정보가 담겨 있다.

천상열차분야지도의 마지막 부분에는 천상열차분야지도를 만들 때 참여한 사람들의 관직과 이름을 열거한 후, 그들이 1395년(洪武 28) 12월에 제작했다는 사실을 새겨 넣었다. 이에 앞서 천상열차분야지도에는 그것을 제작하게 된 과정이 다음과 같이 소개되어 있다. 즉, 예전 평양성에는 고구려의 천문도가 돌에 새겨져 있었는데 전쟁으로 인해 강에 빠져 잃어 버렸다고 한다. 세월이 지나면서 그것을 탁본한 것조차 사라졌는데, 조선이 개국하자 그 탁본을 가져다 바친 사람이 있었다는 것이다. 이에 태조가 그것을 귀중히 여겨 다시 돌에 새기고자 하였다. 하지만 오랜 시간이 지나 본래 천문도에 오차가 있으므로 그것을 바로잡아 새로 돌에 새기게 되었다는 것이다. 이런 내용으로 보아 천상열차분야지도가 고구려 천문도의 전통을 계승한 것이라는 점을 알 수 있으며, 또 그것이 조선왕조 개국의 정당성을 널리 알리는 데 효과적인 도구였다는 점을 짐작할 수 있다.

조선왕조의 시작과 함께 돌에 새겨진 천상열차분야지도는 조선시대 내내 왕조의 권위를 드러내 주고 있었지만, 일제 강점기 동안 그것은 일제가 창경원으로 격하시킨 창경궁 건물 밖에 방치되는 처지가 되었다. 이후 1974년 천상열차분야지도는 창덕궁 유물창고로 옮겨지게 되었으며, 마침내 1985년 국보 제228호로 지정되어 현재 경복궁 안에 있는 국립고궁박물관에 전시되어 있다. 그리고 국내의 여러 과학관 등지에서 천상열차분야지도를 그대로 재현한 복각본 천상열차분야지도를 만날 수도 있다.

과학문화재의 올바른 이해

천상열차분야지도는 일제 강점기가 끝나고 해방이 된 뒤에도 오랫동안 제대로 관리되지 못했다. 그런 상황을 한국과학사 연구에서 선구적인 업적을 남긴 전상운 교수는 다음과 같이 회고했다.

> 필자가 처음 그 천문도 각석들과 만난 것은 1960년이었는데 그때도 그 귀중한 천문도 각석들은 뽀얀 먼지에 덮여 있었다. 한번은 소풍철에 가랑비가 내리는 날, 창경원에 소풍 왔던 초등학생 한 가족이 비를 피해 평평하고 제법 넓은 그 돌 위에 둘러앉아 도시락을 먹고 있는 것도 보았다. 홍이섭 선생을 뵈었을 때 그 이야기를 했더니, 홍박사는 장난꾸러기 어린이들이 모래를 뿌리고 벽돌 굴리기를 하는 것을 본 일도 있었다고 한다. 관리사무소에 여러 번 말했지만 별다른 반응이 없이 여러 해가 지나갔다(전상운, 『한국과학사』(사이언스북스, 2000), 64쪽).

여기에 언급된 전상운(1928-)이 만난 홍이섭(1914-1974)은 일찍부터 우리나라 과학사에 관심을 가지고 한국과학사 전체를 아우르는 최초의 연구서라 할 수 있는 『조선과학사』(1944)를 펴낸 역사학자이다. 홍이섭은 세계사적 보편성과 객관적 합리성을 띤 민족사관에 기초하여 우리의 역사와 문화를 업신여기고 말살시키려 했던 일제 강점기 시기에 우리 민족의 우수성을 보이고자 『조선과학사』를 출판하였고, 해방 이듬해 이 책을 수정하여 다시 우리글로 출판한 바 있다.

우리가 보기에 천상열차분야지도와 같은 우리의 과학문화재가 이런 취급을 받았다는 것은 꽤 놀라운 일이다. 하지만 예전에는 첨성대 위에 단체로 올라가서 경주 수학여행 기념사진을 찍기도 했던 적도 있었다는 사실을 감안하면, 천상열차분야지도를 그렇게 취급한 것을 딱히 누구 한 사람의 탓이라고 할 수만은 없다. 그 위에서 놀았던 어린이나 그 부모, 심지어 관리사무소의 직원조차도 그것이 우리의 소중한 문화재라는 사실을 알았다면 그렇게 취급하지는 않았을 것이기 때문이다.

과학문화재가 우리의 소중한 문화유산이라는 인식이 일반인에게도 알려지기 시작한 것은 대략 1980년대부터라고 할 수 있는데, 그 중요한 계기가 된 것이 한국과학사학회의 주관으로 1980년부터 1985년까지 수행된 한국의 과학문화재 조사 프로젝트였다. 이 프로젝트의 보고서는 "한국의 과학문화재 조사보고, 1980-1985"라는 제목으로 『한국과학사학회지』 제6권 제1호(1984)의 58-118쪽에 실렸다. 이를 통해 책임연구원을 맡았던 전상운을 비롯한 프로젝트 참여자들은 과학문화재 관련 1차 사료는 물론이고 기존의 연구 성과를 찾아 정리하는 한편 전국의 크고 작은 박물관이나 유적지 등에 흩어져 있는 과학문화재에 대한 현장 조사도 함께 진행했다. 이러한 노력의 덕택으로 한국 과학문화재의 대체적인 윤곽과 그 가치가 알려지기 시작했으며, 1985년에는 천상열차분야지도, 자격루, 혼천시계 등 과학문화재 3점이 국보로 지정되어 그 가치를 인정받게 되었다. 또한 정부에서도 과학기술 문화재의 국가 지정을 포함하여 그에 대한 발굴 조사 사업과 복원 계획을 본격적으로 추진하기 시작했다.

과학문화재에 대한 관심이 이처럼 뒤늦은 까닭은 과학기술에 대한 우리의 관념, 곧 과학기술은 우리의 전통과는 무관한 서양 세계의 산물이라는 오랜 편견 때문이라고 할 수 있다. 실제 현대 과학기술의 대부분은 서양의 근대과학에 기초하고 있다고 볼 수 있으며, 현재 한국에서 진행되고 있는 과학기술 역시 크게 다르지 않다.

하지만 과학사의 연구 성과가 축적되면서 서양 이외의 다른 문화권에서도 우리가 '과학'이라는 이름을 붙이기에 전혀 손색이 없는 자연세계에 대한 체계적인 지식이 존재했었다는 많은 증거들이 나오기 시작했다. 그 가운데 특히 우리나라와 중국, 일본을 포함하는 동아시아 문화권에서는 매우 이른 시기부터 자연세계에 대한 수준 높은 지식이 축적되었다는 사실이 널리 알려졌다. 이에 따라 과학을 서양 세계만의 산물이라고 보는 편견은 더 이상 유지되기 어렵게 되었고, 서양 문화와는 다른 방식으로 자연세계에 접근하고 이해하는 것도 가능했다는 점이 받아들여지게 되었다.

한국의 과학문화재는 바로 우리 선조들이 그들의 방식으로 자연세계를 이해하고 그에 관한 지식을 축적한 결과를 보여주는 문화유산이다. 이를 바르고 정확하게 이해함으로써 우리는 한국의 과학 전통을 제대로 세울 수 있으며, 동시에 우리 선조들의 삶을 보다 온전하게 이해할 수 있게 될 것이다.

15 ✱
세종 시기의 과학기술

세종 시기 과학기술의 성과

한국과학사에서 일반적으로 조선 초 특히 세종이 재위(1418-1450)
했던 기간을 중심으로 하는 15세기 전반은 가장 주목할 만한 시기라
고 한다. 그때 천문과 역법, 의학과 약학, 지리학, 기상학, 음악 등은
물론이고 인쇄술, 군사기술, 농업 등 과학기술의 거의 모든 분야에서
괄목할 만한 성과가 이루어졌기 때문이다. 그 가운데 먼저 의약학 분
야를 시작으로 몇몇 분야의 대표적인 성과를 정리한 후, 이어서 천문
과 역법 분야의 성과를 살펴보자.

의약학 분야에서 세종 때 이루어진 가장 두드러진 성과로 세종 15
년에 편찬된 『향약집성방(鄕藥集成方)』(1433)과 27년에 편찬된 『의
방유취(醫方類聚)』(1445)를 꼽을 수 있다. 전체 85권 30책의 『향약집
성방』은 글자 그대로 우리나라에서 생산되는 약재인 향약을 이용한
처방 곧 약방문(藥方文)을 집대성한 문헌이다. 향약은 중국의 약재

를 당약(唐藥)이라 부르는 데 대해 우리나라에서 생산되는 국내산 약재를 가리키는 말인데, 사실 향약에 대한 관심은 이때 처음 시작된 것은 아니었다. 조선 이전에도 이미 현존하는 가장 오래된 우리나라의 방서인 『향약구급방(鄕藥救急方)』(1236)을 비롯하여 지금은 사라진 『향약고방(鄕藥古方)』, 『향약간이방(鄕藥簡易方)』, 『삼화자향약방(三和子鄕藥方)』 등 향약을 이용한 여러 의약학 문헌들이 있었다. 그리고 이러한 향약의 전통이 조선으로 이어져 조선 태조 7년(1398)에는 조준(趙浚), 권중화(權仲和), 김희선(金希善), 김사형(金士衡) 등의 노력으로 『향약제생집성방(鄕藥濟生集成方)』(1399)이 편찬되기도 했다. 세종은 향약을 중시하는 이러한 전통을 계승하여 향약 연구에 더욱 박차를 가하였다. 예컨대 세종 3년(1421)에는 약리(藥理)에 정통한 황자후(黃子厚)를 중국에 보내서 우리나라에서 생산되지 않는 약재를 구해오게 하였으며, 세종 5년에는 김을해(金乙亥)와 노중례(盧重禮) 등을 중국에 보내서 향약을 중국산 약재와 비교 연구하게 하였다. 그리고 세종 6년에는 각 지방의 지리지 편찬 작업을 진행하면서 각 지역에서 자라는 약초들의 분포 실태를 조사하게 하였다. 또한 세종 13년에는 『향약채취월령(鄕藥採取月令)』(1431)을 간행하여 널리 보급하였다. 『향약채취월령』이란 민간에서 12개월 각각의 달에 채취하기에 적합한 약재를 열거한 것으로 약재의 이름을 한자와 함께 이두식 표기로 병기하여 일반인들도 쉽게 알아볼 수 있었다. 이와 같이 향약 연구와 관련하여 충분한 준비 작업을 거쳐 세종은 13년 가을 집현전의 유효통(兪孝通), 전의감의 노중례와 박윤덕(朴允德) 등에게 『향약집성방』의 편찬을 명하였다.

『향약집성방』은『향약제생집성방』을 근간으로 삼아 당시 향약을 이용한 모든 약방을 모아서 체계적으로 분류한 방대한 의방서이다. 총 702종의 약재가 돌과 광물[石], 풀[草], 나무[木], 사람[人], 짐승[獸], 새[禽], 벌레와 물고기[蟲魚], 과일[果], 쌀과 곡식[米穀], 채소[菜] 등 10 가지 유형으로 분류되어 있으며, 이를 이용하여 959가지 중세에 대한 10,706가지의 약방이 들어 있다. 그리고 1,416가지의 침구법과 식물이나 동물 등 자연 상태의 재료를 약재로 이용할 수 있게 가공하는 방법 등이 소개되어 있다. 이와 같은『향약집성방』을 통해 우리나라 의약학의 전통을 확인할 수 있다. 우리나라 사람들의 병을 치료하기 위해서는 우리나라의 풍토에서 생산되는 약재가 효과적일 것이라는 이른바 신토불이(身土不二)와 같은 관념이 조선 초에도 계속 이어지고 있었으며, 세종 때에는 향약으로 대표되는 우리 고유의 의약학 전통을 중국의 그것과 융합시켜 독자적이고 수준 높은 의약학의 전통을 세우려 했었던 것이다.

『의방유취』는 우리나라를 비롯하여 중국의 의학 문헌 등 동아시아 의학 전체를 종합하여 체계화하려 한 노력의 결과이다. 일종의 의학 백과사전인『의방유취』는 세종 때 총 365권의 방대한 규모로 편찬되었으나 당시에는 간행되지 못했다. 이후 그것을 다시 정리하여 총 266권의『의방유취』가 성종 8년(1477)에 금속활자로 간행되었다. 간행 당시 겨우 30질만을 제작하여 상당히 귀한 책이었지만, 내의원(內醫院), 전의감(典醫監), 혜민서(惠民署), 활인서(活人署) 등 관련 기관에 나누어 주었다. 임진왜란 당시 일본이『의방유취』를 강탈해 갔으며, 이후 한 동안 국내에서는 더 이상 그것을 찾을 수 없게 되었다.

최근 국내에서 발견된 1권을 제외하면, 성종 때 간행한 『의방유취』
원본은 현재에도 일본에만 남아 있다. 일본에서는 1852년 목활자를
이용하여 『의방유취』를 다시 인쇄했고, 1876년 강화도 조약을 체결
하면서 그 가운데 2질을 조선에 선물함으로써 우리나라에서도 『의방
유취』를 직접 볼 수 있게 되었다.

『의방유취』는 모든 질병
을 91가지의 유형으로 분류
하고, 각각에는 그에 해당
하는 증세를 설명하고 치료
방법 곧 약방문을 소개하였
다. 약방문은 그것을 인용
한 출전의 연대에 따라 열거
하였는데, 원문에 충실하였
으며 필요한 주해를 덧붙여
이해하기 쉽게 하였다. 『의
방유취』의 기본적인 가치는

15-1. 『의방유취』 보물 제1234호인 『의방유취』
권201의 첫 장. 충북 음성군 소재 한독의약박물관
소장. 이 책은 국내에서 처음 발견된 유일한 초판
본이라는 점에서 의학서적과 관련된 인쇄문화사
연구의 귀중한 자료로 평가 된다.

동아시아 의학 전체를 우리의 시각에서 종합하려는 시도를 했다는
데 있다. 이는 허준(許浚, 1539-1615)의 『동의보감(東醫寶鑑)』(1610)
에서 분명하게 드러나듯 수준 높은 우리나라 의학의 전통을 세우는
기초가 되었다. 한편, 『의방유취』에 인용되어 있는 문헌들 중에는 오
늘날 완전히 없어진 것도 적지 않다. 이에 따라 동아시아 전통 의학을
연구할 때 『의방유취』는 귀중한 자료로 이용되고 있기도 하다.

인쇄술 분야에서 세종 때 이룬 가장 중요한 성과로는 세종 16년

(1434) 갑인자(甲寅字)를 제작하여 금속활자 인쇄술의 전통을 완성한 것을 들 수 있다. 하지만 모든 과학기술이 그러하듯, 갑인자로 대표되는 금속활자 인쇄기술 역시 하루아침에 이루어진 것은 아니다. 앞에서 살펴본 것처럼, 우리나라에서 금속활자를 이용한 인쇄는 이미 고려 때부터 시작되었고, 그것이 조선으로 이어졌다. 하지만 고려의 금속활자 인쇄술의 수준은 그렇게 높은 것은 아니어서 조선 초부터 보다 나은 금속활자 인쇄술을 얻기 위한 시도가 계속되었다.

조선의 태종은 3년(1403)에 고려 말의 서적원(書籍院)을 계승하여 주자소(鑄字所)를 설치하고 청동으로 활자를 만들었는데, 그 해의 간지(干支)에 따라 이것을 계미자(癸未字)라 하였다. 물론 계미자는 고려의 금속활자보다 개량된 것이었지만, 여전히 만족스럽지 못한 점이 적지 않았다. 예컨대 아직도 활자의 크기와 글자 모양이 고르지 않아 인쇄 상태가 그다지 좋지 않았고, 밀랍을 이용한 조판 기술도 여전히 미흡한 부분이 있어 인쇄할 때 활자가 움직이고 줄이 잘 맞지 않기도 했다.

세종은 계미자의 단점을 보완하여 다시 금속활자를 만들었는데, 이것이 바로 경자자(庚子字)이다. 경자자 체계에서는 조판용 동판과 활자를 평평하고 견고하게 만들어 활자들끼리 서로 잘 맞도록 하였으며, 조판 과정에서 밀랍을 사용하지 않고 얇은 대나무 조각을 이용하여 활자를 고정시킬 수 있게 되어 인쇄 능률을 향상시켰다.

하지만 경자자의 글자체가 가늘고 빽빽하여 보기가 좋지 않다고 여긴 세종은 이천(李蕆, 1376-1451), 장영실(蔣英實) 등 당대의 뛰어난 과학기술자를 동원하여 또다시 금속활자 기술의 혁신을 꾀하여 갑인자(甲寅字) 체계를 완성하였다. 갑인자는 경자자보다 큰 글자와 작은 글자 모두 크기가 고르고 네모반듯하였고, 완전한 조립식 조판 기술을 구현하여 인쇄 능률도 두 배로 향상되었다. 갑인자로 인쇄된 것은 글자의 획마다 필력이 살아 있고 글자 사이가 여유로워 읽기가 편하며 먹물이 시커멓고 윤이 나서 한결 선명하고 아름다운 인쇄물로 평가되고 있다. 이런 점에서 갑인자를 우리나라 활자본의 백미(白眉)로 꼽을 수 있을 것이며, 갑인자로 인쇄된 책은 당시로서는 전 세계에서 가장 아름답고 선명한 책으로 평가되고 있다. 한편, 갑인자 체계에서는 한자뿐 아니라 한글 글자도 주조하여 함께 사용했다. 흔히 '갑인자병용한글활자'라고도 불리는 갑인자의 한글 활자체는 글자의 획이 굵고 강직한 서체로 만들어졌는데, 세종이 만든 우리의 글자를 처음으로 활자로 인쇄했다는 점에서 주목할 만하다.

세종 30년에 편찬한 『총통등록(銃筒謄錄)』(1448)에는 당시까지 군사기술 분야에서 이루어진 성과를 자세하게 기록하였다. 즉, 세종 때 새로 만든 화포들의 제작 방법과 그 정확한 규격을 그림과 함께 설명하였고 화약 사용법도 상세하게 기록으로 밝혀 놓았다. 하지만 『총통등록』은 현재 남아 있지 않고, 성종 5년에 편찬된 『국조오례의서례(國朝五禮儀序例)』(1474)에 들어 있는 「병기도설(兵器圖說)」을 통해 그 내용의 일부를 알 수 있다. 일반적으로 『총통등록』의 간행은 조선이 중국의 화약무기를 모방하는 단계에서 벗어나 조선 특유의 형식과 규격을 갖춘 독자적인 화약무기 개발의 단계로 올라섰음을 의미하는 것으로 평가되고 있다. 하지만 『총통등록』의 완성까지는 많은 시간과 노력이 필요했다는 점을 기억할 필요가 있다.

조선에서 화약무기 개발이 본격적으로 시작된 것은 태종 원년 (1401)에 화약 제조에 독점적인 지식을 지니고 있었던 최무선(崔茂宣, 1325-1395)의 아들 최해산(崔海山, 1380-1443)을 당시 무기 제작을 담당했던 관청인 군기감(軍器監)에 등용하면서부터이다. 이때부터 태종은 화약무기 개발에 힘써 큰 성과를 거두게 되었다. 이전의 화약무기가 주로 불화살을 쏘며 해전에서 이용되었던 것에 비해, 이제는 지상에서 탄환을 쏘아 성(城)을 공격할 수 있을 정도로 성능이 크게 개선되었다. 이 과정에서 태종은 군기감 산하에 화약의 연구와 제조를 전담하는 기관인 화약감조청(火藥監造廳)을 설치하는 한편 화통군(火㷁軍)을 크게 증원하기도 하였다. 하지만 아직까지 화포는 너무 무거워서 기동성이 높지 못하였으며, 화약무기의 사거리 역시 만족스러운 상태는 아니었다.

15-2. 『석보상절』 보물 제523-2호인 『석보상절(釋譜詳節)』 권23, 24. 동국대학교 도서관 소장 자료. 갑인자 활자로 찍은 초간본. 『석보상절』은 세종 28년(1446)에 소헌왕후가 죽자, 그의 명복을 빌기 위해 세종의 명으로 수양대군(후의 세조)이 김수온 등의 도움을 받아 석가의 가족과 그의 일대기를 기록하고 이를 한글로 번역한 책이다.

세종은 이런 상황을 크게 개선하여 화약무기를 획기적으로 발전시켰다. 특히 압록강 상류의 사군(四郡)과 두만강 하류의 육진(六鎭) 등 군사요충지를 개척하고 정비하는 과정에서 화약무기에 대한 수요가 급증했고 그 중요성 또한 크게 부각되어 화약무기 개발 사업을 더욱 강력하게 추진하게 되었다. 그 결과 조선에서는 개인이 화약제조법을 독점했던 시대가 끝나고 다수의 화약제조 전문가들이 양성되어 많은 화약 수요를 충당할 수 있게 되었다. 그리고 한 번에 여러 개의 발사체를 장착하여 발사할 수 있는 이른바 일발다전포의 기술을 확보할 수 있게 되었다. 또한 기동성이 뛰어난 화포인 조립식 총통완구도 개발하였고, 세계 최고 수준의 로켓무기라 할 수 있는 신기전(神機箭)도 개발하였다. 신기전은 그 크기에 따라 대신기전, 중신기전, 소신기전이 있었고, 일종의 2단 로켓이라 할 수 있는 산화신기전도 있었다. 대신기전은 그 길이가 5m가 넘을 정도로 아주 큰 로켓무기로 자체에 장착된 화약통의 화약을 추진력으로 삼아 꽤 멀리까지 날아가서 폭발하는 무기이고, 산화신기전은 적진을 향해 발사하면 중간에 먼저 지화통의 화약이 터져 적을 혼란시킨 후 다시 발화통이 폭발하여 적에게 피해를 주는 무기이다.

이와 같은 새로운 화약무기의 개발을 완료한 후, 세종은 이전에 사용하던 화약무기를 폐기하고 새로운 화약무기 곧, 더 가벼운 화포와 더 적은 화약으로 더 멀리 나가는 화약무기를 전국에 배치하였다. 이것이 바로 『총통등록』에 기록된 화약무기인 것이다.

천문의기 간의

세종 14(1432)년 세종은 경연(經筵)에서 정인지(鄭麟趾, 1396-1478)에게, 우리나라는 유독 천문 관측 의기가 부족하므로, 정초(鄭招, ?-1434)와 더불어 고전을 강구하여 의기와 규표를 창제하여 천문을 관측하는 데 부족함이 없도록 만전을 기하라고 했다. 그러면서 천문 관측의 핵심은 북극고도를 정하는 데 있으니 먼저 간의(簡儀)를 제작하는 것이 좋겠다는 의견을 밝혔다. 이에 따라 간의를 비롯한 천문의기 제작 프로젝트가 본격적으로 추진되었다. 간의에 관한 이론적인 연구는 정인지와 정초가 담당하였고, 간의의 제작 실무는 이천과 장영실 등이 맡았다. 이들은 먼저 나무로 간의를 제작하여 그것이 제대로 제작되었는지 확인을 한 후, 청동으로 간의를 만들었다. 간의가 완성될 무렵에는 이것을 설치할 간의대를 경회루 북쪽에 돌을 쌓아 건립하였는데, 그 크기가 대략 높이 6.4m, 길이 9.7m, 너비 6.6m 정도였다.

간의는 원나라 때 곽수경(郭守敬)이 그동안 사용했었던 천체 관측 기기인 혼천의를 사용하기 간편하게 개량한 것이다. 혼천의는 육합의(六合儀), 삼진의(三辰儀), 사유의(四遊儀) 등이 세 겹으로 이루어져 있는 복잡한 구조를 가지고 있다. 간의는 이를 개량한 것인데, 쉽게 설명하자면 혼천의에서는 적도좌표계, 황도좌표계, 지평좌표계가 모두 하나의 중심에 모여 겹겹이 싸여 있었던 것에 비해 간의에서는 이들 좌표계를 분리함으로써 천체 관측을 용이하게 한 것이다.

간의의 구조를 보면, 간의에는 여러 개의 고리[環]가 있는 것을 볼 수 있다. 이것들의 용도를 살펴보면 다음과 같다. 먼저 사유환(四遊環)은 거극도(去極度)를 측정하는 장치이다. 오늘날에는 천체의 위치를 적도에서 북극 쪽으로 얼마나 떨어져 있는가를 나타내는 적위(赤緯)로 표시하지만, 당시에는 천체가 북극에서 떨어진 정도를 나타내는 거극도를 이용했다. 적도환(赤道環)은 오늘날의 적경과 유사하게 28수의 기준 별로부터 관측하려는 천체가 동쪽으로 얼마나 떨어

져 있는가를 측정하는 장치이다. 이때 28수란 하늘의 적도 또는 황도 부근에 있는 28개의 중요한 별자리를 가리키는데, 동서남북 각각에 7개씩의 별자리가 속해 있다. 별자리는 여러 개의 별로 이루어져 있으므로 그 별자리에서 가장 밝은 별을 천체 관측의 기준으로 삼았다. 입운환(立運環)은 천체의 지평고도를 측정하는 장치이고, 지평환(地平環)은 천체의 방위를 측정할 수 있는 장치이다. 또한 적도환 밖에는 백각환(百刻環)이 그것을 둘러싸고 있는데, 이는 시각을 측정하는 장치이다. 당시에는 하루를 12시 100각으로 표시했으므로 백각환이란 이름이 붙은 것이다. 낮에는 해가, 밤에는 별이 규칙적으로 운행한다는 원리를 이용하여 시각을 측정하였다.

간의를 이용하여 천체를 관측할 때, 간의를 크게 만들어서 측정 장치인 각각의 환에 눈금을 세밀하게 표시하면 그 정확성을 높일 수 있다. 이에 따라 세종 때 만들어진 간의는 사유환의 지름이 6척 즉 약 1.24m나 될 만큼 큰 규모였다. 또한 하늘의 둘레는 당시 1년의 길이에 해당하는 주천도수(周天度數)인 365와 1/4도로 정했는데, 간의에서는 1도를 4등분하여 주천도수를 표시할 때 1461개의 눈금을 새겨넣었다. 백각환의 눈금 역시 1각을 6등분하여 600개의 눈금으로 100각을 표시하였다.

간의의 남쪽에는 정방안(正方案)을 설치하였다. 정방안이란 말 그대로 정확한 방위를 측정하기 위한 장치로써 천문 기구를 설치할 때 방위를 정확히 맞추기 위한 것이다. 정사각형의 네모난 판 위에 중심을 정하고 19개의 동심원을 그려 넣었다. 가운데는 막대를 세워 그 그림자가 정방안 위에 드리우게 함으로써 정확한 방위를 알게 했다. 막대의 길이는 1척 5촌이지만, 계절에 따른 그림자의 길이가 달라지는 것을 고려하여 겨울에는 짧은 막대를 여름에는 긴 막대를 사용하도록 했다. 정방안 둘레에는 도랑을 설치하고 물을 채워 수평을 잡도록 하였다.

한편, 간의가 비록 혼천의보다 관측에 편리하다고는 하지만 그 역시 이동할 수 없으므로, 다시 간의를 더욱 간편하게 개량한 휴대용 간의 곧 소간의를 만들어 하나는 왕이 매일 생활하는 침전인 천추전(千秋殿) 서쪽에 두고 다른 하나는 오늘날의 국립천문대라 할 수 있는 서운관(書雲觀)에서 사용하도록 했다. 소간의는 중국에는 없는 독창적인 의기로써 소간의를 수직으로 세우면 천체의 고도와 방위를 알수 있었으며, 그것을 북극을 향하도록 하면 천체의 적도좌표를 알 수 있었다.

해시계와 물시계

해시계란 아침에 해가 떠서 저녁에 해가 질 때까지 해의 움직임에 따라 해그림자의 길이와 방위가 변하는 것을 살펴서 시간의 흐름을 알아내는 기구이다. 해의 움직임을 보고 시간을 파악하는 방법은 모든 고대 문명에서 매우 일찍부터 알려졌을 것이므로 해시계 역시 아주 오래 전부터 사용했을 것이 틀림없다. 해시계의 가장 간단한 형태는 해가 비추는 평평한 땅 위에 막대(gnomon)를 꽂아 놓고 그 그림자의 변화를 살피는 것이다. 이때 막대의 그림자가 있는 평면에 시간을 알 수 있는 적절한 눈금을 표시해 놓으면 더욱 정확한 시간을 알 수 있다. 예컨대 아침과 저녁에는 그림자의 길이가 긴 데 비해, 그림자의 길이가 가장 짧아졌을 때 곧 해의 고도가 가장 높은 남중했을 때가 정오에 해당됨을 알 수 있다.

동아시아에서는 아주 오래 전부터 규표(圭表)를 가지고 해그림자의 변화를 살폈는데, 규표는 바닥에 새긴 눈금자인 규(圭)와 바닥에 수직으로 세운 막대기 또는 기둥인 표(表)로 이루어져 있는 기구이다. 규표를 이용하면 하루의 시간 변화를 알 수 있었을 뿐 아니라 동서남북의 방위와 1년의 길이도 정확하게 측정할 수 있어서 천문의 관측과 계산의 기초가 되었다.

세종 때에는 높이 40척(약 8.3m)의 구리로 만든 표와 장(丈)-척(尺)-촌(寸)-분(分)의 눈금을 돌에 새긴 규로 이루어진 규표를 제작하여 간의대 서쪽에 설치하였다. 표의 맨 위쪽에는 영부(影府)라고 불리는 작은 바늘구멍이 뚫려 있는 동판이 붙어 있어 그림자의 길이를 정확하게 잴 수 있게 하였다. 이처럼 거대한 규모의 규표를 이용하여 세종 때에는 해그림자의 길이 변화를 매우 정밀하게 측정함으로써 24절기의 정확한 지점을 찾아내고 한양의 정확한 위도를 알 수 있게 되었다.

세종 때의 해시계 가운데 가장 널리 알려진 것은 앙부일구(仰釜日晷)이다. 앙부일구라는 이름은 그것이 가마솥[釜]과 같은 모양으로 하늘을 우러르고[仰] 있다고 해서 붙여진 이름이다. 앙부일구는 휴대용으로도 제작되어 조선시대 내내 민간에서도 널리 사용되었을 만큼 조선의 대표적인 해시계인데, 대부분의 해시계가 평면이었던 것에 비해 앙부일구만이 오목한 형태라는 점이 독특하다. 또한 앙부일구는 하루의 시각만을 알 수 있는 것이 아니라 24절기까지 알 수 있다는 점도 주목할 만하다. 즉, 앙부일구의 오목한 부분의 시반면에는 시각선만 그어져 있는 것이 아니라 시각선과 함께 24절기를 알 수 있는 절

15-4. 앙부일구 보물 제852호인 휴대용 앙부일구(仰釜日晷). 국립중앙박물관 소장. 세로 5.6cm, 가로 3.3cm, 두께 1.6cm의 돌로 만들어졌다.

기선도 그어져 있다. 시각선은 해가 뜰 무렵인 묘(卯)시부터 해질 무렵인 유(酉)시까지 표시되어 있다. 해가 떠 있는 낮 동안 그림자의 방향이 해와 반대로 즉, 서쪽에서 동쪽으로 이동한다는 사실로써 시각을 알게 하였다. 절기선은 시각선과 수직으로 그어져 있는데, 겨울에는 그림자의 길이가 길어지고 여름에는 짧아진다는 원리를 이용하여 그림자의 길이로써 절기를 알게 하였다.

일성정시의(日星定時儀), 정남일구(定南日晷), 현주일구(懸珠日晷), 천평일구(天平日晷) 등도 모두 세종 때 만들어서 사용했던 해시계이다. 일성정시의는 글자 그대로 낮에는 해시계로 사용하고 밤에는 별을 보고 시각을 측정할 수 있는 장치이다. 해시계의 원리는 앞서 설명한 것과 같고, 별을 보고 시각을 측정할 수 있는 것은 밤하늘의 별이 북극을 중심으로 일정한 속도로 회전하는 것처럼 보이는 원리를 이용한 것이다. 정남일구는 해시계 중에서 가장 정교한 것으로 천체 관측 기기인 간의나 혼천의와 유사한 모습이다. 지남침과 같은 기구가 없어도 정남향을 맞추어 시각을 측정할 수 있기 때문에 정남일구라는 이름이 붙었던 것으로 보인다. 현주일구와 천평일구는 크기가 작은 휴대용으로 수평과 방위를 맞추기 위한 장치가 있다. 기둥과 가운데에 구멍이 뚫려 있는 시반면으로 이루어져 있는데, 기둥과 시반면의 구멍을 연결하는 실을 걸어서 그것의 그림자가 시반면에 생기게 하여 시각을 읽을 수 있게 만들었다.

자격루(自擊漏)는 세종 때 만들어진 대표적인 물시계이다. 자격루 이전에도 물시계를 사용했었지만 그것이 정밀하지 못하여 세종이 장영실에게 새로운 물시계를 만들도록 하였다. 이에 장영실은 자동 시

보 장치를 갖춘 자격루를 만들
었고, 세종 16(1434)년부터 사
용하였다. 자격루는 예전 만 원
짜리 지폐의 앞면에 들어 있었
던 것과 같은 물시계 부분과 자
동 시보 장치의 두 부분으로 이
루어져 있다. 물시계 부분은 다
시 물시계에 사용할 물을 담아
서 일정하게 흘려보내는 항아
리 모양의 파수호(播水壺)와 파
수호에서 나온 물을 받는 2m가
량의 긴 원통형의 수수호(受水
壺)로 이루어져 있다. 파수호
에서 흘려보낸 물이 수수호에

15-5. 자격루 국보 제229호인 자격루의
물시계 부분. 창경궁 소재. 이 자격루는 중종
31년(1536)에 다시 제작한 것이다. 자격루의
복원품은 현재 국립고궁박물관에 전시되어
있다.

모이고, 수수호에 물이 차오름에 따라 부력에 의해 수수호 안에 들어
있는 살대가 떠오르게 된다. 살대에는 시각을 표시하는 눈금이 새겨
져 있어 떠오른 살대의 눈금으로 시각을 알 수 있게 한 것이다. 이것
은 일반적인 물시계의 원리와 크게 다르지 않은데, 자격루는 수수호
에서 살대가 부력으로 떠오르면서 미리 설치해 놓은 구리로 만든 작
은 구슬을 일정한 높이에서 떨어뜨리게 했다. 이 구슬이 떨어지면서
발생하는 힘이 자동 시보 장치를 작동하게 하는 동력이 되었다. 자동
시보 장치는 시(時), 경(庚), 점(點)마다 각각 종, 북, 징이 자동으로 울
리게 하였다. 또한 매시마다 종이 울리면 12지신이 자신이 속하는 글

자가 적힌 팻말을 보여 주는 장치도 있었다.

세종 때 제작된 이처럼 정교한 기계 장치인 자격루는 현재 남아 있지 않다. 앞서 언급한 만 원짜리 지폐의 물시계 부분은 중종 31(1536)년에 만들어진 것으로 자동 시보 장치 부분은 없다. 하지만 자격루의 제작 동기, 원리와 구조 등이 자세한 기록으로 남아 있어 그 원형을 복원할 수 있게 되었으며, 남문현 교수가 복원한 자격루가 현재 국립고궁박물관에 전시되어 있다.

장영실은 자격루를 만든 후 몇 년이 지나 옥루(玉漏)라는 또 하나의 자동 물시계도 만들었다. 옥루는 자격루와 같은 자동 물시계이면서 동시에 천체의 운행도 보여 주는 정교한 시계였다. 하지만 옥루의 내부 구조와 작동 원리에 대한 기록이 부족하여 임진왜란 때 경복궁이 모두 불탄 후 아직까지 복원이 이루어지지 않고 있다. 세종은 옥루를 천추전 서쪽에 설치하여 항상 그것을 볼 수 있게 하였다. 기록에 따르면 옥루에는 금으로 해를 만들어서 하루에 한 바퀴를 돌아서 낮에는 산 밖에서 나오고 밤에는 산 속으로 숨게 하였으며 절기에 맞게 일출과 일몰 시각이 변하도록 하였다고 한다. 또한 청룡, 백호, 주작, 현무 등의 사신(四神)을 설치하여 각각 정해진 시간에 움직이게 하였다. 예컨대 동쪽에서 서쪽을 바라보고 있는 청룡은 인시(寅時)가 되면 청룡이 북쪽으로 향하고, 묘시(卯時)에는 동쪽, 진시(辰時)에는 남쪽, 사시(巳時)에는 다시 서쪽을 향하게 하였다는 것이다. 이처럼 정교한 자동 물시계 옥루는 세종 때 추진했던 여러 천문의기와 해시계 및 물시계 제작 경험을 종합한 매우 뛰어난 것이다. 옥루를 설치한 건물의 이름을 『서경(書經)』의 "공경함을 큰 하늘과 같이 하여 백성에게 삼가 때를 알려준다(欽若昊天 敬授人時)"는 구절에서 따와 흠경각(欽敬閣)이라 한 것에서 옥루를 통해 요순(堯舜)시대와 같은 치세(治世)를 이루고자 한 세종의 뜻을 엿볼 수 있다.

칠정산의 완성

백성에게 정확한 시간을 알려주는 일은 동아시아 전통 사회에서 군주(君主)의 가장 중요한 의무이자 권리의 하나였다. 일(日), 월(月), 년(年) 등의 시간이란 그 글자가 보여주듯이 규칙적으로 운행하는 천체의 움직임에 따라 나타나는 것이다. 따라서 시간의 흐름을 아주 정확하게 파악하기 위해서는 천체 운행의 규칙성을 정밀하게 관측하고 그 운행을 예측할 수 있어야 한다. 하지만 천체 운행을 정밀하게 관측하는 것은 물론 그 운행을 정확하게 예측하는 작업은 결코 쉬운 일은 아니다. 전문적으로 이런 일을 담당했던 분야를 동아시아에서는 역법(曆法)이라 했다.

우리나라에서는 조선 이전에 사용했던 역법에 관한 기록이 많지 않다. 구체적으로 어떤 역법을 어느 시기에 사용했는지 분명하지 않지만, 대체적으로 중국에서 역법을 들여와서 사용했던 것으로 보인다. 예컨대 백제에서는 원가력(元嘉曆)을 사용했다는 기록이 있으며, 6세기 초반 무령왕릉의 지석(誌石)에 나타난 연대도 원가력에 의한 것으로 알려져 있다. 그리고 백제는 원가력을 일본에 전해 주기도 했다. 일본의 기록에 따르면 백제의 성왕 31년(553)에는 일본의 요청을 받아 다음 해 역박사(曆博士) 고덕왕손(固德王孫)을 일본에 보냈으며, 무왕 3년(602)에는 승려 관륵(觀勒)이 역서(曆書)와 천문서(天文書)를 일본에 전해 주었는데, 일본에서는 604년부터 원가력(元嘉曆)을 사용했다고 한다. 고구려에서는 영류왕 7년(624)에 당(唐)에서 역서를 구했다는 기록이 있는데, 역법의 이름은 밝히지 않았지만 무인력(戊寅曆)일 것으로 추정된다. 신라에서는 문무왕 14년(674) 대나마 덕복(德福)이 당에서 역법을 배우고 돌아와서 그것으로 역법을 만들었다고 하는데, 당시 당에서 사용되었던 역법이 인덕력(麟德曆)이다. 신라에서는 이후 선명력(宣明曆)을 들여왔다고 하지만 정확한 시기는 밝혀져 있지 않다.

고려에서는 신라에 이어 선명력을 계속 사용하다가, 이후 충선왕 때에 원(元)의 수시력(授時曆)으로 바꾸어 사용했다. 그러나 일식과 월식의 계산 등은 제대로 익히지 않아 옛 선명력을 사용할 수밖에 없었고, 그 결과 실제 하늘의 운행과 잘 들어맞지 않았다. 이런 상황이 고려 말까지 계속되었다. 한편, 선명력은 당에서 822년에 만들어진 역법으로 고려가 개국할 때는 이미 100년 가까이 지났기 때문에, 고려에서 사용하던 역법은 처음부터 정확하지 않았다. 이런 문제점을 해결하고자 고려에서는 몇 차례 역법을 고치려는 시도가 있었다. 예컨대 문종 때에는 김성택(金成澤)이 십정력(十精曆)을, 이인현(李仁顯)이 칠요력(七曜曆)을, 한위행(韓爲行)이 견행력(見行曆)을, 양원호(梁元虎)가 둔갑력(遁甲曆)을, 김정(金正)이 태일력(太一曆)을 각각 편찬했다는 기록이 있다. 하지만 이런 역법의 자세한 내용은 전하지 않는다. 고려 내내 역법의 부정확한 문제가 쉽게 해결되지 않았던 것으로 보아 새롭고 정확한 역법은 아니었을 것이다.

고려 공민왕 19년(1370)에는 명(明)에 갔던 사신 성준득(成准得)이 대통력(大統曆)을 받아와서 사용하기 시작했고, 이것이 조선 초까지 이어졌다. 하지만 대통력은 역법 계산의 기점인 역원(曆元)을 바꾸었을 뿐 기본적으로는 수시력과 크게 다르지 않은 역법이었다. 이런 상황에서 세종은 새로운 역법을 만들고자 하였다.

세종은 15년(1433)에 정인지 등에게 명하여 칠정산(七政算)을 편찬케 하였고, 24년(1442) 마침내 『칠정산』 내편(內篇)과 외편(外篇)이 완성되었다. 칠정산 내편은 기본적으로 수시력의 체계를 따른 역법이다. 하지만 수시력이 중국의 북경을 기준으로 한 것에 비해, 칠정산 내편은 우리나라의 한양을 기준으로 삼아 그곳에서 관측한 천체의 위치와 운행에 대한 데이터를 가지고 만든 역법이다. 이에 따라 칠정산으로 해와 달 그리고 5개의 행성을 합한 7개 천체의 위치와 움직임을 한양에서 정확하게 예측할 수 있게 되었다. 예컨대 일식이 일어날 정확한 날짜와 시각을 한양을 기준으로 예측할 수 있었던 것이다.

칠정산 내편의 완성이 결코 쉽지 않은 작업이었음은 물론이다. 앞서 살펴본 여러 천문의기들을 이용하여 오랜 기간 동안 천체의 운행에 대한 매우 정밀한 관측 데이터를 축적해야 했음은 물론이고, 그것들을 가지고 매우 복잡한 계산 과정을 포함하는 역법의 원리와 이론을 완벽히 이해하고 적용해야 했기 때문이다. 실제 이 작업은 아주 오랜 시간이 걸려 완성되었다. 세종 3년에는 윤사웅(尹士雄), 최천구(崔天衢), 장영실 등을 중국에 파견하여 천문의기를 배워 오도록 하였으며, 5년에는 선명력과 수시력의 비교 연구를 수행하도록 한 바 있다. 칠정산 내편의 편찬 작업은 이때부터 시작되었다고 볼 수 있으니, 그것의 완성은 20년도 더 걸린 작업이었다.

칠정산 외편은 원나라 때 이슬람에서 들여온 역법인 회회력(回回曆)을 한양을 기준으로 다시 편찬한 것이다. 사실 이슬람의 역법은 순태음력으로 태음태양력 체계인 동아시아의 역법과는 다른 종류의 역법이라 할 수 있다. 하지만 이슬람 천문학은 천체의 관측 등에서 나름의 장점을 지니고 있었으므로 원나라에서는 수시력을 사용하면서도 회회력을 참고하기도 했다. 칠정산 외편이 바로 세종 때 회회력의 체계를 수용하여 그것을 한양을 기준으로 완벽하게 재구성한 결과물인 것이다.

칠정산 내외편의 완성으로 세종 때의 천문학은 세계 최고 수준에 도달했던 것으로 평가되고 있다. 세종이 재위했던 15세기 전반, 우리나라의 천문학은 세계의 어느 곳보다도 천체의 움직임을 정밀하게 관측할 수 있었으며, 또 그것을 정확하게 예측할 수 있었다.

세종 과학기술의 성공 요인

세종 때의 천문학은 비교적 짧은 시간에 매우 뛰어난 성과를 거둘 수 있었다. 세종 때는 비단 천문학 분야뿐만 아니라 앞에서 살펴보았던 것처럼 과학기술 전반에 걸쳐 두드러진 성과를 얻었다고 할 수 있는데, 이와 같은 사례는 과학의 역사에서 흔하게 찾아볼 수 있는 일이 아니다.

세종 때 과학기술이 이처럼 발달할 수 있었던 요인 혹은 배경과 관런하여 다음과 같은 점을 주목할 필요가 있다. 먼저, 세종 때의 과학기술 성과는 앞 시대에 이루어진 과학기술 성과에 대한 충분한 검토 위에서 그것을 종합화한 결과라는 점이다. 금속활자 인쇄술이나 화약무기를 중심으로 하는 군사기술 분야에서는 고려에서 이루어진 성과를 직접적으로 계승하여 그것을 발전시켜 뛰어난 성과를 거두었다. 천문학 분야에서는 중국의 송원(宋元) 시기 이루어진 천문학 성과에 대한 집중적인 학습과 연구를 통해 그 수준을 높일 수 있었다. 과학기술의 발달에서 선진 과학기술의 습득은 언제나 필요한 조건일 텐데, 세종 때에는 중국의 선진 천문학뿐만 아니라 원나라를 통한 이슬람 천문학의 성과까지 모두 종합하여 세계 최고 수준을 천문학 체계를 갖출 수 있게 되었다.

다음으로 세종 때 과학기술을 담당할 수준 높은 고급 인력이 여럿 존재했었다는 점도 주목할 만하다. 칠정산의 완성에 크게 기여한 정인지, 정초, 정흠지(鄭欽之), 이순지(李純之, ?-1465), 김담(金淡, 1416-1464) 등을 비롯하여 장영실, 이천과 같은 뛰어난 과학기술자들은 자신들에게 주어진 역할을 충실하게 수행함으로써 우리나라 과학기술의 수준을 몇 단계 높일 수 있게 하였다.

또한 새로운 왕조 초기에 국가 체제를 정비하려는 시대적 상황 역시 세종 때의 과학기술 발달에 유리하게 작용했다고 볼 수 있다. 오백 년 가까이 지속되어 온 고려왕조를 무너뜨리고 역성(易姓) 혁명으로 건국된 조선은 건국 초기에는 왕실 내부의 혼란 등으로 매우 불안정한 시기를 보냈다. 태종은 이런 혼란스러운 상황을 종식시키고 강력한 왕권을 구축함으로써 정치적 안정을 이루었지만, 국가 운영에 필요한 여러 제도를 제대로 갖추어 국가 체제를 확립하는 임무는 그의 아들 세종에게 맡겨졌다. 특히 조선은 고려와 달리 유교를 국가 이데올로기로 설정하고 요순과 같은 성군(聖君)이 다스리는 이상적인 국가를 꿈꾸고 있었다. 세종은 이러한 시대적 요청에 부응하여 과학기술을 포함하여 모든 분야에서 그 꿈에 걸맞은 이상적인 체제를 갖추고자 하였고, 그 결과 과학기술에서도 상당한 성과를 이루었던 것이라 할 수 있다.

마지막으로 당시 과학기술의 총책임자였던 세종 개인의 의지와 능력도 반드시 언급해야 하는 점이다. 왕조 국가에서 최고 통치자인 군주의 역할이 모든 방면에서 절대적으로 중요했다는 점은 부연하여 설명할 필요가 없지만, 당시 과학기술의 발달에서 세종 자신의 역할은 그러한 일반적인 상식을 훌쩍 뛰어넘을 만큼 중요했다. 세종은 정치적으로 안정된 상태에서 자신에게 주어진 왕조 초기의 체제 정비 과업을 충실히 수행하는 과정에서 과학기술 방면에 특별한 관심과 능력을 보여주었다. 예컨대 세종은 과학기술 방면에서 뛰어난 인재들을 관리로 등용하거나 유능한 관리를 선택하여 그에게 적합한 과학기술 임무를 부여하고 그것을 훌륭히 소화할 수 있도록 과학기술 정책과 관리에 탁월한 능력을 발휘했다. 그리고 세종은 오늘날 뛰어난 과학기술 연구팀의 리더와 같은 역할 곧 과학기술에 관한 수준 높은 목표를 세우고 그것을 실현시킬 수 있는 적절한 방식을 사용하였다. 그 뿐만 아니라 세종 자신이 당시 진행된 거의 모든 과학기술의 주요 내용에 대해서도 깊이 이해를 했을 만큼 세종은 탁월한 과학기술자로서의 역량을 지니고 있었다. 덧붙여 세종이 우리나라의 실정에 잘 들어맞는 과학기술을 추구하고자 했다는 점도 중요했다. 세종은 당시 과학기술 선진국이었던 중국의 과학기술을 그대로 학습하는 것에 그치지 않고, 그것을 기초로 하여 우리나라의 상황에 맞는 새로운 과학기술을 이루고자 했다. 그 결과 세종의 과학기술을 성공적으로 이룰 수 있었다.

16 ⭐
실학과 과학기술

예수회 선교사와 서양과학

스페인 북부에서 태어난 이냐시오 로욜라(Ignatius de Loyola, 1491-1556)는 1534년 8월 15일 파리의 몽마르트르에서 사비에르(Francisco de Xavier, 1506-1552) 등 동료 6명과 함께 정결, 청빈, 예루살렘 순례의 서원(誓願)을 하고, 자신들을 예수의 친구라는 의미로 제수이트(Jesuit)라 부르기 시작했다. 이 모임이 1540년 교황의 인가를 받아 정식으로 발족하는 가톨릭 수도회 예수회(Society of Jesus)의 출발이 되었다. 당시 기독교 사회는 종교개혁의 여파로 구교와 신교 사이의 갈등이 심화되면서 가톨릭의 권위가 크게 흔들리고 있었다. 이런 상황에서 가톨릭의 반성과 혁신을 주장한 예수회는 군대와 같은 엄격한 규율과 굳건한 결합력을 바탕으로 반종교 개혁 운동과 동방 선교에 주력하였다.

사비에르는 동방 선교에 앞장서서 1542년부터 인도 등지에서 선교

AT THEVS RICCIVS MACERATENSIS QVI PRIMVS E SOCIE
Y EVANGELIVM IN SINAS INVEXIT OBIIT ANNO SALV
1610 ÆTATIS 60

16-1. 마테오 리치 1610년경 중국계 선교사 Emmanuel Pereira(Yu Wen-hui)가 그린 마테오
리치의 모습. 이 초상화는 1616년 로마로 옮겨져서 현재 예수회 본부에 걸려 있다.

16-2. 곤여만국전도 1602년 마테오 리치와 명나라 학자 이지조(李之藻)가 함께 만들어 목판으로 찍어 펴낸 세계 지도인 곤여만국전도. 가로 533cm, 세로 170cm로 흔히 리치의 지도라고도 불린다.

활동을 했으며, 1549년부터 2년 3개월 동안 일본에 체류하면서 예수회의 동아시아 활동을 시작했다. 일본에서 활동하면서 중국에 진출하고자 했으나 도중에 사망하여 뜻을 이루지 못했고, 그 임무는 마테오 리치(Matteo Ricci, 1552-1610)에게 넘겨졌다. 이탈리아 출신의 마테오 리치는 예수회 신학교에 들어가서 신학과 철학을 공부했으며, 당대 최고의 천문학자 가운데 한 사람이었던 클라비우스 신부를 통해 수학, 천문학, 역법, 시계, 지구의 등의 과학에 대한 높은 소양을 갖추게 되었다. 이후 동방 선교에 나서 1582년 마카오에 도착하였다. 그는 1601년 1월 정식으로 북경에 입주할 때까지 남부 지역에서 활동하면서 중국어와 한문을 익히고 중국의 문화와 풍속을 이해하는 데 힘썼다. 자신을 중국식 이름인 이마두(利瑪竇)라 칭한 서양에서 온 선비 마테오 리치는 학자로서, 특히 과학기술 전문가로서 황제를 비롯한 중국 지식인들을 매료시켰다.

마테오 리치의 중국 활동은 매우 성공적이었다. 북경에 교회당을

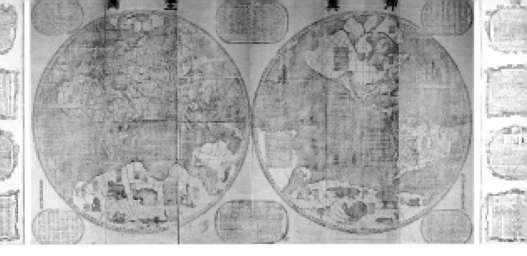
16-3. 곤여전도 1674년 예수회 선교사 페르디난드 페르비스트가 제작한 곤여전도

세우고 많은 중국인을 가톨릭으로 끌어 들이면서 예수회가 중국에서 활동할 수 있는 기반을 굳혔다. 이때 그가 가진 과학기술 지식은 중요한 역할을 하였다. 당시 중국의 지식인들은 마테오 리치가 전하고자 한 가톨릭보다 그가 소개한 새로운 과학기술에 더 많은 관심을 보였기 때문이다. 결과적으로 마테오 리치와 뒤이어 중국에 온 예수회 선교사들의 과학기술 지식은 중국뿐 아니라 우리나라의 과학기술 전개에도 큰 영향을 미치게 되었다.

마테오 리치는 서광계(徐光啓) 등 당대 최고 수준의 중국 지식인들의 도움을 받아가며 에우클레이데스의 기하학을 한문으로 번역하여 『기하원본(幾何原本)』(1607)을 출판하는 등 서양의 새로운 학문을 소개했다. 그리고 곤여만국전도(坤輿萬國全圖) 등 세계지도를 제작하여 보여줌으로써 신대륙의 존재와 땅이 둥글다는 사실을 알렸다. 또한 중국인에게 가톨릭 교리를 설명하기 위해 쓴 『천주실의(天主實義)』(1603)를 통해 가톨릭 교리뿐 아니라 서양의 자연철학을 소개했다.

마테오 리치 이후 중국에 온 예수회 선교사인 아담 샬(Adam Schall, 중국명: 湯若望, 1591-1666)과 페르비스트(Ferdinand Verbiest, 중국명: 南懷仁, 1623-1688)의 활동도 주목할 만하다. 1622년 중국에 온 독일 출신의 아담 샬은 특히 천문학에 뛰어나 서양 천문학의 지식을 이용하여 동아시아 전통 방식의 역법을 만들어 큰 영향을 끼쳤다. 아담 샬이 만든 이 역법 『숭정역서(崇禎曆書)』(1634)는 본래 명(明)을 위한 만들어진 것이었으나, 명이 망하게 되면서 사용하지 못하였다. 이후 청(淸)으로 바뀐 후에 다시 정리하여 『신법서양역서(新法西洋曆書)』로 편찬되었고, 1645년부터 시헌력(時憲曆)이라는 이름으로 시행되었다. 한편, 아담 샬은 당시 청에 볼모로 머물렀던 조선의 소현세자와도 친교를 맺어 우리나라에 서양 문물을 전해주기도 했는데, 그가 만든 시헌력은 1653년부터 우리나라에서도 사용되었다.

1659년 중국에 온 페르비스트는 아담 샬의 뒤를 이어 오늘날의 국립천문대에 해당하는 흠천감(欽天監)의 책임을 맡았다. 강희제(康熙帝)의 강력한 후원을 받았던 페르비스트는 서양 천문학을 이용한 새로운 천문관측의기를 다수 제작하여 서양 천문학을 널리 알렸으며, 두 개의 타원형으로 이루어진 세계지도인 곤여전도(坤輿全圖)를 제작하고, 새로운 화포를 주조하는 등 여러 방면에 걸쳐 서양 과학기술을 소개하는 데 크게 기여했다.

이처럼 예수회 선교사들은 기독교와 함께 여러 분야에서 새로운 과학을 중국에 소개했는데, 이에 대한 중국 지식인들의 반응은 다양했다. 예컨대 서광계, 이지조(李之藻), 강영(江永) 등은 예수회 선교사들, 보다 구체적으로는 그들의 과학을 전폭적으로 지지하였다. 이들은 서양 과학의 학습, 연구, 번역에 적극적으로 참여하면서 예수회 선교사와 그들의 과학을 수호하고 대변하는 역할을 충실히 수행하였다. 하지만 양광선(楊光先) 등은 예수회 선교사들이 설파한 기독교 교리와 서양 과학에 대해 극단적으로 반대하기도 했다. 일례로 양광선은 당시 황실의 장례 날짜를 흉일로 잡았다는 것을 트집 삼아 그 일을 담당했던 아담 샬을 몰아내고 그 자신이 흠천감의 책임자가 되기도 했다. 왕석천(王錫闡, 1628-1682)이나 매문정(梅文鼎, 1633-1721) 그리고 완원(阮元, 1764-1849) 등은 이들과는 또 다른 반응을 보였다. 청초의 뛰어난 천문학자이자 수학자였던 왕석천과 매문정은 전통 과학의 결점을 충분히 인식하였을 뿐만 아니라, 서양 과학이 유일한 대안이 아니라는 생각도 가지고 있었다. 이들은 서양 과학을 비판적으로 받아들였으며, 전통 과학의 탐구에도 정성을 쏟았다. 완원은 명 이후 중국의 과학이 쇠퇴한 것은 사실이지만, 본래 중국 과학은 탁월하며 서양 과학의 성과 역시 이미 중국에 갖추어져 있었다는 입장을 보이기도 했다. 결국 예수회 선교사들이 소개한 새로운 과학은 한편으로는 중국 지식인들에게 본격적으로 탐구해야 할 대상이 되었으며, 다른 한편으로는 중국의 전통 과학에 대한 관심을 촉진시키는 계기로 작용하기도 했다.

홍대용의 과학사상

담헌(湛軒) 홍대용(洪大容, 1731-1783)은 예수회 선교사가 전한 서양 과학기술에 대해 조선 지식인이 어떻게 반응했는가를 잘 보여주는 대표적인 인물의 하나로 꼽을 수 있다. 오늘날 충남 천안 지역의 양반가에서 태어난 홍대용은 12살 때 김원행(金元行)의 석실서원(石室書院)에 들어가 성리학을 익혔다. 김원행은 관직에 나가지 않고 시골에 은거하며 학문 연구와 후학 양성에 전념했던 당대의 이름난

16-4. 홍대용 청나라의 문인이자 홍대용의 친구였던 엄성이 그린 홍대용의 모습.

유학자였다. 홍대용 역시 관직에는 별로 관심을 보이지 않고 천문학, 역산학, 수학, 음악, 병법 등 실질적인 학문을 탐구하였다. 몇 차례 과거에 응시했으나 급제하지는 못했고, 44세에 음직(蔭職)을 받아 관직 생활을 시작했다. 홍대용이 관직에 나가기 전인 35세 때, 어쩌면 그의 일생에서 가장 중요한 경험이라고 할 수 있는 북경을 방문할 기회가 주어졌다. 홍대용의 작은아버지였던 홍억(洪檍)이 연행사(燕行使)의 외교 문서를 담당하는 서장관(書狀官)으로 중국에 가게 되었을 때, 홍대용을 수행군관으로 데려갔던 것이다.

홍대용의 북경 여행은 6개월가량 걸렸다. 그가 북경에 머문 기간은 두 달 정도이고 나머지는 북경을 가고 오는 데 소요되었다. 북경에서 홍대용은 중국의 여러 학자들과 사귀면서 학문을 토론하고 교분을 맺었다. 특히 엄성(嚴誠), 반정균(潘庭筠), 육비(陸飛) 등과의 교

류는 귀국 후에도 계속 이어졌다. 또한 홍대용은 흠천감을 여러 차례 찾아가서 살펴보았으며, 당시 북경에 머물고 있었던 선교사이자 흠천감의 책임자였던 할러슈타인(August von Hallerstein, 중국명: 劉松齡)과 부책임자 고가이슬(Anton Gogeisl, 중국명: 鮑友管)을 만나 기독교와 천문학 그리고 서양 문물에 관한 많은 대화를 나누고 그 자세한 내용을 『유포문답(劉鮑問答)』으로 남겼다.

홍대용의 과학사상이 가장 잘 드러나는 『의산문답(醫山問答)』도 북경 여행을 배경으로 하고 있다. 『의산문답』은 조선의 학자 허자(虛子)가 의무려산(醫巫閭山)에 숨어 살고 있던 실옹(實翁)을 찾아가서 대화를 나누는 방식으로 구성되어 있다. 여기서 의산 곧 의무려산은 한양에서 북경을 오가는 중간에 있는 경치가 뛰어난 산이다. 허자는 30년 동안 온갖 경전을 읽고 자신감에 가득 차 있었으나 중국에 가서 견문을 넓게 되면서 자신의 공부가 잘못된 것이었다고 깨달은 인물이다. 실옹은 대단히 합리적인 인물로 허자를 깨우치고 새로운 지식을 설명해 주는 인물로 설정되어 있다. 확실하지는 않지만 이 두 인물 모두 홍대용 자신을 모델로 한 것으로 이해할 수도 있겠다.

『의산문답』을 통해 홍대용이 말하고자 하는 핵심적인 내용은 상대주의적 세계관, 지전론, 무한우주론으로 요약할 수 있다. 상대주의적 세계관은 인간과 자연, 화이(華夷)의 구분 등을 통해 드러난다. 즉, 인간이 금수(禽獸)나 초목(草木)보다 귀하다고 하지만 이는 인간을 중심으로 생각하기 때문이며 금수나 초목을 중심으로 보면 인간이 그것들보다 더 천한 존재라는 것이다. 같은 논리로 중화와 오랑캐의 구분 역시 절대적이지 않다고 하였다. 중국의 역사에서 여러 이민족 왕조가 세워져 중국의 주인이 된 사례나 모든 나라가 자신들의 임금을 받들고 자신들의 나라를 지키면서 각자의 풍속을 따르는 점에서 화이가 모두 같다는 것이다.

홍대용의 독창적인 발상으로 알려져 그를 유명하게 만든 지전설은 땅이 둥글다는 이른바 지구설에 기초하고 있다. 지구의 관념은 서양 천문학이 들어오면서 확실하게 전해진 것으로, 홍대용보다 앞서 이익(李瀷, 1681-1736)도 지구설을 말한 바 있다. 물론 지구설을 받아들이게 되면 우리와 반대쪽에 사는 사람들이 거꾸로 살아야 하는 의심을 품을 수 있겠지만, 이익은 지구 어느 곳에서나 땅의 중심을 향한다는 이른바 지심론(地心論)으로 이런 문제를 설명했다. 그리고 땅이 둥글기 때문에 중국이라는 하나의 나라가 중심이 될 수 없다는 견해를 보이기도 하였다. 홍대용 역시 "서양에서는 기술이 정밀하고 상세하며 측량이 뛰어나서 지구설을 의심하지 않는다."는 실옹을 말을 빌어 지구설을 분명한 사실로 인정하였다. 나아가 "땅은 둥글며 회전함에 그침이 없고", "땅덩어리는 하루에 한 바퀴씩 회전한다"고 하여 지전설을 주장하였다. 이에 더하여 지구가 도는 것[地轉]은 하늘이 운행하는 것[天運]과 마찬가지인데, 하늘이 운행하는 것은 이상하다고 여기지 않으면서 지구가 도는 것을 의심한다면 생각이 너무 없는 것이라고 하여 지전설을 받아들이지 못하는 허자를 나무라기도 한다.

홍대용 자신도 지전설이 파격적인 주장이라고 여겼는지, 『의산문답』에서 허자가 실옹의 지전설에 대해 정밀하고 상세하다는 서양에서도 하늘은 운행하지만 땅은 고요하다고 했고 중국의 성인(聖人)인 공자 역시 하늘이 끊임없이 움직인다[天行健]고만 했으니, 이들이 모두 틀린 것이냐고 묻고 있다. 이에 대해 실옹은 좋은 질문이라고 허자를 칭찬하면서, 서양이나 중국에 이미 지전설이 있었지만, 지구가 회전한다고 주장하는 것보다 하늘이 운행한다고 말하는 것이 받아들이기 편하고 또한 역법 계산에도 문제가 없어서 굳이 지전설을 드러내지 않은 것이라고 설명한다. 그러면서 무한한 우주에 있는 무수히 많은 천체들이 지구 둘레를 하루에 한 바퀴씩 도는 현상은 도저히 설명할 수조차 없는 불가능한 일이라고 말한다. 결국은 지구가 회전한다는 지전설이 옳다는 주장이다. 한편, 홍대용의 지전설은 지구의 자전만을 말한 것으로 그는 지구의 공전은 받아들이지 않았다.

지전설을 주장했던 홍대용은 우주가 무한하다는 생각도 가지고 있었다. 우주무한설은 지구가 우주의 중심이 아니라는 주장과 관련되어 있는데, 그것에 대해 실옹은 다음과 같이 말한다. 즉, 하늘에 있는 모든 별은 각기 나름의 세계를 가지고 있어서, 별들의 세계에서 바라보면 지구 역시 하나의 별일 뿐이다. 무수한 세계가 하늘에 흩어져 있는데 오직 지구만이 중심에 있다고 여기는 것은 이치에 맞지 않는다. 지구에서 은하계를 보면 그것이 매우 큰 세계이지만, 지구를 벗어나면 그러한 은하계가 몇 천만 억 개가 있는지조차 알 수 없다.

이와 같은 홍대용의 과학사상은 필시 예수회 선교사들이 한문으로 번역하여 전해준 서양 천문학을 영향을 받아 이루어진 것이 분명하다. 지구설도 그렇고, 『의산문답』에서 지구가 해와 달의 중심에 있으며, 해가 행성들의 중심이라는 티코 브라헤의 우주설을 설명하는 것에서도 분명하게 드러난다. 서양에서는 이미 코페르니쿠스의 태양 중심설이 널리 알려졌음에도 불구하고 예수회 선교사들은 티코 브라헤의 체계를 소개했기 때문이다. 하지만 지전설과 우주무한설처럼 홍대용은 서양 천문학 지식을 그대로 받아들인 것만은 아니었다. 『의산문답』 속에서 만물이 천지(天地)에서 생성되었다고 하거나 신선술(神仙術)을 말하고 인물성동론(人物性同論)에 동의하는 모습에서 알 수 있듯이, 홍대용은 전통적인 사상 체계에서 벗어난 것은 아니었다. 단지 서양 과학기술이라는 새로운 지식을 접하게 되면서 그만의 독특한 사상 체계를 펼쳤던 것이다.

정약용의 과학기술관

다산(茶山) 정약용(丁若鏞, 1762-1836)은 500여 권에 이르는 방대한 저술을 남긴 대학자이며, 조선 후기의 실학사상을 집대성한 대표적인 실학자로 널리 알려져 있다. 정약용은 어릴 때 진주목사(牧使) 등을 지낸 부친으로부터 경학과 역사 등 학문을 배웠으며, 우리나라 사람으로서는 처음으로 천주교 영세를 받았던 매형인 이승훈(李承薰)과 이승훈의 외삼촌이자 이익의 종손이었던 이가환(李家煥) 등을 통해 이익의 학문을 접하게 되었다. 22살(1783)에 과거에 합격하여 진사(進士)의 신분으로 성균관에서 학문을 닦았다. 28살에 대과에 급제하여 관직에 진출하였고 정조(正祖)의 총애를 받으며 실학사상을 실천하는 관리로서 지냈다. 하지만 정조 사후 천주교에 대한 대대적인 탄압을 실시했던 신유박해(辛酉迫害, 1801)에 연루되어 전라도 강진 등지에서 18년 동안 유배생활을 하게 되었다. 이 기간 동안 그의 대표적인 저서인 『경세유표(經世遺表)』(1817), 『목민심서(牧民心

書)』(1818),『흠흠신서(欽欽新書)』(1822) 등을 집필하면서 자신의 실학을 집대성하면서 자신의 학문 세계를 완성해 나갔다. 57살에 유배에서 풀려나 향리에 은거하면서도 저술 활동을 이어 나갔다.

정약용의 과학기술과 관련하여 널리 알려진 이야기 곧 한강에 배다리[舟橋]를 만든 것과 화성(華城) 건설에 참여한 것은 모두 그가 관직에 있을 때의 일이다. 배다리란 교각을 세우기 어려운 큰 강에 여러 척의 작은 배들을 띄워 놓고 그 위에 널판을 건너질러 깔아서 만든 나무다리를 말한다. 1789년 노량진에 배다리를 건설할 때의 기록에 따르면, 38척의 배를 늘어세우고 그 좌우에 12척의 배를 배치한 후

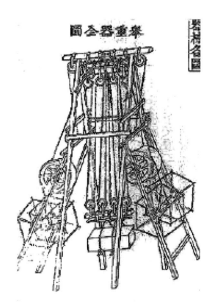

16-5 정약용의 거중기 조선 순조 1년(1801년)에 발간된 『화성성역의궤(華城城役儀軌)』에 실려 있는 거중기.

일천여 장 나무판을 깔았다고 하니 당시로서는 꽤 대규모의 공사였음을 알 수 있다. 여기에 참여한 정약용이 구체적으로 어떤 역할을 했는지는 분명하지 않지만, 배다리 건설의 계획과 설계를 맡았던 것으로 짐작할 수 있다.

화성 건설의 전체적인 설계를 담당했던 정약용은 화성 건설 과정에서 거중기(擧重機)를 제작하여 사용했다. 거중기는 도르래를 이

용하여 무거운 물건을 비교적 손쉽게 들어 올릴 수 있는 기계장치이다. 정약용은 많은 사람이 달려들어도 수만 근이나 되는 무거운 물체를 들어 올릴 수 없지만, 그가 활차(滑車)라고 불렀던 도르래를 이용하면 쉽게 들어 올릴 수 있다고 하면서, 도르래의 효율에 대해 설명하였다. 즉, 1개의 도르래를 이용하면 힘을 반으로 줄일 수 있으므로 화성 건설에 쓰일 거중기처럼 8개의 도르래를 사용하면 같은 힘으로 25배나 되는 물건을 들어 올릴 수 있다는 것이다. 기록에 따르면 정약용의 거중기를 이용하여 30명의 장정(壯丁)이 12,000근의 무게를 들어 올렸다고 한다. 그때 거중기가 제대로 작동했다면 장정 한 사람이 약 10kg 정도의 물건을 들어 올리는 힘을 사용한 셈이니, 믿을 만한 기록이다. 한편, 정약용은 거중기를 만들 때 『기기도설(奇器圖說)』(1627)을 참고하였다. 『기기도설』은 예수회 선교사 테렌즈(Joannes Terenz, 중국명: 鄧玉函)가 1627년 북경에서 출판하여 서양의 기술을 중국에 처음으로 소개한 책으로, 정조가 정약용에게 직접 주었다고 한다. 정약용은 이 책을 참고하기는 하였지만 그대로 모방한 것이 아니라, 『기기도설』에 그림과 함께 설명되어 있는 거중기의 원리를 이해하고 우리나라에서 사용하기에 적합하게 고안하였다.

정약용 자신이 중국을 통해 들어온 서양의 새로운 기술을 이용했듯이, 그는 중국을 통해 새로운 기술을 배워야 한다고 주장했다. 그는 우리나라에서는 예전에 중국으로부터 기술을 배웠지만 최근에는 그런 일이 끊어졌고, 중국에서는 새롭고 정교한 기술이 나날이 늘어나는 데 비해 우리만이 옛날 방식만을 따르고 있다고 지적하였다. 이처럼 시대가 흐를수록 기술은 계속 발전한다는 믿음을 가지고 있었던 정약용은 선진 기술을 들여오기 위한 구체적인 방안까지 제시하였다. 이용감(利用監)이란 관청의 설치가 그것이다. 정약용은 이용감이 다음과 같이 운영되어야 한다고 생각했다. 즉, 관상감(觀象監)에서 수리(數理)에 밝은 두 사람과 사역원(司譯院)에서 중국어에 능통한 두 사람을 선발하여 학관(學官)으로 삼아 중국에 파견하여 선진 기술을 익히게 한다. 이들이 도입한 기술은 이용감에 속한 솜씨 있는 기술자[工匠]들이 시험 제작한 후, 그 기술을 해당 관청으로 이관하여 널리 이용할 수 있게 하자는 것이다.

이와 같이 정약용은 선진 기술의 도입에는 적극적이었지만, 과학에 대한 관심은 그렇게 많지 않았던 것으로 보인다. 물론 의학에는 상당한 관심을 보여 마진(麻疹: 홍역)에 관한 의학 서적인 『마과회통(麻科會通)』(1798)을 저술하기도 했으며, 빛의 굴절 현상이나 렌즈에 대한 글을 남기기도 했다. 그리고 당시 조선에 전해진 서양의 과학 서적들도 대부분은 읽었을 가능성이 높다. 하지만 정약용은 전통적인 유학자가 보여 주는 정도 곧 정치, 경제, 사회, 문화 등 여러 방면에 걸쳐 관심을 가지되 경학(經學)을 중심으로 하며, 과학에는 다소 부수적인 관심을 갖는 정도였다. 또한 정약용의 과학에 대한 이해 정도도 이익이나 홍대용 등 앞선 실학자들에 비해서 그 수준이 높지 않았다.

사실 정약용이 거중기를 만들고 선진 기술의 도입을 적극 주장했다고 해도 그를 조선 후기 과학기술자의 한 사람으로 볼 수는 없다. 당시에 과학과 기술을 엄밀하게 구분하는 것은 매우 곤란한 문제라는 점은 차치하더라도, 정약용의 기술에 대한 관심은 관리에게 주어진 역할을 수행하는 과정에서 보인 것일 뿐이며 전통적으로 이상적인 관리는 마땅히 그래야만 했다. 그리고 학자로서 정약용의 기술에 대한 관심 역시 과학에 대한 것과 마찬가지로 부수적인 것이었다. 정약용은 철저하게 경학을 중시하는 유학자였기 때문이다. 단지 그의 학문적 경향이 실용적인 학문, 실제적인 것을 중시하는 실학에 속하는 것이었기 때문에 그런 관심을 보였던 것으로 보인다. 물론 정약용이 살았던 조선 후기의 학자들 중에는 실학자를 포함하여 우리가 과학기술자로 불러도 좋을 사람들이 여럿 있다. 예컨대 우리나라 전통 수학을 집대성하여 『구수략(九數略)』을 남긴 최석정(崔錫鼎, 1646-1715), 천문학과 농학 등에 밝았던 서명응(徐命膺, 1716-1787)과 그의 아들 서호수(徐浩修, 1736-1799), 천문학과 수학 분야에서 많은 저술을 남긴 남병철(南秉哲, 1817-1863)과 그의 동생 남병길(南秉吉, 1820-1869) 등은 전통 과학기술 또는 서양의 과학기술에 대해서 꽤 수준 높은 지식을 가지고 있었다. 이처럼 과학기술자로 불러도 손색이 없을 유학자의 모습은 조선 후기뿐 아니라 전 시기에 걸쳐 찾아볼 수 있었다.

근대화 과정과 과학기술

실학과 과학기술을 우리의 근대화 과정과 연결하여 이해하는 데에는 몇 가지 어려운 문제가 있다. 예컨대 실학이란 개념을 어떻게 규정할 것인가 하는 문제를 생각할 수 있다. 실학(實學)은 실제로 유용한 참된 학문이란 뜻으로, 실천이 따르지 않는 헛된 학문이라는 뜻의 허학(虛學)과 대립하는 개념으로 동아시아에서 오래 전부터 사용해 왔던 용어이다. 하지만 일반적으로 실학은 조선 후기 특히 18-19세기 무렵, 실용(實用)과 실증(實證)을 중시하면서 전통적인 주자학적 학문 체계와 사유 방식을 비판하고 사회 개혁을 강조하는 유학의 새로운 학풍을 가리킨다. 하지만 최근에는 실학이라는 개념이 상당히 모호하여 조선 후기의 역사와 사상체계를 제대로 이해하는 데 오히려 걸림돌이 되기도 한다는 지적도 있다. 두 번째는 실학과 과학기술에 대한 최근의 한국과학사 연구의 변화이다. 한국과학사 연구자들은 일찍부터 실학에 많은 관심을 보여 왔다. 실학사상이 가지고 있었던 이른바 근대성이 과학기술과 밀접한 관계를 가지고 있다는 생각 때문이다. 하지만 최근에는 실학의 근대성에 대한 비판의 연장에서 실학자들의 자연관이나 과학기술론에 대한 새로운 이해가 시도되고 있다. 즉, 실학자들이 서양 과학기술을 얼마나 또는 어떻게 수용했는가와 같은 질문에 대한 답을 찾기보다 실학자들이 새로 접하게 된 서양의 과학기술을 자신의 전통적인 사유체계 속에 어떤 방식으로 흡수 또는 융합시키려 하였는가와 같은 문제에 많은 관심을 쏟고 있기 때문이다. 이에 따르면 실학 또는 실학자들에게서 서양의 과학기술은 지금까지 이해해 왔던 것처럼 그렇게 중요하지는 않았다. 대부분의 실학자들은 여전히 전통적인 사유체계를 견지하고 있었고 따라서 서양의 과학기술은 그들에게 생각만큼 그다지 큰 영향을 끼치지 못했다는 것이다. 마지막 문제는 더욱 중요한데, 그것은 우리나라를 비롯하여 동아시아의 근대화 과정을 어떻게 이해할 것인가 하는 문제에 대해서 상당히 많은 논란이 있다는 점이다. 또한 근대화의 모습 속에는 자본주의의 형성이나 시민사회의 성립 등 다른 중요한 요소가 많다는 사실 또한 간과하기 어려운 점이다.

그럼에도 불구하고 실학, 과학기술, 근대화 과정을 묶어서 생각하고자 하는 이유도 충분하다. 이 무렵부터 서양 세계의 근대화 과정이 본격적으로 시작되었고, 동아시아의 세계 역시 결국 서양 근대화의 흐름에 어떤 방식으로든 영향을 크게 받았기 때문이다. 다시 말해 동아시아 근대의 모습이 우리가 알고 있는 것처럼 진행되는데, 서양 근대화 과정이 일정 정도 중요한 요인으로 작용했고, 그 영향이 20세기까지 이어졌다고도 볼 수 있기 때문이다. 그것은 예수회 선교사들이 중국에 들어오면서 그리고 실학자를 포함하여 당시 조선의 지식인들이 이들이 전한 새로운 서양 과학기술에 결코 무관심할 수 없었던 것에서 시작되었다.

조선의 실학자들이 접한 새로운 과학기술은 예수회 선교사들이 중국에 전한 천리경, 자명종 등의 서양 문물과 그들의 과학기술 지식을 중국 지식인과 함께 한문으로 번역하여 소개한 것이다. 조선에서는 1631년 명에 사신으로 갔었던 정두원(鄭斗源)이나 청에 볼모로 갔다가 1644년 귀국한 소현세자, 그리고 정기적으로 북경을 방문했던 연행사(燕行使)를 통해 서양의 문물과 과학기술을 알게 되었다. 또한 조선왕조가 시헌력을 사용하기로 결정하면서 그것의 기초가 되는 서양 천문학도 함께 수용해야 했다. 이것들은 전통적으로 사용해 왔던 시법 곧 하루를 100각으로 나누던 방식을 버리고 새롭게 하루를 96각으로 나누는 방법을 채택할 정도로 일상에까지 큰 변화를 가져왔다.

우리나라를 비롯한 동아시아 세계에서 서양의 과학기술을 받아들이는 데에는 일본이 가장 성공적이었다고 할 수 있다. 일본에서는 네덜란드를 통해 들어온 유럽의 과학기술과 문화를 가리키는 이른바 난학(蘭學)이 크게 유행할 만큼 일본은 서양 과학기술을 빠르게 받아들여 자신들의 것으로 흡수했다. 1774년 서양의 해부학 책이 일본인의 손에 의해 『해체신서((解體新書)』라는 이름으로 번역되어 출판한 것은 이런 모습을 상징적으로 드러내 주는 사례이다. 이후에도 일본은 서양 서적의 번역 전담 기구를 만들고 서양 학문을 교육하는 교육기관을 세우는 등 급속하게 서양의 과학기술을 흡수하였다. 더욱이 매우 빠른 시기에 서양으로 유학생을 파견하는 한편 서양의 우수한 과학자를 초빙하여 과학기술 교육을 맡기기도 하였다. 이로써 일본의 과학기술은 20세기가 시작될 무렵에는 세계 수준에 근접하는 분야도 있을 정도로 발달하였다.

중국의 상황은 일본과 달랐다. 물론 예수회 선교사들이 들여온 서양의 과학기술은 초기에는 비교적 순탄하게 자리 잡아가고 있었지만 상황이 서서히 변하기 시작하였다. 중국에서 활동하던 예수회는 중국의 전통을 존중하여 조상을 숭배하는 제사 등도 인정하였으나, 예수회보다 뒤늦게 중국에 들어온 도미니크 수도회나 프란체스코 수도회 등은 제사를 우상 숭배라 하여 격렬한 논쟁이 벌어지게 되었다. 이와 같은 전례문제(典禮問題)에 대하여 로마 교황청은 예수회의 선교 방침을 비난하게 되었다. 결과적으로 18세기 말부터 예수회의 활동은 크게 위축되고 청나라 조정은 로마 교황청과 대립하게 되었다. 이런 상황에서 기독교에 대한 반감은 더욱 커지게 되었고 서양과의 교류가 상당 기간 동안 끊어지게 되었다.

우리나라의 경우는 중국과 유사한 면이 많았다. 즉 초기에는 한문

16-6. **아편전쟁** 동인도회사 소속의 무장한 철조 증기선이 중국의 목조 군함을 파괴하고 있는 아편전쟁의 한 장면.

으로 번역된 서양 과학기술 서적이 중국을 통해 지속적으로 유입되어 실학자들을 중심으로 그 지식들이 퍼져 나갔으나, 18세기 말부터 천주교가 사교(邪敎)로 금지되어 탄압을 받게 되었다. 더구나 우리나라의 서양 과학기술은 중국을 통해 간접적으로 전해진 것이어서 질적인 면에서나 양적인 면에서 모두 중국에 비해 크게 부족한 상태였으며, 서양 과학기술을 깊이 있게 이해한 실학자도 많지 않았다.

한편, 산업혁명을 거친 서양의 동아시아에 대한 관심은 선교 중심에서 점차 무력을 앞세워 침탈을 목적으로 하는 제국주의적인 성격을 띠게 되었다. 홍콩을 영국에 넘겨주어야 한다는 등의 굴욕적인 남경조약(南京條約)으로 끝을 맺어야 했던 제1차 아편전쟁(1839-1842)

은 이런 모습을 상징적으로 보여 주는 사건이었다. 서양의 힘을 실감하게 되면서 중국에서는 적극적으로 서양을 배우려는 의식이 널리 퍼지게 되었다. 이제 중국인들은 서양 각 나라의 실정과 과학기술의 성과를 소개한 위원(魏源, 1794-1857)이 『해국도지(海國圖志)』의 서문에서 말한 것처럼, '서양 오랑캐를 배워서 오랑캐를 이기겠다'는 생각을 가지게 되었다. 이는 19세기 후반 양무운동(洋務運動)으로 이어졌다. 대포와 군함으로 무장한 새로운 군대를 만들고 서양의 언어와 과학기술을 가르치는 학당을 세웠으며 철도를 놓고 통신시설을 마련하였다. 또한 미국, 영국, 독일 등에 유학생을 파견하기도 하였다.

그러나 청일전쟁(淸日戰爭, 1894-1895)에서의 패배는 동시에 양무운동의 실패를 의미하였다. 양무운동을 주도했던 증국번(曾國藩), 좌종당(左宗棠), 이홍장(李鴻章), 장지동(張之洞) 등은 중체서용(中體西用)이라는 그들의 구호에서 드러나듯이 중국의 전통적인 체계를 중심으로 삼고 단지 서양의 표면적인 힘만을 배우겠다는 생각을 가지고 있었다. 그러나 서양이 힘을 가지게 된 것이나 또한 일본이 힘을 갖출 수 있었던 것은 단순히 대포와 군함을 가지고 있었기 때문만은 아니었다. 보다 근본적으로 서양의 과학기술을 제대로 배워야 한다는 것을 인식했다. 그러자면 사회 전반의 개혁이 필요한 일이었다. 엄복(嚴復, 1854-1921)이 지적했듯이, 유럽의 오렌지를 제대로 키우기 위해서는 그에 합당한 토양도 마련해야 하는 것이었다. 강유위(康有爲, 1858-1927) 등이 주도한 변법개제운동은 바로 이러한 자각에서 출발한 것이지만, 그것도 결실을 맺지 못하고 19세기를 마감하게 되었다.

우리나라의 상황은 중국보다 더 심각했다. 천주교 탄압을 계기로 외세를 배격하고자 하는 이른바 위정척사(衛正斥邪) 사상이 싹트기 시작했고, 이를 바탕으로 흥선대원군은 강력한 쇄국정책을 실시하게 되었다. 하지만 제대로 준비가 되지 않은 상황에서 일본에 의해 강제 개항(1876)을 당함으로써 우리나라는 제국주의의 격랑에 휘말리게 되었다. 이에 조선 왕조는 서양 과학기술을 배우고 부국강병을 이루려는 노력을 본격적으로 하기 시작했다. 예컨대 1881년에는 신무기를 학습하기 위한 기술 유학생 집단인 영선사(領選使)를 중국 천진(天津)으로 보내는 한편 선진 문물과 제도를 도입하기 위해 일본에 신사유람단(紳士遊覽團)을 파견하였다. 이 밖에도 19세기 말 조선에서는 근대적인 교육기관과 병원을 설립하고 신문을 발행하는 등 자생적인 근대화를 위한 여러 시도가 이루어졌다. 하지만 그 결실이 채 맺어지기도 전에 우리나라는 일본에게 강제로 점령당하게 되었다.

17
동아시아의 과학

천문

천문(天文)이란 동아시아 전통 사회에서 해, 달, 별, 행성 등 여러 천체와 하늘에서 나타나는 다양한 현상을 이해하고, 이러한 현상을 인간 세상에 벌어지는 일 특히 정치와 관련지어 해석하는 분야를 말한다. 천문이란 용어가 처음 등장하는 『주역(周易)』 「단(彖) 분(賁)」 과 「계사상(繫辭上)」에 따르면, 천문은 인문(人文) 또는 지리(地理)와 대비되는 뜻으로 천상(天象)을 뜻하는 말이었으며, 천상을 통해 길흉을 알 수 있다고 했다. 이 때문에 천문을 흔히 점성술과 똑같은 것으로 이해하기 쉽다. 하지만 『한서(漢書)』 「예문지(藝文志)」에서 천문을 28수(宿)의 순서를 정하고 오행성과 해와 달의 운행을 살펴서 길흉지상(吉凶之象)을 얻어내는 분야라고 한 것에서 알 수 있듯이, 천문은 점성술과 천문학이 결합하여 하늘의 세계를 이해하는 분야였다고 파악하는 것이 옳다.

하늘의 세계를 이해하기 위해 천문의 담당자들은 하늘을 몇 개의 구역으로 나누어 그것을 땅 위의 세계와 연결하는 방식을 고안했는데, 이것이 바로 분야설(分野說)이다. 분야설은 처음에는 하늘과 땅을 각각 9개 또는 13개의 구역으로 나누어 서로 대응시키는 방식을 사용했으나, 이후 12년을 주기로 운행하는 세성(歲星, 목성)의 위치를 표시하는 12차(次)를 이용한 12분야설로 정착되었다.

천문의 기본적인 대상은 하늘에 있는 별 곧 항성(恒星)으로, 고대인들은 별에 대해서 큰 관심을 가지고 그것들을 자신들의 관념 체계 속에서 이해하고자 했다. 그 결과 하늘에 있는 많은 별을 몇 개씩 연결하여 그것들에 이름을 붙여 별자리 체계를 만들었다. 중국의 별자리 체계는 『사기(史記)』 「천관서(天官書)」에서 처음으로 정비되는데, 그것은 약 90여 개 별자리에 총 500여 개의 별을 중앙과 동서남북의 5개 영역으로 나누어 설명하는 방식이었다. 이후 3세기 무렵 진탁(陳卓)은 이전부터 전해온 감덕(甘德), 석신(石申), 무함(巫咸)의 별자리 체계를 참고하여 283개 별자리에 1,464개의 별을 정리했던 것으로 알려져 있다. 이런 별자리는 7세기 말 『단원자보천가(丹元子步天歌)』에서 3원(垣) 28수(宿) 체계로 자리 잡았고, 3원 28수는 동아시아 별자리 체계의 기본적인 틀이 되었다.

하늘의 북극을 중심으로 하여 3개의 구역에 배치되어 있는 3원은 자미원(紫微垣), 태미원(太微垣), 천시원(天市垣)을 말하며, 각각 왕궁, 정부기관, 도시를 상징하고 있다. 각 구역의 바깥에는 마치 담장[垣]으로 둘러싸여 있는 것처럼 좌우로 길게 연결된 별자리가 늘어서 있으며, 그 안에는 각각의 상징에 걸맞은 별자리가 배치되어 있다.

28수는 하늘의 적도 혹은 황도를 따라 그 부근에 배치되어 있는 다음과 같은 28개의 별자리를 말한다. 동쪽에는 각(角), 항(亢), 저(氏), 방(房), 심(心), 미(尾), 기(箕). 북쪽에는 두(斗 또는 南斗), 우(牛, 또는 牽牛), 여(女, 또는 婺女, 須女), 허(虛), 위(危), 실(室 또는 營室), 벽(壁 또는 東壁). 서쪽에는 규(奎), 루(婁), 위(胃), 묘(昴), 필(畢), 자(觜 또는 觜觿), 삼(參). 남쪽에는 정(井 또는 東井), 귀(鬼, 또는 輿鬼), 류(柳), 성(星 또는 七星), 장(張), 익(翼), 참(軫) 등이다. 28수는 각기 지명이나 관직 또는 사물 등을 상징하기도 했다. 한편, 동서남북에 7개씩 배치된 별자리를 연결하면 각각 청룡, 백호, 주작, 현무 등의 사신(四神圖)의 형상을 얻을 수도 있었다.

별자리는 매우 일찍부터 그림으로 표현되기도 했다. 건축물이나 무덤의 벽 또는 천장 등에 남아 있는 별자리 그림은 일부 별자리만이 들어 있거나 정밀함이 떨어져 장식이나 상징적인 목적에서 제작된 것으로 보인다. 전문가들이 그린 천문도는 책 속에 들어 있기도 하고, 돌에 새겨지기도 했다. 그 가운데 중국 소주(蘇州)에 남아 있는 이른바 순우(淳祐)천문도(1247)와 우리나라 국보 제228호로 지정되어 있는 천상열차분야지도(天象列次分野之圖, 1395)는 대표적인 석각(石刻) 천문도이다.

천문에서는 별과 별자리 등의 항성뿐 아니라 행성도 중요하게 취급했다. 따라서 육안으로 관측 가능했던 모든 행성 즉, 세성, 형혹(熒惑, 화성), 전성(塡星, 토성), 태백(太白, 금성), 진성(辰星, 수성) 등의 오행성과 행성처럼 하늘을 주기적으로 운행하고 있다고 믿었던 해와 달에 대해서도 음양오행의 관념에 따라 특별한 의미가 부여되었고,

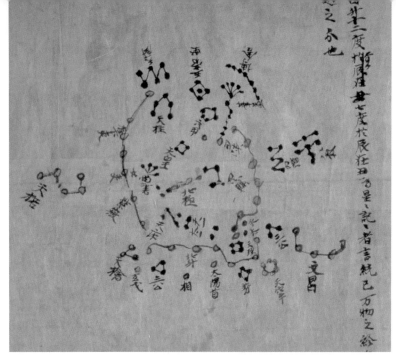

17-1. 돈황의 성도 700년경 제작된 돈황 지역의 별자리 그림. 감덕, 석신, 무함의 별자리 체계가 각각 다른 색으로 표시되어 있다.

그 움직임 또한 세심하게 관찰되었다.

하늘에 있는 모든 천체는 밝기가 변하거나 색깔이 바뀌는 등 크고 작은 변화를 나타낸다. 특히, 해와 달과 오행성은 끊임없이 움직이면서 정해진 것보다 때로 빠르게 또는 늦게 운행하는 것처럼 보이기도 한다. 또한 다른 천체와 근접하거나 심지어 그것들을 가리는 등 여러 천체 현상을 만들어 낸다. 이런 현상들은 많은 경우에 각각의 천체마다 부여된 고유한 상징체계 속에서 점성술적으로 다양하게 해석되었다. 예컨대 해와 달이 만들어 내는 일식과 월식은 왕이나 국가에 중요한 일이 일어날 것으로 해석되었다. 또한 형혹이 머무는 별자리에 해당하는 지역에서는 병란(兵亂)이 발생할 것으로 여겨졌으며, 태백이 노란색을 띠고 둥글게 보이면 풍년이 들 것으로 해석되었고, 세성의 운행이 정해진 것보다 앞서게 되면 그에 해당하는 지역에 병란이 발생할 조짐으로 받아들여졌다.

이 밖에도 많은 현상들이 천문에서 중요하게 다뤄졌다. 해에 흑점이 나타나는 경우, 낮임에도 불구하고 달이나 태백이 보이는 것, 하나 또는 여러 개의 별이 떨어지는 경우, 혜성이 등장하여 특정한 구역을 지나가는 것 등도 천문의 주된 관심을 끄는 현상이었으며, 이것들 역시 인간사(人間事)와 관계된 것으로 해석되었다. 또한 직접 천체에서 일어나는 일은 아니지만 역시 땅 위에서 발생하는 바람[風], 구름[雲氣], 무지개[虹蜺]와 같은 기상 현상도 천문에 포함되기도 하였다.

천문은 이처럼 하늘에 있는 모든 천체들과 그곳에서 나타나는 모든 현상을 주의 깊게 관찰하고, 그것들을 해석하는 분야였다. 그리고 하늘의 명[天命]을 받아 최고 통치자가 된 군주는 항상 하늘의 뜻을 헤아리고자 했으므로 하늘의 뜻을 직접적으로 살필 수 있는 천문을 매우 중시했다. 따라서 천문 담당자들은 군주를 정점으로 하는 중앙 집권적 관료 체제 아래에서 전문 관료로 활동할 수 있었다. 그 결과 중국을 비롯하여 동아시아에서는 혼천의(渾天儀), 간의(簡儀)와 같은 정밀한 관측기구를 사용하여, 다른 어느 문명보다 풍부한 천체 현상에 대한 기록을 남길 수 있었다.

시간과 달력 그리고 역법

시간(time)을 표시하는 단위로는 시(時), 일(日), 월(月), 년(年) 등이 있다. 그 가운데 해의 운행에 따라 밤과 낮이 바뀌면서 진행되는 하루라는 시간은 사람이 가장 쉽게 파악할 수 있는 것으로 시간을 인식하는 기본 단위라고 할 수 있다. 이렇게 정해진 하루를 다시 세분하여 일상생활에 편리하게 구분한 것이 시(hour)이다. 이와 같이 하루를 정하고, 다시 그것을 분할하여 시로 표기하는 방식은 모든 고대 문명에서 공통적으로 나타나는 현상이다.

모든 고대 문명에서는 해의 운행을 기준으로 삼아 하루를 정했다. 그렇다면 하루의 정확한 길이는 어떻게 알 수 있을까? 하루는 해의 운행, 정확히 말하자면 지구의 자전에 의해 정해지는데 예를 들어 해가 뜰 때부터 다음 해가 뜰 때까지의 시간을 하루로 정한다고 해도 계절에 따라 해의 출몰 시각이 바뀌기 때문에 그 길이가 일정하지 않다. 따라서 하루의 길이를 일정하게 정하기 위해서는 낮의 길이와 밤의 길이가 같아지는 춘분 또는 추분을 기준으로 삼아 하루의 길이를 정할 필요가 있다. 시간을 정하는 일에 천체의 운행에 대한 지식인 천문학이 필요하게 된 것이다.

그렇지만 하루를 정하고 그것을 나누어 다시 시간을 정하는 구체적인 모습은 각각의 문명마다 서로 다른 모습으로 나타났다. 예컨대 하루가 시작하는 기준을 문명마다 각기 다르게 정했다. 고대 이집트인들은 새벽 동틀 때에 하루가 시작한다고 보았고, 바빌로니아인과 인도인은 해뜰 때를, 아라비아인은 정오를, 아테네인은 해질 때를, 유태인과 고대 그리스인은 저물 때를 하루의 시작으로 정했다. 이러한 선택은 천문학과 직접 관계가 있는 것은 아님은 물론이다.

또한 하루를 몇으로 나눌 것인가 하는 결정 역시 천문학적 지식과는 직접 관계가 없는 선택의 문제였다. 구체적으로 살펴보면, 고대 문명 가운데 중국과 바빌로니아에서는 하루를 12로 나누었고, 이집트에서는 24로 나누었으며, 인도에서는 30으로 나누었다. 물론 이런 차이를 천문학과 관련지어 설명할 수도 있다. 즉, 12 또는 12의 배수인 24로 나눈 것은 한 해를 12개월로 나눈 것과 관련이 있으며, 30으로 나눈 것은 1삭망월이 대략 30일이라는 사실을 반영한 것으로 볼 수 있다. 그러나 각각의 문명에서 서로 다른 방식으로 하루를 나눈 것은 여전히 선택의 문제였다. 그리고 그 선택의 직접적인 원인을 분명하게 밝힐 수는 없지만, 문화적 요소에 의해 그런 선택이 이루어졌다고 볼 수 있다.

한 달과 한 해를 어떤 방식으로 정할 것인가 하는 문제에서는 문화적 차이가 더 분명하게 드러난다. 이 문제는 곧 달력의 차이로 이어지는데, 메소포타미아, 이집트, 중국, 인도, 마야 등의 고대 문명에서는 각기 독자적인 달력을 사용했던 것으로 알려져 있다. 물론 이들 달력은 해와 달의 주기적인 움직임을 반영하고 있다는 공통점을 가지고 있기도 하다. 즉, 지역이나 문화와 상관없이 거의 모든 달력은 달의 모양이 변하는 주기를 고려하여 한 달을 30일 정도로 정했으며, 해의 운행에 따라 변하는 계절의 주기를 반영하여 일 년의 길이를 정했다. 그러나 달력을 만들 때, 해와 달의 운행 중에서 어느 것을 더 중시하는가에 따라 태양력, 태음력, 태음태양력 등 서로 다른 체계가 만들어졌다.

태양력은 이집트에서 시작하여 율리우스력, 그레고리력으로 이어지면서 오늘날 가장 널리 사용되고 있는 달력이다. 태양력의 기원에 대해서는 정확히 알려져 있지 않지만, 이집트의 자연환경과 관련하여 제시된 설명이 널리 받아들여지고 있다. 그에 따르면 나일강에서 비롯되는 환경적 영향을 많이 받았던 고대 이집트인들은 시간의 흐름을 알기 위해 굳이 달을 쳐다보지 않았으며, 그 대신 나일강의 주기적인 범람과 그에 맞춰 나타나는 하늘에서 가장 밝은 별인 시리우스를 관찰하여 태양력을 고안했다고 한다. 이렇게 얻어진 태양력은 이후 로마에서 받아들여졌다. 기원전 46년 율리우스 카이사르는 그동안 사용했던 태음력이었던 로마력을 폐지하고, 태양력을 사용하도록 하는 결정을 내렸기 때문이다. 이때 율리우스력을 만들었던 알렉산드리아의 천문학자 소시게네스(Sosigenes)는 일 년의 길이를 365.25일로 정하여 4년마다 1일씩 윤일을 두는 방법을 선택했다. 그러나 이와 같이 정한 일 년의 길이는 실제 회귀년의 길이와 다소 차이가 나게 된다. 회귀년의 길이는 이미 히파르코스(Hipparchos, 약 2 BCE)에 의해 상당히 정확하게 알려져 있었기 때문에, 꽤 유능한 천문학자였던 소시게네스도 이러한 사실을 알고 있었을 것으로 추정할수 있다. 그럼에도 불구하고 정확한 이유를 알 수는 없지만, 율리우스력에서는 그 차이를 무시했다. 약 128년마다 하루씩 빨라지는 이런 차이가 누적되면, 날짜가 계절의 변화와 어긋나게 되어 불편함을 느끼게 될 수 있다. 특히 태음력이었던 유대력에 따라 정해지는 부활절이 적절하지 못한 날짜에 오는 어색함은 기독교 사회에서 심각한 문제점으로 여겨졌다. 이런 이유에서 점차 개력의 필요성이 제기되었고, 14세기 무렵이 되면 개력에 대한 본격적이고 구체적인 논의가 이어졌다. 마침내 1582년 당시 교황 그레고리우스 13세는 율리우스력에서 10일을 없애버린 새로운 달력 그레고리력을 사용하기로 결정했다. 이것이 오늘날 사용되고 있는 양력이다. 이와 같은 양력의 역사에서 서양의 달력이 1500년 이상 실제 해의 운행을 정확하게 반영하지 못하고 있었다는 점은 주목할 필요가 있다. 또한 로마의 황제들이 자신들의 이름을 따서 달의 명칭을 바꾸려 했다는 시도가 자주 있었다는 사실이나, 그레고리력으로의 개력의 가장 중요한 동기가 부활절과 같은 종교적인 것이었다는 사실 역시 눈여겨볼 필요가 있다.

대표적인 태음력으로 알려져 있는 이슬람력의 등장은 이슬람교의 성립과 밀접하게 연결되어 있다. 7세기 무렵 이슬람교를 창시한 모하메트는 그의 사망 직후에 발표된 연설문을 통해 앞으로 윤달을 넣지 않는 순수한 태음력을 사용할 것을 명령하였다. 이로부터 오늘날까지 대부분의 이슬람세계에서는 태음력에 따라 축제 및 라마단 등의 행사를 거행하고 있다. 한편, 이와 같은 이슬람력에서는 해의 운행을 고려하지 않고 일 년의 길이를 354일(윤년은 355일)로 정했기 때문에 다른 달력에 비해 33년마다 1년씩 빨라진다. 이런 불편함을 줄이기 위해 이슬람력을 주변 지역에서 사용했던 태양력으로 환산해 주는 방법이 마련되기도 했으며, 오늘날에는 많은 이슬람 국가에서는 그레고리력을 함께 사용하기도 한다.

태음태양력은 달의 운행과 해의 운행을 모두 고려하여 만든 달력으로 고대 문명에서 가장 널리 사용되었다. 흔히 우리 조상들이 사용했던 달력을 음력으로 알고 있는 경우가 많지만, 동아시아에서 사용했던 달력 역시 태음태양력이다. 그에 따르면 한 달의 길이는 달의 모양이 바뀌는 주기인 삭망월을 기준으로 29일 또는 30일로 정했으며, 일 년의 길이는 해가 황도 위를 한 바퀴 도는 데 걸리는 기간인 회귀년(약 365.25일)으로 정했다. 그리고 해마다 11일 정도씩 나타나는 12삭망월과 회귀년의 차이를 맞추기 위해 19년에 7달을 윤달로 집어넣는 방법을 고안했다.

이와 같은 동아시아 달력의 역사를 이해하기 위해서는 먼저 역법(曆法)이란 분야를 이해할 필요가 있다. 달력은 역법에 따른 하나의 결과물이기 때문이다. 역법이란 동아시아 전통 사회에서 해, 달, 행성 등 주기적으로 운행하는 천체의 움직임을 살펴 날짜와 계절의 변화 등 시간을 정하는 방법 또는 그것을 전문적으로 다루는 분야를 말한다.

동아시아 역법의 기원 역시 정확히 밝혀져 있지 않다. 그렇지만 『사기(史記)』「역서(曆書)」에 따르면 황제(黃帝)가 역(曆)을 정했으며 요(堯)-순(舜)-우(禹)의 선양(禪讓)과정이 역수(曆數)를 매개로 이루어졌다고 한다. 또한 진시황(秦始皇) 26년(기원전 221년)에는 새로운 역을 채택했다는 기록도 있다. 이로 미루어 중국에서는 아주 오래 전부터 역을 사용했으며 그것을 만드는 역법 또한 존재했을 것으로 추정할 수 있으나, 역법의 구체적인 내용은 알려져 있지 않다. 하지만 전한(前漢) 초에 사용되었던 이른바 '고사분력'(古四分曆)과 기원전 104년부터 사용하기 시작했던 한무제(漢武帝) 때의 태초력(太初曆)의 내용은 어느 정도 알 수 있다. 그에 따르면 사분력에서는 한 달과 일 년의 길이를 각각 29와 499/940일과 365와 1/4일로 정했으며, 태초력에서는 그것을 각각 29와 43/81일, 365와 385/1539일로 정했다.

태초력의 기본 값은 이후 유흠(劉歆, ?-23)의 삼통력(三統曆)에서도 그대로 채용되었다. 하지만 삼통력에서는 해와 달의 운행뿐 아니라 당시 알려져 있었던 모든 행성 즉, 세성(歲星-목성), 형혹(熒惑-화성), 전성(塡星-토성), 태백(太白-금성), 진성(辰星-수성) 등 오행성의 운행까지 자세하게 취급하기 시작하여 동아시아 역법의 기본적인 특징을 모두 갖추게 되었다. 그 후에도 중국에서는 천체의 움직임을 더욱 정확하게 파악하고자 하는 노력이 계속되었으며, 그 결과 수십 가지가 넘는 역법이 만들어졌다. 예컨대 유홍(劉洪, 약 129-210)의 건상력(乾象曆)에는 달의 운행속도가 일정하지 않다는 사실이 포함되었으며, 조충지(祖冲之, 429-500)의 대명력(大明曆)에는 세차현상이 반영되었다. 유작(劉焯, 544-610)은 황극력(皇極曆)을 통해 해의 운행속도가 일정하지 않다는 점을 지적하였고, 그와 같은 내용이 일행(一行, 683-727)의 대연력(大衍曆)을 통해 실제 계산에 이용되었다. 또한 양충보(楊忠輔, 12세기 경)가 통천력(統天曆)에서 제시한 1태양년의 값은 매우 정밀한 것으로 평가되고 있으며, 곽수경(郭守敬, 1231-1316)과 왕순(王恂, 1235-1281) 등은 천체 운행에 대한 정밀한 관측자료에 기초하여 수시력(授時曆)을 만들었다.

이처럼 동아시아에서 많은 종류의 역법이 사용된 까닭은 하늘의 명[天命]을 받은 군주(君主)를 자신에게 명을 내려 준 하늘의 뜻을 잘 헤아려 백성을 다스릴 책무를 가진 존재로 여기던 동아시아의 오랜 관념 때문이다. 이런 관념에서 하늘에서 운행하고 있는 천체의 움직임을 살피는 역법은 군주의 통치 행위와 밀접하게 관련되어 있었다. 즉, 군주에게 역법은 하늘의 뜻을 제대로 이해하는 수단이자 상징이었다. 또한 군주가 정확한 역법을 통해 백성들에게 정확한 시간을 알려 주는 것은 곧 하늘의 뜻을 백성들에게 전해주는 천명을 실천하는 일로 여겨졌다. 따라서 군주는 항상 더 좋은 역법, 다시 말해 하늘의 뜻에 더 잘 부합하는 역법을 만들어 자신의 권위를 높이고 통치의 정당성을 더욱 선명하게 드러내고자 했던 것이다.

역법에서 해와 달의 운행뿐만 아니라 행성의 움직임까지 중요하게 고려했던 것도 같은 맥락에서 이해할 수 있다. 날짜를 정하는 일은 태양력일 경우에는 해의 운행, 태음력일 경우에는 달의 운행에 대한 지식만이 필요할 뿐이다. 태음태양력일 경우에도 해와 달의 운행만을 고려하면 충분하며, 행성의 운행은 달력의 제작과는 직접 관계가 없다. 그럼에도 불구하고 하늘에 있는 모든 천체의 움직임을 자세하게 파악하고자 했던 동아시아에서는 일찍부터 행성의 운행을 정확하게 관측하고 계산하는 일도 역법에 포함시키게 되었던 것이다.

원주율과 수학

3.1415926과 3.1415927 사이에 있다. 정밀한 값[密率]은 $\frac{355}{113}$이고, 간단한 값[約率]은 $\frac{22}{7}$이다. 이는 중국 남북조 시대의 천문학자이자 수학자였던 조충지(祖冲之, 429-500)가 원주율에 대해 말한 값이다. 원주율 값을 얼마나 정확하게 계산했는가 하는 것이 수학의 발달 정도를 가늠하는 중요한 척도가 될 수 있다면, 서양에서 원주율을 이 정도로 정확하게 계산하게 된 것이 천 년이 더 흐른 뒤의 일이라는 사실은 동아시아의 수학을 다시 보게 만든다.

동아시아에서도 초기에는 원주율의 값을 대략 3 정도로 사용했던 같다. 하지만 다음의 몇 가지 사례에서 나타나듯, 보다 정밀한 원주율을 구하여 이용하기도 했다. 먼저 유흠은 곡식을 재는 원형의 청동 용기[斛]를 만들었는데, 그 과정에서 원주율을 약 3.15로 적용하였다. 장형(張衡, 78-139)은 구의 부피를 계산하면서 $\sqrt{10}$ ($\fallingdotseq$3.1622)을, 해와 달의 운행을 설명하면서 $\frac{92}{29}$ ($\fallingdotseq$3.1724)를 원주율의 값으로 제시하였다. 왕번(王蕃, 219-257) 또한 혼의(渾儀)라는 천문기구를 설명하면서 원주율의 값을 $\frac{142}{45}$ ($\fallingdotseq$3.1556)라고 하였다. 그러나 이들이 사용한 원주율의 구체적인 계산방법은 알려져 있지 않다. 원주율 자체가 주된 관심이 아니었기 때문이다.

이에 비해 동아시아 수학의 고전인 『구장산술(九章算術)』(1세기경 편찬)에 자세한 해설을 덧붙인 유휘(劉徽, 3세기 활동)는 할원술(割圓術)이라는 수학적인 방법을 사용하여 원주율을 계산한 것으로 알려져 있다. 그는 원에 내접하는 정육각형에서 시작하여 점차 그 변의 수를 늘리면 마침내 정다각형의 면적과 원의 면적이 근사하게 된다는 점을 알고 있었다. 실제로 유휘는 정96각형과 정192각형을 통해 원주율의 범위를 $314\frac{64}{625} < 100\pi < 314\frac{169}{625}$ 와 같이 얻었다. 나아가 정3072각형을 이용하여 원주율을 $\frac{3927}{1250}$ ($\fallingdotseq$3.1416)이라고 계산하기도 하였다. 앞에서 언급한 조충지의 원주율 계산 방법은 분명하게 알려져 있지 않지만, 그 역시 유휘와 같은 방법을 사용했을 것으로 짐작할 수 있다. 그렇다면 원에 내접하는 정다각형의 변의 수가 12,288과 24,576이었을 것이다. 당시에는 아직 주산(珠算)이나 필산(筆算)이 등장하기 이전이다. 따라서 실제 계산은 대나무나 동물의 뼈로 만든 산가지를 사용했을 것이니, 그 계산 과정이 얼마나 복잡하고 정교

했었는지 쉽게 짐작할 수 있다.

동아시아의 수학은 흔히 대수학을 중심으로 발달했다고 한다. 사실『구장산술』에서부터 이미 1차, 2차 방정식은 물론이고 초보적인 3차 방정식까지 다뤄졌다. 이후 진구소(秦九韶, 1202-1261)는『수서구장(數書九章)』에서 본격적으로 고차방정식의 해법을 탐구하여 10차 방정식을 풀기도 했다. 물론 이것은 숫자로만 표현된 방정식에 국한된 것으로 오늘날과 같은 고차방정식의 일반적인 해법은 아니었다. 그럼에도 그는 19세기 영국의 수학자 호너(W.G. Horner, 1736-1837)에 의해서 얻어진 호너법과 동일한 방법인 고차방정식의 해를 구하는 정부개방술(正負開方術)을 찾아냈다.

대수학의 특징이 부호를 사용하여 미지수를 표현하는 것이라 할 때, 그 역시 13세기 중국의 천원술(天元術)에서 시작되었다. 천원술이란 명칭은 미지수를 원(元)이라는 부호로 표시한 것에서 붙여진 이름이다. 구체적으로 일차항의 위치에 元이라고 표시하거나 상수항의 위치에 太라고 표시하여 주어진 방정식의 해를 구하였다. 이로부터 본격적인 대수학의 시대가 열리게 된 셈이다. 이와 관련하여 다음과 같은 두 명의 수학자는 기억할 만하다. 한 사람은 천원술의 체계를 처음 세운 이야(李冶, 1192-1279)이다. 그는 수학을 위한 수학책이라고 할 수 있는『측원해경(測圓海鏡)』(1248)을 통하여 대수학의 기초를 쌓았다. 그 뿐만 아니라 천원술의 내용을 종합 정리하고 실제 계산 과정에 적용할 수 있도록『익고연단(益古演段)』(1259)도 저술하였다. 다른 수학자는『산학계몽(算學啓蒙)』(1299)과『사원옥감(四元玉鑑)』(1303)을 지은 주세걸(朱世杰, 13-14세기)이다. 대중적인 수

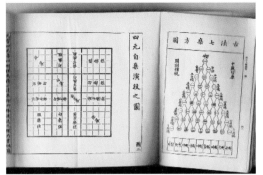

17-2. 『사원옥감』과 『측원해경』 왼쪽은 주세걸의 『사원옥감(四元玉鑒)』으로 천원술과 파스칼의 삼각형을 보여주고 있다. 오른쪽은 이야의 『측원해경』 권1의 원성도식(圓城圖式)이다.

학책이라고 할 수 있는 『산학계몽』은 우리나라와 일본에까지 소개되어 수학 교재로 동아시아에서 널리 사용되었다. 『사원옥감』은 그 이름에서 드러나듯이 1원의 천원술에서 시작하여 각각 天, 地, 人, 物로 표시된 미지수가 4개인 고차방정식의 해를 구하는 문제를 다루었다. 또한 이 책에는 등차급수의 합을 구하는 문제도 여럿 들어 있고, 소위 파스칼의 삼각형으로 알려진 이항계수를 보여주는 그림도 들어 있다.

한편, 아인슈타인은 1953년에 쓴 한 편지에서 서양과학의 발달은 그리스 철학자들이 유클리드 기하학의 형식논리 체계를 발명한 것과 르네상스 시기에 체계적 실험을 통해 인과관계를 찾아낼 수 있는 가능성을 발견한 것에 기초하였다고 하면서, 중국에는 그런 요소가 없다고 말한 바 있다. 물론 중국과학에 대한 아인슈타인의 이런 평가는 조셉 니덤(Joseph Needham, 1900-1995)과 같은 중국과학사 연구자들의 거센 비판을 받았다. 그럼에도 불구하고 중국에 기하학적 사고가 없었다는 점은 흔히 중국, 나아가 동아시아 전통과학의 한계로 지적되곤 하였다.

물론 동아시아의 전통수학은 원주율이나 고차방정식 이외에도 여러 중요한 분야에서 상당히 높은 수준에 도달해 있었지만 유클리드 기하학과 같은 모습을 찾아볼 수 없는 것도 사실이다. 그렇다면 기하학이 발달하지 않았다는 사실이 과연 동아시아의 전통과학이 근대과학으로 발전하지 못한 결정적인 이유가 될 수 있을까. 바꾸어 말하면, 근대과학은 기하학의 토대 위에서만 탄생할 수 있는 것일까.

16, 17세기 유럽에서 근대과학이 나타나게 된 것은 분명한 역사적 사실이다. 그리고 그것이 가능했던 중요한 요소로 기하학적 사고방식을 꼽는 것도 부정할 수 없다. 하지만 유럽의 근대과학은 기하학만으로 가능했던 것은 아니다. 마찬가지로 동아시아에서 근대과학이 나타나지 않았던 이유가 기하학적 사고의 부재(不在) 때문은 아니다. 과학의 역사는 훨씬 다양하고 복잡하게 전개되었기 때문이다. 기하학적 사고방식과 근대과학의 탄생을 인과적으로 해석하는 것은 비역사적인 태도이며, 수학에서 기하학만을 강조하는 것 역시 비합리적인 태도이다. 과거를 바라보는 다양한 시각, 자연세계를 바라보는 열린 눈, 이것이 오늘 우리가 동아시아의 전통 과학에 관심을 가지는 한 가지 이유이다.

한의학의 세계

동아시아의 전통 의학을 흔히 한의학(韓醫學 혹은 漢醫學)이라고 부른다. 우리나라에서는 허준의『동의보감』부터 동의학(東醫學)이라는 말도 썼다. 이러한 한의학을 이해하기 위해서는 먼저 동아시아의 전통 과학, 나아가 동아시아 전통 문화 전체의 기본적인 틀이라고 할 수 있는 음양(陰陽)과 오행(五行) 그리고 기(氣)에 관해 언급해야 할 필요가 있다. 한의학에서 실제로 이런 개념들을 사용하여 인체를 이해하였음은 물론이고 인체에 발생하는 이상(異常) 상태, 즉 병을 진단하고 그것을 고치는 방법도 모두 이것들로써 설명하였다. 한편, 음양오행과 기는 인체뿐만 아니라 자연세계에도 해당되는 개념으로 한의학에서는 이를 통해 인간과 자연과의 조화를 강조하기도 하였다. 특히 기는 한의학에서 매우 중요한 개념으로 인체 내의 각 부분과 장기를 연결하여 사람이 정상적인 활동을 할 수 있도록 해주는 기본 요소이기도 하다. 그에 따라 만약 기가 부족하거나 그 흐름이 막혀 잘못 흐르게 되면 인체의 조화가 무너지고 몸에 이상이 생기게 된다고 보았다.

기 이외에도 한의학에서 인체의 생리작용을 설명하는 기본 개념으로 혈(血)과 정(精)과 신(神)을 꼽을 수 있다. 혈은 서양의학에서 말하는 혈액과는 다른 뜻으로 온 몸을 끊임없이 순환하면서 신체 각 부위를 자양(自養)하고 유지하며 보습하는 역할을 한다. 정은 생명 활동의 기초가 되는 것으로 생식과 발육을 뒷받침하고 영양을 공급하는 역할을 한다. 또한 신은 정과 기 이면에 존재하는 생명력으로 인간의 의식과 관계되는 것이다.

장부(臟腑) 역시 한의학의 독특한 개념이다. 장부란 우리가 흔히 말하는 오장육부를 말하는데, 여기서 오장이란 간(肝), 심(心), 비

(脾), 폐(肺), 신(腎)으로 정, 기, 신, 혈과 같은 인체의 기본적인 성분을 만들고 조절하고 저장하는 기능을 한다. 육부는 담(膽), 위(胃), 소장(小腸), 대장(大腸), 방광(膀胱), 삼초(三焦)로 음식물 중에서 장차 인체의 기본 성분으로 전환될 것들을 받아들여 그것을 분해하고 흡수하는 일과 그 나머지 찌꺼기를 운반하고 배설하는 일을 한다. 그런데 이는 서양 의학의 해부학에서 말하는 내장기관과 일치하는 개념은 아니다. 서양 의학이 특정한 형체와 구조를 가진 물질로부터 출발하여 내장기관을 말하는 데 비해, 한의학에서는 그것과 관련된 기능들을 통해서 장부를 설명하였다. 따라서 서양 의학으로는 규명할 수 없는 삼초와 같은 것도 장부의 하나로 보았던 것이며, 거꾸로 서양 의학에서 명백하게 규정하고 있는 췌장이나 부신과 같

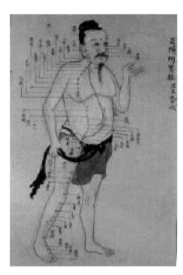

17-3. 경락도 기가 흐르는 길과 침을 놓는 위치를 표시한 경락도(經絡圖).

은 기관은 말하지 않았다. 다시 말해 한의학 체계에서 장부는 언제나 그것이 가진 기능과 함께 여러 가지 기본 성분 또는 신체의 다른 부위와의 관계를 통해서만 제대로 이해될 수 있는 개념이었다.

침을 사용하는 것은 한의학이 보여 주는 매우 특징적인 모습이다. 침은 인체에 365개가 있다고 알려져 있는 혈자리에 꽂는데, 혈자리는 경락(經絡)에 위치하고 있다. 경락은 경맥과 낙맥으로 나눌 수 있

는데, 경맥은 기혈의 통로로 인체의 주요 부분에 뻗어 있으며, 낙맥은 경맥을 서로 연결해 주는 보다 미세한 통로로 신체 말단에까지 분포되어 있다고 한다. 침을 꽂는 목적은 인체를 순환하는 기혈의 이상 상태를 바로 잡기 위함인데, 이는 한의학 치료의 일반적인 원리로 사용하는 보사법(補瀉法) 곧, 지나치면 덜어 주고 모자라면 채워 준다는 원칙에서 덜어 주는 방법인 사법에 해당한다. 반대로 뜸을 뜨는 것은 채워 주는 방법인 보법에 해당한다. 이 둘을 적절히 사용하는 것이 침구(鍼灸)이며, 탕약(湯藥)과 함께 한의학의 중요한 치료법으로 사용되어 왔다.

인체의 여러 상태가 조화로우면 건강한 상태이고 그것이 깨어지면 병이 생긴다고 하는 것은 전통 시대 모든 문명에서 널리 받아들여졌던 믿음이다. 한의학 역시 이런 믿음을 가지고 있었는데, 한의학에서는 인체의 조화를 흐트러뜨리는 원인으로 풍(風), 한(寒), 서(暑), 습(濕), 조(燥), 화(火) 등 여섯 가지의 사기(邪氣)를 들고 있다. 하나같이 주변의 자연환경에서 쉽게 접할 수 있는 것들인데, 인체가 정상적인 상태를 유지하지 못했을 때, 이것들이 병을 일으키는 작용을 하게 된다. 한의학에서는 사기 외에도 병이 생기는 원인으로 기쁨[喜], 노여움[怒], 근심[憂], 걱정[思], 슬픔[悲], 놀람[驚], 미움[惡] 등의 감정 상태도 꼽고 있다. 물론 이런 감정은 건강한 사람에게도 있는 것이지만, 이런 감정이 지나치거나 너무 부족하면 그것도 인체의 균형을 무너뜨려 병이 될 수 있다고 지적한 것이다.

한의학에서는 병을 진단할 때 보고[望診], 냄새를 맡고[聞診], 물어 보고[問診], 만져 보는[切診] 방법을 단계적으로 사용한다. 절진에서 대표적인 것은 맥(脈)을 살펴보는 것으로 흔히 진맥한다는 말이 바로 이를 일컫는 것이다. 실제 진맥은 고도의 기술을 요하는 섬세하고 복잡한 작업으로 진맥을 정확히 하려면 세심한 주의를 기울여야 하고 많은 경험과 수련 과정이 필요하다고 한다. 서양 의학에서 말하는 맥, 곧 맥박은 단순히 심장의 박동에 따른 것이지만, 한의학에서 말하는 맥은 인체의 상태를 종합적으로 나타내 주는 개념이어서 서로 같지 않다.

한편, 한의학은 자칫 임상경험에만 크게 의존할 뿐 합리적인 설명이나 이론적인 체계가 부족하다고 생각하기 쉽지만 결코 그렇지 않다. 실제 한의학의 역사를 살펴보면, 그것이 상당히 많은 의학자들의 노력으로 채워져 있음을 확인할 수 있다. 예컨대 우리나라의 허준이나 이제마(李濟馬, 1838-1900)를 비롯하여, 중국에서 『황제내경(黃帝內經)』을 이어 침술의 전통을 확립한 황보밀(皇甫謐, 215-282)과 왕유일(王惟一, 11세기), 『신농본초경(神農本草經)』에서 시작되는 본초학(本草學)의 전통을 세운 도홍경(陶弘景, 456-536)과 이시진(李時珍, 1518-1593), 맥진(脈診)의 전통을 확립한 왕숙화(王叔和, 약180-260), 임상의학의 내용을 풍부히 축적한 장중경(張仲景, 2-3세기 활동)과 손사막(孫思邈, 581-682), 장경악(張景岳, 1563-1640) 등은 동아시아 의학의 역사에서 기억할 만한 의학자였다.

18

20세기 한국의 과학기술

일제강점기의 과학기술

일제강점기 조선총독부의 과학기술 인력 양성 정책은 대학을 졸업한 수준의 고급 인력보다 전문학교 이하의 교육을 받은 정도의 하급 수공 인력 양성에 초점이 맞추어져 있었다. 일제강점기 초기에 선교사가 중심이 되어 시도되었던 대학 설립 노력은 무산되었고, 조선총독부는 공업보습학교와 지방공업전습소와 같은 초급 학교를 전국 각지에 설치했다. 1915년 전문학교 수준의 경성공업전문학교가 설립되긴 했지만, 일본인 학생 위주로 교육이 이루어졌다. 이에 따라 일제강점기 초기에는 제국대학과 같은 고등 교육 기관에서 과학 교육을 받기 위한 거의 유일한 방법은 현재의 초등학교에 해당하는 보통학교 때 일본으로 유학을 떠날 수밖에 없었다.

1919년 3·1운동 이후 조선총독부의 정책이 전환되면서 전국 각지에 일본의 고등학교 수준에 해당하는 전문학교가 설치되었고, 1928

년에는 경성제국대학이 설립되었다. 이로써 조선인도 제국대학에서 고등 교육을 받을 수 있는 기회를 갖게 되었다. 하지만 경성제국대학에는 처음에 법문학부와 의학부만 설치되었고 이공학부는 1941년에 설립되었기 때문에, 일제강점기 내내 조선인이 과학 분야의 고등 교육을 받을 수 있는 기회를 갖기란 매우 어려운 상황이었다.

1920년대 후반부터 해외 유학, 특히 일본 유학을 통해 대학 수준의 고등 과학 교육을 받은 이들이 조금씩 배출되기 시작했다. 임학을 전공한 현신규와 응용화학을 전공한 안동혁은 큐슈제국대학을 졸업했고, 화학의 이태규와 화학공학의 리승기는 교토제국대학을 졸업했다. 이들은 대학을 졸업하고 국내에서 또는 일본에 머물면서 과학자로서 활동을 시작했다. 이 밖에도 최형섭과 김윤기와 같이 일본의 사립대로 진학하여 과학을 전공하는 사람들도 나타났다. 결국 1930년대에는 이공계 대학 졸업자가 어느 정도 늘어나게 되었다. 특히 이태규와 리승기 그리고 물리학을 전공한 박철재는 박사 학위까지 취득할 정도였다. 아직 많은 숫자는 아니었지만, 한국인 과학기술자가 본격적으로 등장하기 시작한 것이다.

한편, 식민지 상태였던 조선에서는 1930년대 '발명학회'가 설립되는 등 과학대중화 운동도 일어났다. 1933년 김용관은 공업전습소와 경성고등공업학교 출신의 기업계, 종교계 인사들과 함께 발명학회를 만들었다. 발명학회가 내세운 최초의 활동 목표는 발명과 공업의 기술적 지원 사업을 벌이면서 민족 공업 진흥에 기여하는 것이었지만, 민족운동과 결합하면서 '조선 사회 전체를 과학화하려는 과학적 문명 건설에 힘써야 한다'는 주장을 펼치며 과학대중화 운동을 시작했다. 발명학회는 다윈 서거 50주년에 해당하는 날이었던 1934년 4월 19일에 '과학데이' 행사를 개최했다. 이 행사는 신문사와 라디오 방송에도 소개되며 서울을 비롯한 평양, 선천 등 지방에서도 성황리에 치러졌다. 이러한 과학대중화 운동으로 조만식, 여운형, 김성수 등을 주축으로 한 과학지식보급회가 등장하기도 했다.

1930년대 후반 제2차 세계대전이 발발하면서 일제는 조선의 병참 기지화를 선언했다. 조선총독부는 전쟁에 동원할 과학기술 인력의 확보를 위해 조선 각지에 공립 공업전문학교를 설립하는 한편, 조선인이 사립 공업학교를 설치할 수 있는 인가도 비교적 쉽게 내주었다. 이로 인해 1941년부터 조선에서만 전문 교육을 받은 과학기술 인력이 매년 1,000명이 넘는 배출되게 되었다. 이렇게 늘어난 과학기술 인력은 해방 전까지는 전시 체제에 직접 동원되거나, 전쟁에 동원된 일본인 과학기술자를 대신하는 역할을 했다. 그리고 해방이 된 후에 이들이 우리나라 과학기술계의 기초를 다지는 중요한 역할을 담당하였다.

해방 직후의 과학기술

해방 이후 한국은 과학기술을 발전시킬 수 있는 방안을 모색하고자 했지만 그것은 결코 쉬운 일은 아니었다. 당시 한국의 과학기술은 거의 모든 면에서 열악한 상태에 있었고, 과학기술자들의 의욕만으로는 실제적인 성과를 거두기 어려웠다. 특히 해방 이후 한국의 과학기술계는 아직 제대로 체제를 갖추지 못해 매우 혼란스러운 상황이었다. 더구나 과학기술자들의 출신 배경 등에 따라 추구하는 목표나 활동 방식도 서로 달랐다. 예컨대 대학이나 연구 기관은 일본 유학을 경험한 사람들이 중심이 되어 운영되었다. 이들은 상대적으로 많은 교육과 연구 경력을 가지고 있었고, 다른 사람들보다는 전공을 살릴 수 있는 기회도 많았다. 이에 따라 교육과 연구 활동은 일본에서 유학하고 돌아온 과학기술자들을 중심으로 추진되었다. 반면 군정청의 고위 관료직에는 미국 유학자들이 진출하는 경우가 많았다. 이들은 미군정의 관계자들과 의사소통이 자유롭고, 미국 문화에 대해 잘 이해할 수 있었기 때문에 과학기술 정책이나 행정 업무에 투입되었다.

대학은 이러한 상황 속에서도 과학기술 관련 학과를 설치함으로써 과학기술 인력을 양성하고자 했다. 실험 설비나 교수진, 행정 지원 체계 등 여러 측면에서 여전히 부족한 부분이 많았지만, 과학기술 인력 양성에 필요한 새로운 여건을 만들어 가고자 하는 움직임이 시작되고 있었던 것이다. 그렇지만 당시 한국은 여전히 정치적 사회적으로 매우 혼란스러운 상황이었고, 이러한 환경은 과학기술자들의 활동에도 영향을 주었다. 특히 남북의 이념적 대립으로 인해 당시 과학기술자들은 한국 과학기술의 발전이라는 국가적 문제와 더불어 자신의 개인적 진로에 대한 문제를 고민하는 경우도 적지 않았다. 그 결과 한국전쟁을 전후해 많은 과학기술자들이 월북을 선택했다. 한국의 과학기술 활동은 전반적으로 침체될 수밖에 없었다.

전쟁이 끝난 후 감소한 과학기술 인력을 충원하기 위한 다양한 방안들이 모색되기 시작했다. 예를 들어 국내의 고등교육기관을 정비하고 확충함으로써 인력을 양성하는 방안으로, 이를 통해 많은 수의 인력을 확보하고자 하였다. 해외 유학을 통해 더 좋은 여건에서 높은 수준의 교육을 받도록 함으로써 우수한 인력을 충원하고자 하는 방법도 있었다.

전쟁 직후 한국은 고등 교육기관의 제반 여건이 열악하여 제대로 된 과학기술 교육이 거의 불가능한 상태였다. 전쟁 기간 동안 실험 설비들이 파손되어 있었음은 물론이고, 교수진을 확보하는 문제에서도 어려움이 많았다. 이러한 상황 속에서 전쟁으로 큰 피해를 입은 한국을 돕기 위한 국제적 원조 사업이 시작되었다. 과학기술계 역시 이러한 지원 사업의 혜택을 받았다. 다수의 과학기술 종사자가 미국 등으로 유학을 가서 고등 교육을 받을 수 있는 기회를 얻었으며 동시에 한국 과학기술계는 최신의 학문적 성과를 지속적으로 접할 수 있는 통로를 확보하게 되었다.

1959년 설립된 원자력연구소는 한국의 과학기술 활동을 활성화하는 데 기여했다. 원자력 및 그 응용에 대한 연구를 수행하기 위해 설립된 원자력연구소는 연구와 함께 과학 기술 전반에 대한 정책 수립과 집행에도 관여했다. 당시까지 과학기술 전담 부처가 없었던 까닭이다. 원자력연구소는 과학기술자들의 연구 활동을 지원하기 위한 여러 사업도 진행했고, 과학기술자들이 모여 과학기술에 대한 의견을 주고받을 수 있는 공간의 역할도 담당했다.

1960년대 들어서면서 한국 과학기술계는 빠르게 성장하기 시작했다. 미국에서 유학을 마치고 귀국한 과학기술자들은 한국의 과학기술 발전을 위한 다양한 사안에 대해 고민하기 시작했다. 그리고 1967년에는 과학기술처가 설립되어 과학기술 발전을 지원하기 위한 여러 행정적인 지원 방안을 계획하고 시행하였다. 이처럼 새로운 인력이 공급되고 과학기술 전담 부처도 설립되면서 한국의 과학기술은 도약을 위한 토대를 갖추어 나가기 시작했다.

현대 한국 과학기술의 성장

1960년대 우리나라에서는 국가 발전에 필요한 기초 연구와 응용 연구를 전담할 종합 과학 기술 연구소의 설립을 추진했다. 그 결과 1966년 한국 최초의 종합 연구 기관인 한국과학기술연구소(KIST)가 설립되었다. KIST는 해외 유학 과학기술자들을 국내로 유치하여 이들을 중심으로 연구개발 활동을 추진했고, 이후 만들어질 정부출연 연구소의 모델이 되었다. 1970년대에 들어서 KIST는 기계, 철강, 화공, 조선, 전자 공업 등의 분야에서 전문적인 연구를 수행하는 연구기관으로 뿌리를 내렸다.

한편 경제 개발에 따른 과학기술 연구의 산업적 수요가 커지게 되면서 1970년대 이후 선박, 해양, 기계, 전자, 화학 등 중화학 공업의 발전을 지원할 전문적인 연구 기관이 분야별로 설립되었다. KIST를 모델로 세워진 이들 정부출연 연구기관들은 1970년대의 한국 연구 개발 활동에서 중요한 역할을 담당했다. 주요 연구 성과로 비디오테이프용 폴리에스터 필름, 고분자형 3세대 항생제, 공업용 인조다이아몬드, 광섬유, 고성능 리튬폴리머 전지, 휴먼 로봇시스템 개발 등이 있었다.

1980년대부터 한국에서는 대기업 중심의 산업기술 연구가 본격적으로 시작되었다. 그리고 대학에서의 연구를 통한 성과들도 늘어나기 시작하며 한국은 선진국의 과학기술을 빠르게 추격하게 되었다. 1980년대에 들어서면서 선진국들은 더 이상 한국에 기술 원조를 하지 않았기 때문에 한국에서는 자체 연구 개발을 통해 이런 어려움을 헤쳐 나가야만 했다. 이러한 변화에 대응하기 위해 과학기술계와 정부는 연구 개발을 보다 효율적으로 수행하기 위해 기업과 대학 그리고 연구소를 긴밀하게 연결하는 이른바 산학연 체제를 구축했다. 이러한 협조 체제의 구축과 성공적인 운영은 1990년대 이후의 놀라운 성과의 산출로 이어졌고, 한국은 몇몇 분야에서 세계적 수준의 연구 역량을 자랑하는 나라가 되었다.

한국 과학기술이 비약적으로 발전하는 과정에서 여러 문제점이 나타나기도 했다. 예를 들어 과학기술의 발전이 기술에 편향되어 이루어지면서 상대적으로 기초 과학 분야의 성장에 소홀했으며, 과학기술을 경제 발전을 위한 도구로만 여겨 성숙한 과학문화를 형성하지 못한 것은 앞으로 풀어 나가야 할 과제이다.

참고자료

제4부 참고 자료

국사편찬위원회 편, 『하늘, 시간, 땅에 대한 전통적 사색』 (두산동아, 2007).

김근배 등 지음, 『한국 과학기술 인물 12인』 (해나무, 2005).

김근배, 『한국 근대 과학기술인력의 출현』 (문학과지성사, 2005).

김상혁 외, 『천문을 담은 그릇』 (한국학술정보, 2014).

김영식, 『동아시아 과학의 차이』 (사이언스북스, 2013).

김영식, 『정약용 사상 속의 과학기술』 (서울대학교 출판부, 2006).

남문현, 『장영실과 자격루』 (서울대학교 출판부, 2002).

데이비드 유잉 던컨 지음, 신동욱 옮김, 『캘린더』 (씨엔씨미디어, 1999).

문만용, 『한국의 현대적 연구체제의 형성: KIST의 설립과 변천 1966-1980』 (선인, 2010).

문중양, 『우리역사 과학기행』 (동아시아, 2006).

박성래, 『한국사에도 과학이 있는가』 (교보문고, 1998).

박성래, 『인물 과학사』 (책과 함께, 2011).

박성래, 『지구자전설과 무한우주설을 주장한 홍대용』 (민속원, 2012).

박성래 · 신동원 · 오동훈, 『우리 과학 100년』 (현암사, 2001).

박창범, 『한국의 전통 과학 천문학』 (이화여자대학교 출판부, 2007).

송상용 외, 『우리의 과학문화재』 (한국과학기술진흥재단, 1994).

신동원, 『조선의약생활사: 환자를 중심으로 본 의료 2000년』 (들녘, 2014).

야부우치 기요시 지음, 전상운 역, 『중국의 과학문명』 (민음사, 1997).

연세대학교 국학연구원 편, 『한국실학사상연구 4: 과학기술편』 (혜안, 2005).

이문규, 『고대 중국인이 바라본 하늘의 세계』 (문학과지성사, 2000).

임종태, 『17, 18세기 중국과 조선의 서구 지리학 이해: 지구와 다섯 대륙의 우화』 (창비, 2012).

전상운, 『세종 시대의 과학』 (세종대왕기념사업회, 1986).

전상운, 『한국과학사』 (사이언스북스, 2000).

조나선 D. 스펜스 지음, 주원준 옮김,『마테오 리치, 기억의 궁전』(이산, 1999).
조셉 니덤 지음, 콜린 로넌 축약, 이면우 옮김,『중국의 과학과 문명: 수학, 하늘과 땅의
　과학, 물리학』(까치, 2000).

| 그림 출처 |

01. 고대 그리스의 과학

1-1. 아테네 학당 https://goo.gl/aAA6D **플라톤과 아리스토텔레스** https://goo.gl/XbMwl4
1-2. 플라톤의 기하학적 원소 모형 https://goo.gl/CDgJTc
1-3. 아리스토텔레스의 우주 체계 Edward Grant, "Celestial Orbs in the Latin Middle Ages",
Isis, Vol. 78, No. 2. (1987). p.153에 있는 그림을 위키피디아에서 검색. https://goo.gl/
XFWlVh

02. 헬레니즘과 로마의 과학

2-1. 알렉산드로스가 건설한 제국의 영토 https://goo.gl/53Geyg
2-2. 알렉산드리아의 도서관 https://goo.gl/IPCAY1

03. 이슬람과 중세의 과학

3-1. 7-8세기의 이슬람 영토 https://goo.gl/QKiB0v
3-2. 아라비아 숫자의 변천 https://en.wikipedia.org/wiki/Arabic_numeral
3-3. 이슬람 연금술의 실험 기구 Popular Science Monthly Volume 51에 있는 그림을
위키피디아에서 검색. https://goo.gl/CfPjlK
3-4. 중세 대학 분포 지도 https://goo.gl/TACjKU

04. 르네상스 시기의 과학

4-1. 프톨레마이오스의 세계지도 https://goo.gl/Ng3R0k
4-2. 비트루비우스의 인체 비례 베니스 아카데미(Accademia, Venice)에 있는 그림을
위키피디아에서 검색 https://goo.gl/ujDVRq

05. 새로운 과학방법론

5-1. 프란시스 베이컨 https://goo.gl/blR6gz
5-2. 런던 왕립학회의 역사의 한 장면 https://goo.gl/dPwp3l
5-3. 베이컨의 『위대한 부활』 https://goo.gl/079Jil
5-4. 르네 데카르트 https://goo.gl/q2DNtV
5-5. 연구 중인 르네 데카르트와 그의 『방법서설』 https://goo.gl/rO2HVd

06. 천문학의 혁명

6-1. 코페르니쿠스 https://goo.gl/OJUVSs
6-2. 코페르니쿠스의 『천구의 회전에 관하여』와 그의 우주 체계 https://goo.gl/NW1FVw
6-4. 티코 브라헤의 우주 체계 https://goo.gl/ldRXN5
6-5. 초신성을 기록한 티코 브라헤의 별자리 그림 https://goo.gl/Pckznb
6-6. 케플러의 기하학적 우주 구조 https://goo.gl/FQnYYo
6-7. 갈릴레오 https://goo.gl/fr6Ezf
6-8. 갈릴레오의 『별의 전령』과 그가 관찰한 달의 그림 https://goo.gl/rUP9Ev

07. 역학의 혁명

7-2. 아이작 뉴턴 https://goo.gl/6KlQTa
7-3. 『프린키피아』 https://goo.gl/CC27Jq
7-4. 뉴턴의 『광학』 https://goo.gl/JGVkCa

08. 해부학과 새로운 생리학

8-2. 베살리우스의 『인체의 구조에 관하여』 https://goo.gl/bo1Rfu
8-3. 하비의 『피의 운동에 관하여』와 그의 결찰사 실험 https://goo.gl/SZ2Glr
8-4. 레이덴 대학의 해부학 극장 https://goo.gl/LplhMs

09. 영국의 과학과 산업혁명

9-1. 왕립학회의 과학 강연 https://goo.gl/GXvKLA
9-2. 뉴커먼 기관의 모형도 https://goo.gl/nCS5Bl
9-3. 와트의 증기기관 https://goo.gl/VKnzgE

10. 계몽사조와 프랑스의 과학

10-1. 볼테르와 『백과전서』 https://goo.gl/y1fDAv
10-2. 라부아지에와 그의 『화학원론』 https://goo.gl/9NuXHW
10-4. 닥터 플로지스톤 https://goo.gl/7QE4uM

11. 다윈과 진화론

11-1. 비글호 여행 루트 https://goo.gl/xhdvfN
11-2. 찰스 다윈 https://goo.gl/xhdvfN
11-3. 『종의 기원』과 다윈의 메모 https://goo.gl/siaTfB

12. 현대 생물학의 발전

12-1. 멘델의 우표와 그의 유전 법칙 https://goo.gl/1UlQWa
12-2. 모건의 초파리 연구 https://goo.gl/naRxl3
12-3. DNA의 이중 나선 구조 https://goo.gl/RgxiMu
12-5. 무르지 않는 토마토 https://goo.gl/FJTmBO
12-6. 유전 공학의 상징 복제 양 돌리 https://goo.gl/SU9K7U

13. 새로운 물리학과 원자폭탄의 개발

13-1. 알버트 아인슈타인과 닐스 보어 https://goo.gl/65SBdz
13-2. 그로브스와 오펜하이머 https://goo.gl/X3XTHd
13-3. 최초의 원자 폭탄 https://goo.gl/2q2ObK, https://goo.gl/ty5tqi
13-4. 맨해튼 프로젝트 참여 연구소 분포도 https://goo.gl/AukKxG

14. 한국의 과학문화재

14-2. 고려대장경 문화재청 홈페이지 http://goo.gl/ic3d8h
14-3. 직지 https://goo. gl/2xL3Ut
14-4. 천상열차분야지도 문화재청 홈페이지 http://goo.gl/l9hqKs

15. 세종 시기의 과학기술

15-1. 『의방유취』 문화재청 홈페이지 http://goo.gl/EmfSkb
15-2. 『석보상절』 문화재청 홈페이지 http://goo.gl/gNWeUi
15-4. 앙부일구 문화재청 홈페이지 http://goo.gl/e8srct
15-5. 자격루 문화재청 홈페이지 http://goo.gl/AlwrTx

16. 실학과 과학기술

16-1. 마테오 리치 https://goo.gl/CUgfUy
16-2. 곤여만국전도 https://goo.gl/YQmUIO
16-3. 곤여전도 https://goo.gl/gpOhHO
16-4. 홍대용 https://goo.gl/Lf1YVe
16-5. 정약용의 거중기 https://goo.gl/BzSjwa
16-6. 아편전쟁 https://goo.gl/ZQAM98

17. 동아시아의 과학

17-1. 돈황의 성도 https://goo.gl/KB9xRj
17-2. 『사원옥감』과 『측원해경』 https://goo.gl/Cd5QFn
17-3. 경락도 https://goo.gl/NWfwbg

| 색인 |

추천

도서

과학사 산책
추천도서

과학사 개론서

01 김성근, 『교양으로 읽는 서양과학사』 (안티쿠스, 2009).

02 김영식 · 박성래 · 송상용, 『과학사』 개정판 (전파과학사, 2013).

03 데이비드 C. 린드버그 · 로널드 L. 넘버스 엮음, 이정배 · 박우석 옮김, 『신과 자연: 기독교와 과학, 그 만남의 역사』 (이화여자대학교출판부, 1998).

04 오진곤, 『과학사총설』 (전파과학사, 1996).

05 임경순 · 정원, 『과학사의 이해』 (다산출판사, 2014).

06 제임스 E. 매클렐란3세 · 해럴드 도른 공저, 전대호 옮김, 『과학과 기술로 본 세계사 강의』 (모티브북, 2006).

[제1부] 서양 고대와 중세의 과학 산책

01 데이비드 C. 린드버그 지음, 이종흡 옮김, 『서양과학의 기원들: 철학, 종교, 제도적 맥락에서 본 유럽의 과학전통, BC 600-AD 1450』 (나남, 2009).

02 에드워드 그랜트 지음, 홍성욱 · 김영식 옮김, 『중세의 과학』 (민음사, 1992).

03 조지 E. R. 로이드 지음, 이광래 옮김, 『그리스 과학 사상사』 (지만지, 2014).

04 칼 B. 보이어 · 유타 C. 메르츠바흐 공저, 양영오 · 조윤동 옮김, 『수학의 역사』 (경문사, 2000).

05 플라톤 지음, 박종현 · 김영균 공동 역주, 『플라톤의 티마이오스』 (서광사, 2000).

[제2부] 과학혁명 산책

01 갈릴레오 갈릴레이 지음, 이무현 옮김, 『새로운 두 과학』 (민음사, 1996).

02 갈릴레오 갈릴레이 지음, 앨버트 반 헬덴 해설, 장헌영 옮김, 『갈릴레오가 들려주는 별이야기』 (승산, 2009).

03 김영식, 『과학혁명: 전통적 관점과 새로운 관점』 (아르케, 2001).

04 리차드 S. 웨스트펄 지음, 정명식 · 김동원 · 김영식 옮김, 『근대과학의 구조』 (민음

사, 1992).

05 리처드 웨스트폴 지음, 최상돈 옮김 『프린키피아의 천재』 (사이언스북스, 2001).

06 마이클 화이트 지음, 안인희 옮김, 『레오나르도 다빈치, 최초의 과학자』 (사이언스 북스, 2003).

07 송성수, 『한 권으로 보는 인물과학사: 코페르니쿠스에서 왓슨까지』 (북스힐, 2015).

08 스티븐 샤핀 지음, 한영덕 옮김, 『과학혁명』, (영림카디널, 1997).

09 앤서니 그래프턴 지음, 서성철 옮김, 『신대륙과 케케묵은 텍스트들』 (일빛, 2000).

10 앨프리드 W. 크로스비 지음, 김기윤 옮김, 『콜럼버스가 바꾼 세계』 (지식의숲, 2006).

11 오언 깅거리치 지음, 장석봉 옮김, 『아무도 읽지 않은 책: 근대 과학혁명을 불러온 코페르니쿠스의 위대한 책을 추적하다』 (지식의숲, 2008).

12 프랜시스 베이컨 지음, 김종갑 옮김, 『새로운 아틀란티스』 (에코리브르, 2002).

13 피터 디어 지음, 정원 역, 『과학혁명: 유럽의 지식과 야망, 1500-1700』 (뿌리와이파리, 2011).

14 홍성욱 편역, 『과학고전선집: 코페르니쿠스에서 뉴턴까지』 (서울대학교출판문화원, 2013).

15 홍성욱, 『그림으로 보는 과학의 숨은 역사: 과학혁명, 인간의 역사, 이미지의 비밀』 (책세상, 2012).

[제3부] 근현대 과학 산책

01 김덕호 외 지음, 『근대 엔지니어의 탄생』 (에코리브르, 2013).

02 리처드 로즈 지음, 문신행 옮김, 『원자폭탄 만들기: 원자 폭탄을 만든 과학자들의 열정과 고뇌 그리고 인류의 운명』 (사이언스북스, 2003).

03 미셸 모랑쥬 지음, 강광일 · 이정희 · 이병훈 옮김, 『분자생물학: 실험과 사유의 역사』 (몸과마음, 2002).

04 박민아, 김영식 편, 『프리즘: 역사로 과학 읽기』 (서울대학교출판문화원, 2013).

05 에르빈 슈뢰딩거 지음, 전대호 옮김, 『생명이란 무엇인가: 정신과 물질』 (궁리, 2007).

06 임경순 편저, 『100년 만에 다시 찾는 아인슈타인』 (사이언스북스, 1997).

07 임경순 지음, 『현대물리학의 선구자』 (다산출판사, 2001).

08 재닛 브라운 지음, 임종기 옮김, 『찰스 다윈 평전: 종의 수수께끼를 찾아 위대한 항해를 시작하다』 (김영사, 2010).

09 제임스 D. 왓슨 지음, 최돈찬 옮김, 『이중나선: 생명에 대한 호기심으로 DNA구조를 발견한 이야기』 (궁리, 2006).

10 제임스 D. 왓슨·앤드루 베리 지음, 이한음 옮김, 『DNA: 생명의 비밀』 (까치, 2003).

11 존 그리빈 지음, 강윤재·김옥진 옮김, 『과학: 사람이 알아야 할 모든 것』 (들녘, 2004).

12 찰스 길리스피 지음, 이필렬 옮김, 『객관성의 칼날: 과학사상의 역사에 관한 에세이』 (새물결, 2005).

13 찰스 다윈 지음, 권혜련 외 옮김, 『찰스 다윈의 비글호 항해기』 (샘터, 2006).

14 찰스 다윈 지음, 김관선 옮김, 『종의 기원』 (한길사, 2014).

15 카이 버드·마틴 셔윈 지음, 최형섭 옮김, 『아메리칸 프로메테우스: 로버트 오펜하이머 평전』 (사이언스북스, 2010).

16 토머스 핸킨스 지음, 양유성 옮김, 『과학과 계몽주의: 빛의 18세기, 과학혁명의 완성』 (글항아리, 2011).

17 피터 보울러·이완 리스 모러스 지음, 김봉국 외 옮김, 『현대 과학의 풍경』 (궁리, 2008).

[제4부] 동아시아 과학 산책

01 국사편찬위원회 편, 『하늘, 시간, 땅에 대한 전통적 사색』 (두산동아, 2007).

02 김근배 등 지음, 『한국 과학기술 인물 12인』 (해나무, 2005).

03 김근배, 『한국 근대 과학기술인력의 출현』 (문학과지성사, 2005).

04 김상혁 외, 『천문을 담은 그릇』 (한국학술정보, 2014).

05 김영식, 『동아시아 과학의 차이』 (사이언스북스, 2013).

06 김영식, 『정약용 사상 속의 과학기술』 (서울대학교 출판부, 2006).

07 남문현, 『상영실과 자격루』 (서울대학교 출판부, 2002).

08 데이비드 유잉 던컨 지음, 신동욱 옮김, 『캘린더』 (씨엔씨미디어, 1999).

09 문만용, 『한국의 현대적 연구체제의 형성: KIST의 설립과 변천 1966-1980』 (선인, 2010).

10 문중양, 『우리역사 과학기행』 (동아시아, 2006).

11 박성래, 『한국사에도 과학이 있는가』 (교보문고, 1998).

12 박성래, 『인물 과학사』 (책과 함께, 2011).

13 박성래, 『지구자전설과 무한우주설을 주장한 홍대용』 (민속원, 2012).

14 박성래 · 신동원 · 오동훈, 『우리 과학 100년』 (현암사, 2001).

15 박창범, 『한국의 전통 과학 천문학』 (이화여자대학교 출판부, 2007).

16 송상용 외, 『우리의 과학문화재』 (한국과학기술진흥재단, 1994).

17 신동원, 『조선의약생활사: 환자를 중심으로 본 의료 2000년』 (들녘, 2014).

18 야부우치 기요시 지음, 전상운 역, 『중국의 과학문명』 (민음사, 1997).

19 연세대학교 국학연구원 편, 『한국실학사상연구 4: 과학기술편』 (혜안, 2005).

20 이문규, 『고대 중국인이 바라본 하늘의 세계』 (문학과지성사, 2000).

21 임종태, 『17, 18세기 중국과 조선의 서구 지리학 이해: 지구와 다섯 대륙의 우화』 (창비, 2012).

22 전상운, 『세종 시대의 과학』 (세종대왕기념사업회, 1986).

23 전상운, 『한국과학사』 (사이언스북스, 2000).

24 조나선 D. 스펜스 지음, 주원준 옮김, 『마테오 리치, 기억의 궁전』 (이산, 1999).

25 조셉 니덤 지음, 콜린 로넌 축약, 이면우 옮김, 『중국의 과학과 문명: 수학, 하늘과 땅의 과학, 물리학』 (까치, 2000).

제1부

서양 고대와 중세의
과학 산책

01 고대 그리스의 과학

1. 다음에 제시한 고대 그리스 철학자들은 자연에 대해 어떻게 이해하고 설명했는가?
   (a) 탈레스, (b) 엠페도클레스, (c) 데모크리토스

2. 플라톤의 우주론에 나타난 특징적인 모습에 대해 말해 보자.

01 고대 그리스의 과학

3. 플라톤과 아리스토텔레스의 물질 이론을 비교하여 검토해 보자.

4. 피타고라스, 플라톤, 에우독서스로 이어지는 고대 그리스의 수학적 성과에 대해 살펴보자.

5. 라파엘의 〈아테네 학당〉의 중심에는 플라톤과 아리스토텔레스가 자리하고
   있다. 이들이 중심에 있는 이유와 이들의 모습이 상징하고 있는 의미에 대해
   생각해 보자.

6. 고대 그리스 자연철학자들의 자연관은 이후 과학사의 전개에 어떻게 영향을
   미쳤을까?

02

헬레니즘과 로마의 과학

1. 헬레니즘 시기 무세이온과 알렉산드리아 도서관의 역할에 대해 생각해 보자.

2. 프톨레마이오스의 천문학 체계에 나타나는 특징적인 모습은 무엇인가?

3. 갈레노스는 인체에 대해 어떻게 설명했을까?

4. 로마에서 이루어진 과학과 기술 분야의 성과들에 대해 설명해 보자.

02 헬레니즘과 로마의 과학

5. 고대 그리스의 과학과 헬레니즘 시대의 과학을 비교하면서 그 특징을 찾아
   보자.

6. 고대 과학의 쇠퇴를 보면서, 과학이 발달할 수 있는 배경과 쇠퇴하는 원인에
대해 생각해 보자.

03

이슬람과 중세의 과학

1. 이슬람 문명에서 이루어진 번역의 과정에 대해 정리해 보자.

2. 다음에 제시한 분야에서 얻어진 이슬람 과학의 성과와 특징을 살펴보자.
   (a) 의학, (b) 천문학, (c) 수학, (d) 연금술, (e) 광학

03 이슬람과 중세의 과학

3. 토마스 아퀴나스를 중심으로 중세의 아리스토텔레스주의와 신학과의 관계에 대해 생각해 보자.

4. 중세 대학의 특징과 중세 대학에서 과학이 차지하는 위치에 대해 생각해
   보자.

03 이슬람과 중세의 과학

5. 고대 과학과 이슬람 과학의 쇠퇴를 비교하면서 그들 사이의 공통점과 차이점을 찾아보자.

6. 중세 과학은 근대 과학의 형성에 어떤 영향을 미쳤는가에 대해 구체적인
   예를 들어가며 생각해 보자.

memo

제2부

과학혁명 산책

04 과학혁명 산책
르네상스 시기의 과학

1. 르네상스 시기에 고대 문헌에 대한 관심이 높아진 이유에 대해 살펴보자.

2. 르네상스 시기에 진행된 고대 문헌에 대한 번역 과정과 그것에 나타난 특징
을 파악해 보자.

04 과학혁명 산책
르네상스 시기의 과학

4. 헤르메스주의가 유행하게 된 과정과 그것이 미친 영향에 대해 생각해 보자.

5. 르네상스 플라톤주의와 헤르메스주의는 이후 과학혁명의 전개에 어떻게 영향을 미쳤는가?

6. 과학의 역사에서 나타난 대규모 번역 사업을 예로 들어 '번역'이 과학사
　에서 차지하는 역할에 대해 생각해 보자.

05 새로운 과학 방법론

1. 베이컨의 소개한 '살로몬의 집'은 어떤 역할을 수행하는 기관이었나?

2. 데카르트가 제시한 "나는 생각한다. 그러므로 나는 존재한다."라는 명제
는 어떤 의미를 담고 있는가에 대해 생각해 보자.

3. 베이컨이 제안한 귀납법은 과거의 학문 추구 방식과 어떤 점에서 다르다고
할 수 있는가?

4. 데카르트의 기계적 철학의 내용과 특징에 대해 살펴보자.

05

새로운 과학 방법론

5. 베이컨과 데카르트가 제안한 새로운 과학 방법론을 중세 스콜라주의의 방법론과 비교하여 차이점을 찾아보자.

6. 베이컨과 데카르트의 새로운 학문 추구 방식은 이후 과학혁명의 전개에
어떻게 영향을 미쳤을까?

06 천문학의 혁명

과학혁명 산책

1. 다음의 인물들이 천문학의 혁명 과정에서 기여한 점에 대해 자세히 설명해
   보자.
   (a) 코페르니쿠스, (b) 티코 브라헤, (c) 케플러, (d) 갈릴레오

2. 다음의 문헌들이 천문학의 혁명 과정에서 중요한 이유를 찾아보자.
　(a) 『천구의 회전에 관하여』, (b) 『새로운 천문학』,
　(c) 『우주의 조화』, (d) 『별의 전령』

3. 천문학의 혁명 과정에서 '주전원'의 개념은 어떻게 변화해 갔는가?

4. 천문학의 혁명 과정에서 '연주 시차'의 문제는 어떻게 제기되고, 어떻게
해결되었는가?

5. 천문학의 혁명에 영향을 미친 사상적, 제도적, 종교적 요인들을 찾아 논의
   해 보자.

6. 천문학의 혁명이 약 150년에 걸쳐 오랜 시간 동안 진행되었던 이유에 대
   해 생각해 보자.

07 과학혁명 산책
역학의 혁명

과학혁명 산책

1. 운동의 상대성 개념은 어떤 점에서 아리스토텔레스 운동론의 토대를 흔들어 놓았다고 할 수 있는가?

2. 역학의 혁명에서 데카르트가 기여한 점은 무엇인가?

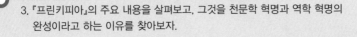

07 과학혁명 산책
역학의 혁명

3. 『프린키피아』의 주요 내용을 살펴보고, 그것을 천문학 혁명과 역학 혁명의
   완성이라고 하는 이유를 찾아보자.

4. 『광학』의 주요 내용을 살펴보고, 그것이 과학사에서 차지하는 중요성에
   대해 생각해 보자.

5. '뉴턴 종합'이라는 말이 가지는 의미에 대해 구체적으로 논의해 보자.

6. 역학의 혁명이 과학사의 전개 나아가 세계관의 변화에 미친 영향에 대해
   생각해 보자.

1. 갈레노스가 제시한 '세 가지 영'과 그것들의 역할에 대해 설명해 보자.

2. 베살리우스와 그의 제자들은 갈레노스 체계에서 어떤 문제점들을 찾아냈
   는가?

3. '결찰사 실험' 과정을 알아보고, 그것을 '피의 순환'을 증명하는 것으로 여길
   수 있었던 이유를 찾아보자.

4. 하비의 피 순환 이론 성립에 기여한 다양한 요인들에 대해 정리해 보자.

08 과학혁명 산책
과학혁명 산책
해부학과 새로운 생리학

5. 해부학이 근대 의학 형성에 미친 영향에 대해 논의해 보자.

6. 과학혁명기 생명과학 분야 전반에 나타난 변화는 이후 과학사의 전개에
어떻게 영향을 미쳤을까?

memo

제3부

근현대 과학 산책

09 영국의 과학과 산업혁명

1. 루나협회의 성격과 특징에 대해 알아보자.

2. 증기기관의 역사에서 와트가 기여한 점은 구체적으로 무엇인가?

09

근현대 과학 산책

영국의 과학과 산업혁명

3. 『철학회보』의 발행 배경과 그것이 과학계의 성장에 기여한 점에 대해 논의
해 보자.

4. 영국 과학 활동의 특징과 그 특징들이 나타나게 된 배경에 대해 생각해
   보자.

09 영국의 과학과 산업혁명

5. 산업혁명이 영국에서 시작될 수 있었던 배경을 영국의 과학 활동 분위기와
   관련하여 설명해 보자.

6. 과학 단체의 출현 배경과 그것이 근대 과학 활동에 미친 영향에 대해 생각해 보자.

10 근현대 과학 산책
계몽사조와 프랑스 과학

1. 계몽사상가들은 뉴턴주의에 대해 어떤 태도를 취했는가?

2. 『백과전서』의 특징과 그것이 뉴턴 과학의 확산에 기여한 점에 대해 설명
해 보자.

3. 플로지스톤 이론이란 무엇이며, 그 이론이 당시 많은 호응을 받았던 이유에
   대해 알아보자.

4. 라부아지에 처형 사건의 배경과 그것을 통해 알 수 있는 프랑스 과학의
   특징적인 모습을 찾아보자.

10 계몽사조와 프랑스 과학

근현대 과학 산책

5. 프랑스 과학 활동의 특징과 그 특징들이 나타나게 된 배경에 대해 생각해
   보자.

6. 라부아지에의 화학 연구 활동은 어떤 점에서 '혁명'이라고 부를 수 있는
가? 그리고 그것은 이후 화학 분야의 발달에 어떻게 영향을 미쳤는가?

11

근현대 과학 산책

다윈의 진화론

1. 새롭게 출토된 많은 화석들은 19세기 초반 과학계에 어떤 문제를 제기했을까?

2. 다윈이 제시한 '자연선택설'의 구체적인 내용은 무엇인가?

3. 비글호 항해의 과정과 그것이 다윈에게 미친 영향에 대해 논의해 보자.

4. 다윈의 자연선택설이 불러일으킨 종교적인 논란의 주요한 내용을 정리해
   보자.

11 근현대 과학 산책
다윈의 진화론

5. 다윈은 자연선택설을 제안하는 과정에서 여러 학문 분야들로부터 많은 도움을 받았다. 구체적인 예를 들어 이에 대해 논의해 보자.

6. 다윈의 이론은 19세기 영국 사회 속에서 형성되었다. 다윈 이론의 성립과
   전파 과정을 시대적 배경과 관련하여 논의해 보자.

12 근현대 과학 산책
현대 생물학의 발전

1. 멘델의 완두 실험과정과 그것이 가지는 의미는 무엇인가?

2. 생명과학 연구에서 다음의 인물들이 기여한 점은 무엇인가?
   (a) 조지 비들, (b) 오스왈드 에이버리, (c) 마샬 니른버그,
   (d) 아서 콘버그

3. 모건이 초파리 실험을 통해 알아낸 내용과 그것이 유전학에서 가지는 의미
는 무엇인가?

4. 생명의 이해에서 DNA의 중요성이 크게 부각되게 된 계기와 DNA의 구조
   를 발견하게 되는 과정에 대해 설명해 보자.

5. 20세기 생명과학 연구에 이용되었던 재료들의 변화과정을 추적해 보자.

6. 유전공학을 둘러싸고 진행되는 다양한 논쟁들을 살펴보고, 그것들을 해결할 수 있는 실질적인 방안에 대해 생각해 보자.

13 근현대 과학 산책
새로운 물리학과 원자폭탄의 개발

1. 상대성 이론과 양자 역학을 고전물리학과 달리 '새로운 물리학'이라고 부를
   수 있는 이유는 무엇인가?

2. 맨해튼 프로젝트를 통해 제작된 원자 폭탄 두 기의 기본적인 폭발 원리에
   대해 설명해 보자.

13 근현대 과학 산책
새로운 물리학과 원자폭탄의 개발

3. 핵분열 현상에 대한 발견부터 원자 폭탄 제조 가능성의 확인까지의 과정을 살펴보자.

4. 맨해튼 프로젝트의 추진 과정과 그것에 나타난 특징적인 모습을 찾아보자.

13 새로운 물리학과 원자폭탄의 개발

5. 현대 과학의 특징의 하나인 '거대 과학'의 모습을 잘 보여주는 사례들을 찾아 과학 연구가 어떤 모습으로 진행되는지 살펴보자.

6. 맨해튼 프로젝트 이후 과학과 관련하여 많은 문제점들이 제기되었다. 제기된 문제들의 구체적인 내용을 파악해 보고, 그 문제들이 어떻게 전개되었는지에 대해서도 생각해 보자.

memo

제4부

동아시아 과학 산책

14 동아시아 과학 산책
한국의 과학문화재

1. 첨성대의 기능에 대한 여러 다양한 해석에 대해 알아보고, 그것들의 장점과
   단점에 대해서 생각해 보자.

2. 고려대장경과 장경판전을 과학문화재라고 할 수 있는 이유는 무엇인가?

14 한국의 과학문화재

3. 직지가 중요한 문화재로 인정받게 되는 과정을 알아보고, 그것이 가지는 의
미에 대해 생각해 보자.

4. 천상열차분야지도에는 어떤 내용들이 담겨 있는가?

14 한국의 과학문화재

5. 한국의 과학문화재를 통해 알 수 있는 한국 전통과학의 특징은 무엇이라고
말할 수 있는가?

6. 해외에 흩어져 있는 우리나라 문화재의 환수 여부에 대해 생각해 보고, 문화재를 환수할 수 있는 효과적이고 합리적인 방안에 대해서도 논의해 보자.

15 세종 시기의 과학기술

동아시아 과학 산책

1. 세종 시기의 과학기술 성과를 의약학, 인쇄술, 군사기술의 분야로 나누어 정리해 보자.

2. 간의의 구조와 사용법에 대해 알아보자.

15 세종 시기의 과학기술

3. 우리나라의 대표적인 해시계였던 앙부일구의 구조와 시각 측정 방법을 파악해 보자.

4. 『칠정산』의 주요 내용을 살펴보고, 그것이 지니는 의미에 대해 살펴보자.

5. 세종 시기 과학기술이 크게 발달하게 된 배경 또는 이유에 대해 생각해 보자.

6. 세종 시기 과학기술의 성과가 이후 한국과학기술의 전개에 미친 영향에 대
   해 생각해 보자.

16 동아시아 과학 산책
실학과 과학기술

1. 마테오 리치와 아담 샬은 동아시아 과학기술사의 전개에서 어떤 역할을 담당했는가?

2. 동아시아 과학사에서 아래에 제시된 문헌이 가지는 중요성에 대해 말해 보자.
   (a) 『신법서양역서』. (b) 『의산문답』. (c) 『기기도설』. (d) 『해체신서』

16 동아시아 과학 산책
동아시아 과학 산책
실학과 과학기술

3. 홍대용이 제시한 지전설과 무한우주론의 내용을 정리해 보고, 그것이 가지는
   의미에 대해 생각해 보자.

4. 정약용은 서양의 새로운 기술에 대해 어떤 태도를 취했는가?

16

실학과 과학기술

5. 한국, 중국, 일본의 지식인들이 17세기 이후 새롭게 접한 서양의 과학기술에
   대한 태도를 비교해 보자.

6. 동아시아 근대화 과정에서 과학기술의 역할에 대해 생각해 보고, 그것을 서양의 경우와 비교해 보자.

17 동아시아 과학 산책
동아시아의 과학

1. 다음에 주어진 사항에 대해 설명해 보자.
   (a) 3원 28수, (b) 삼통력, (c) 『구장산술』, (d) 『동의보감』

2. '음력'과 '양력' 그리고 '태음태양력' 체계를 비교하여 설명해 보자.

17

동아시아의 과학

3. 원주율 계산을 예로 들어 동아시아 전통 수학의 성과를 정리하고 그것에 나
   타난 특징을 찾아보자.

4. 현대 의학과 비교하면서 동아시아 전통 의학의 특징적인 모습에 대해 살펴
   보자.

17

동아시아 과학 산책

동아시아의 과학

5. 천문과 역법 분야로 나누어 동아시아 전통 천문학의 특징을 서양 천문학과
   비교해 보자.

6. 동아시아 전통 과학이 혁명적인 변화를 거쳐 근대 과학으로 발전하지 못한
이유는 무엇일까?

18 20세기 한국의 과학기술

1. 1930년대 '발명학회'와 '과학데이' 행사에 대해 알아보자.

2. 일제강점기 조선총독부의 과학기술 정책을 시기별 나누어 살펴보자.

18 20세기 한국의 과학기술

3. 해방 이후 1960년대 초까지 우리나라의 과학기술 현황에 대해 정리해 보자.

4. 1970년대 이후 급속하게 성장하는 한국 과학기술의 주요한 모습에 대해 살펴보자.

5. 20세기 한국 과학기술이 급속하게 성장할 수 있었던 배경과 원인에 대해 생각해 보자.

6. 우리나라에서 성숙한 과학문화가 형성되고 정착될 수 있는 방안에 대해 생각해 보자.

memo

명청시대 성애풍조
우춘춘 지음, 이월영 옮김 l 신국판 l 502쪽 l 값 19,800원

중국 역사상 성애 관념이 가장 혼란했던 명청시대의 성 풍조를
자세하게 분석한 책. 절부·열부의 개념에서부터 방종주의, 남성
동성애, 전족 풍습, 금련 숭배, 여장 취향에 이르기까지의 성애
풍조를 분석하면서 가부장적 남성중심사회를 비판하고 있다.

액션러닝으로 배우는 성공적인 조직생활 전략
고수일 지음 l 변형 신국판 l 320쪽 l 값 15,000원

인간과 사회에 대한 이해를 바탕으로 자신의 정체성을 성찰 하고
긍정적 개인으로서 거듭날 수 있는 방법, 자기관리, 대인관리를
통해 조직을 이해하고 조직에서 꼭 필요한 인재로 변화할 수 있는
길을 제시한 명쾌한 책이다.

프랑스 문화예술 기행
조화림 외 지음 l 변형 신국판 l 296쪽 l 값 16,000원

프랑스의 대표적인 박물관 열두 곳을 중심으로 프랑스의 예술과
문화를 심도있게 조명한 책. 사진 및 이미지 자료들을 충분히
제공함으로써 시각적 이해 또한 높이고자 했다.

사회조사 방법의 이해
권혁남 · 최윤규 지음 I 크라운판 I 344쪽 I 값 18,000원

조사방법론을 어려워하는 사회과학도들에게 조사방법론의 기본
원리와 주로 활용되는 통계기법을 쉽게 설명해주는 책.
구체적으로 기본 원리에 충실하게 설명하면서 실제 연구에 쉽게
적용할 수 있는 방법을 소개하고 있다. 사회과학도라면 반드시
읽어봐야 할 책이다.

영미문학 즐겁게 읽기
김정호 · 서혜련 지음 I 크라운판 I 350쪽 I 값 16,000원

영미문학을 처음 접하는 학생들을 위한 책. 시, 소설, 드라마로
분류하여 구성했으며, 특히 소설 부분에서 소설작품을 각색한
영화를 소개함으로써 영상매체에 익숙한 학생들의 관심에 답하고
있다. 문학을 어렵게만 생각하는 이들에게 영미문학을 쉽고
즐겁게 읽을 수 있도록 이끌어 주는 책

산 생
책 각
하 하
며 기

두번째

이름

생일

전화번호

주소

이메일

과학사 산책
THE HISTORY OF SCIENCE

과학사 산책
THE HISTORY OF SCIENCE

생각
하기

산책
하며

두번째

소래